Der rationelle Getreidebau

mit besonderer Berücksichtigung der Sortenwahl in Oesterreich

Von

Hofrat Ing. Gustav Pammer

Direktor a. D. der Bundesanstalt für Pflanzenbau
und Samenprüfung in Wien

und

Ing. Rudolf Ranninger

Direktor der Nied.-österr. landw. Landeslehranstalt
Edelhof bei Zwettl

Mit 39 Abbildungen im Text

Wien

Verlag von Julius Springer

1928

ISBN-13:978-3-7091-9560-4   e-ISBN-13:978-3-7091-9807-0
DOI: 10.1007/978-3-7091-9807-0

Vorwort

Vorliegendes Buch, das auf Grund von vieljährigen Erfahrungen verfaßt ist, soll den österreichischen getreidebauenden Landwirten als Ratgeber dienen. Es steht außer allem Zweifel, daß die österreichische Landwirtschaft in Bezug auf Getreideproduktion noch viel mehr zu leisten im Stande ist. Bei den großen Flächen, die in Österreich dem Getreidebau zugewiesen sind, lohnt es sich wohl, diesem Betriebszweig der Landwirtschaft erhöhtes Interesse entgegenzubringen. Jede Steigerung des Flächenertrages bedeutet ein enormes V o l k s v e r m ö g e n, weil durch eine größere Eigenproduktion eine geringere Einfuhr vom Auslande eintritt. Gelingt es durch rationelle Kultur und ganz besonders durch größeres Verständnis in Bezug auf die für Österreich besonders wichtige Sortenfrage den Hektarertrag um 5 q zu steigern, so würde das bei einer beiläufigen Anbaufläche von 1,010.000 ha rund 5,050.000 q oder bei Zugrundelegung von nur S 30·— pro 100 kg 151,500.000 S ausmachen. Dieses Ziel erscheint keineswegs unerreichbar, wie die Züchtungserfolge P a m m e r s bei den veredelten Landroggen bewiesen haben; er erzielte nämlich bei den Landsortenzuchten Mehrerträge von 3·6 bis 6·4 q pro 1 ha. Es kommt daher vor allem der Anbau der richtigen Sorte in Betracht. Gerade auf diesem Gebiete herrschen aber zum Teil noch trostlose Zustände. Wenn jemals das Sprichwort „Eines schickt sich nicht für Alle“ Berechtigung hatte, so gilt dies im besonderem Maße für die Sortenfrage. Dazu kommt noch der unleidliche und meist mißverstandene Begriff des Samenwechsels, durch den man in einem Anbaugebiete meist eine Unzahl der verschiedensten Sorten findet. Kommt dann noch der angeborene, große Fehler des Österreichers dazu, nur nach Fremden zu haschen, so wird der Sortenwirrwarr nur noch größer. Hat der eine oder andere Landwirt bei Verwendung einer völlig fremden, unpassenden Sorte zufällig einmal das Glück, daß ihr das Anbaujahr zusagt, so wird dies gewöhnlich im nächsten oder in den nächsten Jahren zum Unheil für Viele. Es erschien uns daher besonders wichtig, die Sortenfrage und Sortenwahl für Österreich, wie schon aus dem Titel zu ersehen ist, eingehender zu behandeln. Wir wollen noch besonders betonen, daß das Buch sich auf österreichischen Erfahrungen und Forschungen aufbaut und für den österreichischen Getreidebauer bestimmt ist. Deshalb wurden auch die üblichen, dem Landwirt geläufigen Sorten- und Klimabezeichnungen beibehalten und sortengeographische Benennungen, die noch mancher Klärung und präziserer Fassung bedürfen, vorläufig vermieden.

Dem Verlag sei an dieser Stelle für die hübsche Ausstattung des Buches und für das Entgegenkommen, das die Verfasser gefunden haben, der beste Dank ausgedrückt.

Die Verfasser

Inhaltsverzeichnis

Einleitung

Unter den einzelnen Betriebszweigen des Pflanzenbaues steht in der Republik Österreich der Getreidebau, welcher den Anbau der Halmfrüchte, auch Cerealien genannt, umfaßt, an erster Stelle.

Von den einzelnen Getreidearten, welche bei uns gebaut werden, kommen vor allem die des kälteren Klimas, das sind Roggen *(Secale cereale)*, Weizen *(Triticum sativum)*, Gerste *(Hordeum sativum)*, Hafer *(Aveno, sativa)*, Spelz *(Triticum Spelta)* in Betracht, während von den Getreidenarten des wärmeren Klimas, zu welchen Reis *(Oryza sativa)*, Mais *(Zea Mays)*, Hirse *(Panicum miliaceum)*, Durra *(Sorghum vulgare)*, Dochen *(Penicillaria spicata)*, Karakan *(Eleusine coracana)*, Tef *(Eragrostis abbesinica)*, Fennich *(Setaria italica)* gehören, nur der Mais und die Hirse in den wärmeren Lagen von Bedeutung sind.

Wenn wir die allgemeine Verbreitung der Getreidearten des kälteren Klimas in Europa ins Auge fassen, so finden wir, daß im hohen Norden in Lappland und Nordrußland als erste Getreideart die Gerste auftritt; daran schließt sich über Schweden, Dänemark, Nord- und Süddeutschland, einschließlich der Alpenländer in einem breiten Gürtel der Anbau von Hafer und Roggen. In günstigen klimatischen Lagen wird von Südschweden beginnend und nach Süden zunehmend, besonders in Mitteldeutschland, Süddeutschland und Österreich auf den besseren Böden Weizen gebaut, während der Roggen sich auf die leichteren Bodenlagen beschränkt. In den wärmeren, zur Trockenheit neigenden Lagen tritt noch im östlichen und südlichen Österreich der Mais und die Hirse hinzu.

Entsprechend dieser Verbreitung der Getreidearten von Norden nach Süden zeigt sich in Österreich, wo die Landwirtschaftsbetriebe von den ebenen und Hügellandslagen bis in die hohen Gebirgslagen hinaufsteigen, eine mit der Abnahme der Temperatur in den Höhenlagen im Zusammenhang stehende Verteilung der Getreidearten. In den hohen und höchsten Gebirgslagen, wo infolge des rauhen Klimas ähnliche Verhältnisse wie in den nördlichen Ländern vorliegen, wird Gerste, Hafer und Spelz und vom Roggen die Sommerform, das ist Sommerroggen gebaut. In den mittleren Lagen, insbesonders den Waldlagen tritt an Stelle des Sommerroggens der Winterroggen nebst Hafer- und Gerstenbau, während in den Ebenen und Hügellandslagen sämtliche Getreidearten vertreten sind, wobei jedoch wieder auf den besseren Böden der Weizen und auf den leichteren der Roggen die vorherrschende Getreidefrucht bildet.

Nach den statistischen Angaben des Bundesministeriums für Land- und Forstwirtschaft der Republik Österreich wurde im Jahre 1922 von der Gesamtackerfläche, die 1,877.125 Hektar betrug, 1,009.520 Hektar, also rund 54%, mit Getreide bebaut, während auf den Ackerfutterbau (Klee und Egartwiesen) eine Fläche von 495.552 Hektar, das ist 26% und auf die übrigen Feldfrüchte 372.053 Hektar, mithin 20% entfielen.

Der natürlichen Lage nach treten uns nun in Österreich zwei Hauptproduktionsgebiete entgegen. Es sind dies:

1. das zu beiden Seiten der Donau sich ausdehnende Flach- und Hügellandgebiet der Bundesländer Niederösterrich, Oberösterreich, Wien und das Burgenland;

2. das Alpengebiet, welches die Bundesländer Steiermark, Kärnten und Salzburg, ferner Tirol und Vorarlberg umfaßt.

In den erstgenannten Flach- und Hügellandsgebieten betrug im Jahre 1922 die Gesamtackerfläche 1,421.482 Hektar, wovon wieder 55·8% dem Getreidebau, 19·4% dem Ackerfutterbau und 24·8% den sonstigen Feldfrüchten gewidmet waren; im Alpengebiete hingegen betrug die Gesamtackerfläche 455.643 Hektar, wovon 47·6% auf den Getreidebau, 48·4% auf den Feldfutterbau und 4% auf die sonstigen Feldfrüchte entfielen. Da wesentliche Unterschiede bei den Anbauflächen innerhalb einer längeren Reihe von Jahren kaum einzutreten pflegen, so kann man annehmen, daß sich auf lange Zeit hinaus kaum namhafte Verschiebungen in dem Verhältnis vom Getreidebau zum Futterbau und sonstigen Feldfrüchten ergeben und daß mithin in beiden Gebieten der Getreidebau von größter Bedeutung bleiben dürfte. Auffallend ist nur, daß dem Ackerfutterbau im Flach- und Hügellands-

gebiete nur 19·4%, im Alpengebiete hingegen 48·4% der Ackerfläche infolge der Egartwirtschaft gewidmet sind. Dieses starke
Überwiegen des Ackerfutterbaues im Alpengebiete, wobei die
Wiesen in der obigen Zusammenstellung als dauernde Futterflächen nicht einbezogen sind, gab in den dortigen landwirtschaftlichen Kreisen vor etwa 40 bis 50 Jahren Anlaß zu
einer Bewegung, die sich gegen die Beibehaltung des ,Getreidebaues richtete und an dessen Stelle den Anbau von Futterpflanzen forderte. Dabei beschränkte man sich nicht auf die
Alpenländer allein, wo infolge der Graswüchsigkeit des Bodens günstige Bedingungen für den Futterbau vorliegen, sondern man propagierte sogar das Auflassen des Getreidebaues
in den Hügellands- und Flachlandslagen, wo doch das ,Getreide gute natürliche Bedingungen für sein Gedeihen vorfindet und die hauptsächlichste Feldfrucht bildet. Dieser
Übereifer der sogenannten Apostel des Futterbaues zeigte
allerdings von einer Unterschätzung der betriebswirtschaftlichen Verhältnisse in unserer Landwirtschaft und der Bedeutung des Fruchtwechsels, bei dem gerade das Getreide die
größte Rolle spielt. Das Ziel jedes Landwirtschaftsbetriebes
ist doch die volle Ausnützung der vorhandenen Ackerflächen
durch Kulturpflanzen, die den verschiedenen Bedürfnissen in
der Wirtschaft Rechnung tragen. Selbstverständlich sollen
nur solche Kulturpflanzen in Betracht kommen, für die in
der jeweiligen Lage die besten Kulturbedingungen vorliegen.
Dort, wo Futterpflanzen sicher gedeihen, wird man ihren Anbau bevorzugen, wo aber Halmfrüchte (Getreide), Wurzelgewächse (Rüben, Kartoffeln) oder Blattgewächse (Klee und
Hülsenfrüchte) oder Handelspflanzen durch die Sicherheit
ihres Ertrages am Platze sind, wird man diese berücksichtigen.
In den Hügellands- und Flachlandslagen, wo die klimatischen
und Bodenverhältnisse eine größere Auswahl unter den Kulturpflanzen zulassen und eine rationelle Bodenbearbeitung ohne
Schwierigkeiten durchführbar ist, hat sich aus diesem Grunde
an Stelle der extensiven Dreifelderwirtschaft, die eigentlich
nur einen in zwei aufeinanderfolgenden Jahren stattfindenden
Getreidebau mit Brache im dritten Jahre vorsieht, zum großen Teil die Fruchtwechselwirtschaft eingebürgert, die bei
einer richtigen Aufeinanderfolge von Halmfrüchten, Blattpflanzen und Wurzelgewächse, gute Erträge sichert. Als Blattpflanzen werden die Kleearten benützt, die als Tiefwurzler
Trockenperioden, die in diesen Lagen sich oftmals einzu-

stellen pflegen, überwinden und doch gute Futtererträge liefern. Zudem kommt noch, daß durch die bodenbeschattende
Wirkung der Kleearten das Unkraut unterdrückt und dem
nachfolgenden Getreide ein unkrautfreier Acker geboten wird,
ein Umstand, der von größter Wichtigkeit ist, weil das Unkraut der größte Feind des Getreides ist. Weiterhin tritt aber
nebst der bodenverbessernden Wirkung noch eine Bereiche-
rung des Bodens an Stickstoff durch die stickstoffsammelnde
Wirkung der Kleepflanzen ein, die dem nachfolgenden Getreide den zu seinem Gedeihen notwendigen Stickstoffvorrat
sichert. Aus diesen Ausführungen ersehen wir also, daß der
Getreide- und Futterbau in den Flach- und Hügellandslagen
keineswegs Betriebszweige sind, die sich gegenseitig ausschließen. Es ist vielmehr das Gegenteil der Fall: Getreide-
und Futterbau sind aufeinander angewiesen und alle Bestrebungen, welche einseitig das Aufgeben des Getreidebaues fordern, können keineswegs als zutreffend und im Interesse
unserer Landwirtschaft angesehen werden. Aber auch in den
Alpenlagen besteht ein ähnlicher Zusammenhang zwischen Ge-
treide- und Futterbau. Dort kommt in den üblichen Egartbau
der Egartwiese dieselbe Funktion zu, wie dem Klee im Flach-
lande; aber selbstverständlich nur dann, wenn durch Aussaat einer Samenmischung eine sogenannte Kunstegartwiese
(Wechselwiese) geschaffen wird, die durch ihren geschlossenen und üppigen Bestand an Futterpflanzen (Gras- und Kleearten) den Boden beschattet und das Unkraut unterdrückt,
bezw. nicht aufkommen läßt. Wo jedoch nur Naturegartwiesen
vorliegen, die sich durch natürliche Berasung bilden, wird
das Unkraut geradezu gezüchtet, so daß das folgende Getreide
auf einen total verunkrauteten Acker zu stehen kommt und
mindere Erträge gibt. Es war in solchen Fällen dann nur zu
begreiflich, daß die schon früher erwähnte Propaganda gegen
den Getreidebau in der landwirtschaftlichen Bevölkerung An-
klang fand, der Getreidebau aufgelassen und die Naturegartwiesen einfach dauernd als Futterschlag liegen gelassen wurden. Die Wirkung dieser Maßnahme äußerte sich aber bald in
einer keineswegs für den Futterbau günstigen Weise. Die geringe Durchlüftung des Bodens durch die nicht mehr statt-
findende Ackerung und die übermäßige Nässe infolge der
vielen Niederschläge, bewirkte eine Versäuerung des Bodens,
die zur Folge hatte, daß sich alsbald minderwertige Gräser
einstellten und die nunmehr dauernden Wiesen gingen in den
Erträgen zurück. Oftmals sanken sie zu einmahdigen Wiesen

herab. Eine Hebung der Futterproduktion im allgemeinen und schon gar eine solche pro Flächeneinheit fand nicht statt und Getreide gab es wenig in der Wirtschaft.

Es muß nun als erfreulich bezeichnet werden, daß sich gerade in den letzten 10 Jahren viele Landwirte wieder dem Getreidebau und damit dem Egartbau, zugewendet haben und sich die Erkenntnis von der Wichtigkeit eines der Wirtschaft angepaßten Getreidebaues in den Gebirgslagen durchgesetzt hat. Das Getreide ist immerhin von sämtlichen Kulturpflanzen für die klimatischen Verhältnisse des Alpengebietes eine der wichtigsten Kulturpflanzen, weil es verhältnismäßig geringe Ansprüche an den Boden und das Klima stellt, nicht viel Kulturarbeit beansprucht, in der Egartwirtschaft den notwendigen Fruchtwechsel ermöglicht und außerdem als wichtigstes Nahrungsmittel in Betracht kommt. Zudem ist zu erwägen, daß das Getreide das notwendige Stroh zur Einstreu für das Vieh und für die Stallmisterzeugung liefert und endlich, daß das Abfallgetreide ein ausgezeichnetes Kraftfuttermittel für die Fütterung der Tiere, besonders des Jungviehs abgibt. Ein Gelingen des Getreidebaues, ohne den Futterbau zu schädigen, wird aber ohneweiters zutreffen, wenn bei der Egartwirtschaft statt der üblichen Naturegartwiese eine Kunstegartwiese zur Anlage kommt.

An der Verteilung der Kulturpflanzen in dem seit vielen Jahrzehnten und selbst Jahrhunderten geübten Ausmaße wird kaum gerüttelt werden können. Die mitgeteilten statistischen Daten beweisen, daß der Getreidebau trotz aller Anfeindungen, welchen er speziell in Österreich ausgesetzt war, dennoch die Hälfte der gesamten Ackerfläche einnimmt und die Grundlage unserer Landwirtschaft bildet.

Auch die jüngsten statistischen Anbaudaten des Bundesministeriums für Land- und Forstwirtschaft vom Jahre 1926 bestätigen dies. Wir bringen diese Daten nachstehend, weil bekanntlich während des Krieges und namentlich in der Nachkriegszeit von den landwirtschaftlichen Hauptkorporationen (Landwirtschaftskammern und Landeskulturräten) die Einbürgerung des Kunstfutterbaues sehr intensiv und in erfolgreicher Weise gefördert wurde und weil sie wieder geeignet sind, die frühere Behauptung, daß sich Getreidebau und Futterbau nicht gegenseitig ausschließen, sondern vielmehr ergänzen, bestätigen. Denn ganz bedeutend ist, wie aus der folgenden Zusammenstellung hervorgeht, wieder der Prozentsatz an Getreidefläche selbst in der Gruppe der Alpenländer infolge des Kunstegartbaues, der einen zwei- bis dreijährigen Getreidebau in der Fruchtfolge notwendig macht und in der Gruppe der sogenannten Flach- und Hügellandslagen, kann sogar eine Zunahme an Getreidebau festgestellt werden.

Alpenländer	Getreidebaufläche %	Futterbaufläche %
Steiermark	52·0	30·4
Kärnten	51·5	37·0
Salzburg	37·8	64·8
Vorarlberg	24·0	52·5
Flach- und Hügellands-Länder		
Niederösterreich	59·8	18·4
Wien	59·4	18·7
Oberösterreich	66·5	17·9
Burgenland	64·7	17·4

Bei dem großen Anteil an Getreidebaufläche ist es daher notwendig und von größter Wichtigkeit, schon im Interesse der Versorgung unserer Bevölkerung mit Brotfrucht auf die Hebung der Getreideproduktion hinzuwirken. Dabei muß aber an dem Ziele festgehalten werden, bei möglichster Steigerung der Produktion pro Flächeneinheit auch auf die Sicherheit der Erträge das Augenmerk zu richten, ein Umstand, der leider oft zu wenig beachtet wird und häufig die Unrentabilität des Getreidebaues zur Folge hat.

A. Allgemeiner Teil

Botanische Beschreibung

Die Getreidearten gehören in die Gruppe der Gräser *(Gramineen)*.

a) **Die Wurzel**. Die Wurzeln der Getreidepflanze sind so beschaffen wie die der übrigen Gräser. Sie weisen nur Faserwurzeln auf, die sich nach allen Richtungen hin verzweigen. Jede Wurzel besitzt die sogenannte Wurzelhaube, welche der Wurzel bei der Durchbohrung des Bodens zum Schutze dient. Der Zweck der Wurzeln ist die Befestigung, die Wasserversorgung und die Nahrungsbeschaffung. Hiebei spielen die etwa 2 mm oberhalb der Wurzelspitze längs der Wurzel stehenden Wurzelhaare eine Hauptrolle. Sie bilden einen dichten Haarpelz, der mit den feinsten Bodenteilchen verwachsen ist. An den älteren Wurzeln findet man keine Wurzelhaare, denn sie sterben an solchen ab. Sie sind also nur ein Gebilde der jüngeren Wurzeln. Nicht zu verwechseln mit diesen Wurzeln sind die bei manchen Gräsern vorhandenen Scheinwurzeln oder Rhyzome, wie sie zum Beispiel bei der Quecke *(Agropyrum repens)* vorkommen. Es sind dies unterirdische Stengel. An den Rhyzomen fehlen die Wurzelhaare und die Wurzelhaube, dagegen finden sich an ihnen scheidenförmige Niederblätter, wie sie an Wurzeln niemals vorkommen.

b) **Der Stengel**. Der Stengel führt bei der Getreidepflanze die Bezeichnung Halm. Man spricht daher von Halmfrucht. Der Halm ist mit Ausnahme jenes des Maises innen hohl und durch eine Anzahl von Knoten gegliedert. Diese Knoten bilden eine Querwand. Übrigens weisen nur die sogenannten Süssgräser Halmknoten auf, die Sauergräser dagegen nicht. Die Getreidearten gehören jedoch durchwegs zu den Süßgräsern. Ihr Stengel, namentlich der des Maises, ist sehr zuckerhältig. Der Zweck des Halmes ist der, Blätter Blüten und Früchte zu tragen.

c) **Das Blatt.** Das Blatt besteht aus der Blattscheide und aus der Blattspreite. Erstere ist der untere Teil des Blattes und umgibt den Stengel meist so, daß sie schlitzartig der Länge nach geöffnet ist. Der Schlitz kann ganz offen oder auch von den beiden Blattscheidenrändern überdeckt sein. Die Blattscheide verstärkt den Halm, schützt dadurch gegen Windbruch und ebenso die sich innerhalb des Blattes emporschiebende Ähre bezw. Rispe vor Frost und sonstigen ungünstigen Einflüßen.

Am unteren Ende der Blattscheide sitzt der Blattknoten, der sich mit dem Blatt vom Halm abstreifen läßt. Der Blattknoten trägt ebenfalls viel zur Festigkeit des Halmes bei.

Die Blattspreite ist jener Teil des Blattes, der sich gewöhnlich spitzwinkelig vom Halm abbiegt. Die Spreite ist

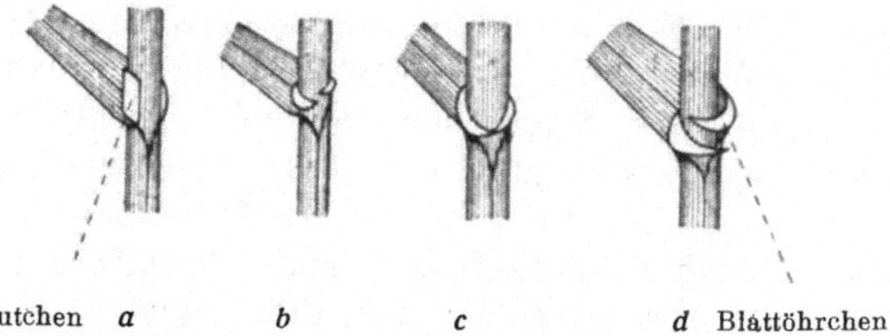

Blatthäutchen   *a*   *b*   *c*   *d* Blattöhrchen

Abb. 1. Unterscheidungsmerkmale der jungen Pflanzen

a) Hafer, stehkragenähnliches Blatthäutchen, kein Blattröhrchen; *b*) Roggen, kleines Blattröhrchen; *c*) Weizen, große Blattröhrchen, jedoch nicht den Stengel übergreifend; *d*) Gerste, sichelförmige, große Blattröhrchen, den Stengel übergreifend

linealförmig, läuft jedoch am Ende spitz zu. Es ist dies das Blatt im gewöhnlichen Sprachgebrauch.

Die Blattspreite hat in erster Linie biologisch-chemische Aufgaben zu erfüllen. (Kohlensäure-Assimilation.) An der Stelle, wo die Blattscheide in die Blattspreite übergeht, zeigen sich bei den verschiedenen Getreidearten verschieden große und verschieden geformte weißgefärbte Gebilde, zu denen das Blatthäutchen und die sogenannten Blattöhrchen gehören. Beide stellen ein wichtiges Unterscheidungsmerkmal der jungen Getreidepflanzen dar (Abb. 1).

d) **Die Blüte und der Blütenstand.** Unsere Getreidearten haben zwei verschiedene Blütenstände, nämlich die Ähre und die Rispe.

Die Ähre besteht darin, daß an einer Spindel die Ährchen ohne Stil sitzen. Solche Ähren haben zum Beispiel Roggen, Gerste und Weizen.

Die Rispe ist botanisch eine zusammengesetzte Traube, d. h. es finden sich an der Hauptachse des Blütenstandes einfache Trauben, also Spindeln, an denen gestielte Ährchen sitzen, zum Beispiel Hafer und Hirse. Beim Mais sind Rispen an der Spitze, Ähren an der Seite der Stengel (Kolben). Jedes Ährchen besteht wiederum aus mehreren Blütchen, von denen manche befruchtungsfähig, manche aber unfruchtbar *(steril)* sind. Am unteren Teil des Ährchens sitzen die zwei Hüllspelzen, jedes Blütchen hat wieder eine äußere und innere Blütenspelze, welche auch als Deckspelzen bezeichnet werden. Während die Hüllspelzen unbegrannt sind, haben die äußeren Spelzen häufig Grannen. Diese Deck- oder Blütenspelzen zeigen auch deutlich einen Mittelnerv. Am untersten Teil jedes Blütchens sitzen die zwei sogenannten Schüppchen *(Lodicolae)*, die zur Zeit der Blüte stark anschwellen und dadurch ein Auseinanderweichen der Deckspelzen bewirken (Abb. 2, 3).

Im allgemeinen erfolgt der Beginn der Blüte bei der Ähre in der Mitte derselben, bei den Rispen an den Gipfelährchen.

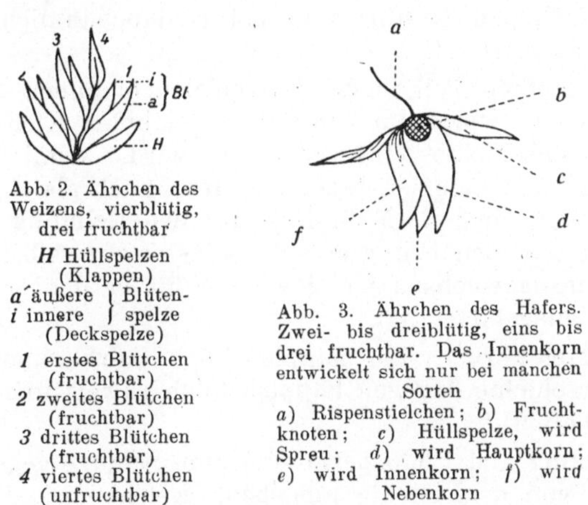

Abb. 2. Ährchen des Weizens, vierblütig, drei fruchtbar

H Hüllspelzen (Klappen)
a äußere ⎱ Blüten-
i innere ⎰ spelze (Deckspelze)
1 erstes Blütchen (fruchtbar)
2 zweites Blütchen (fruchtbar)
3 drittes Blütchen (fruchtbar)
4 viertes Blütchen (unfruchtbar)

Abb. 3. Ährchen des Hafers. Zwei- bis dreiblütig, eins bis drei fruchtbar. Das Innenkorn entwickelt sich nur bei manchen Sorten
a) Rispenstielchen; *b)* Fruchtknoten; *c)* Hüllspelze, wird Spreu; *d)* wird Hauptkorn; *e)* wird Innenkorn; *f)* wird Nebenkorn

e) **D i e   F r u c h t.** Das Getreidekorn ist eine Schließfrucht. Wir unterscheiden hiebei nackte und bespelzte Früchte.

Eine nackte Frucht haben zum Beispiel der Roggen, der sogenannte Nacktweizen und der Mais. Die Hüll- und Deckspelzen bleiben beim Dreschen im Stroh und die Körner fallen nackt aus den Spelzen.

Zu den bespelzten Früchten gehören: die Gerste, der Hafer und der Spelzweizen. Beim Dreschen fallen die Körner nicht aus den Spelzen, sondern bleiben von diesen umschlossen.

Der Spelzweizen bleibt nicht allein in den Blütenspelzen, sondern auch in den Hüllspelzen, das heißt er zerfällt beim Dreschen in seine Ährchen.

Die Entwicklung der Getreidepflanze von der Keimung bis zur Reife

1. Der anatomische Bau der Getreidefrucht

Das Samenkorn der Getreidearten ist eine Frucht. Sie besteht aus dem Keimling, dem Mehlkörper und der Schale. Der Keimling, auch Embryo genannt, setzt sich aus dem Würzelchen *(radicola)*, dem Stengelchen *(hypocotyl)* und dem Knöspchen *(plumula)* zusammen und zeigt somit im jugendlichen Zustand die Anlage der Pflanze. Unmittelbar am Keimling gegen den Mehlkörper zu anliegend befindet sich das sogenannte Schildchen, welches sowohl den Mehlkörper als auch die Kleberschichte berührt und mit schlauchähnlichen Saugzellen ausgerüstet ist.

Den größten Teil in der Getreidefrucht nimmt der Mehlkörper ein, der wiederum von der sogenannten Kleberschichte oder Aleuronschichte eingeschlossen wird. Mehlkörper und Kleberschichte zusammen bezeichnet man auch als Endosperm. Im Endospern sind die Nährstoffe für den Keimling enthalten und dienen zur Ernährung desselben bis er zur selbstständigen Pflanze herangewachsen ist, das heißt bis er das erste grüne Blättchen ausgebildet hat.

Im Mehlkörper sind hauptsächlich Stärke und Fett, in der Kleberschichte dagegen hauptsächlich Eiweis und Mineralstoffe enthalten.

Keimling und Endosperm sind zum Schutze gegen äußere Einflüsse von der Schale umgeben, welche bei den Spelzfrüchten noch durch die Spelzen verstärkt wird. (Hafer und Gerste.)

2. Die Keimung

Damit das Saatkorn keimen kann, bedarf es des Wassers, der Wärme und des Sauerstoffes, somit auch des Zutrittes der Luft.

D a s W a s s e r: Es dient einerseits als direktes Lösungsmittel für jene Reservestoffe des Endosperms, die im Wasser löslich sind, andererseits in Verbindung mit Enzymen zur Lösung jener Stoffe des Endosperms, die im Wasser nicht direkt löslich sind, ferner als Transportmittel für die gelösten Stoffe zu den Orten des Verbrauches und endlich als Baustoff für die Pflanze selbst. Die Wasseraufnahme geschieht im Wege der Quellung. Die Wichtigkeit des Wassers geht deutlich daraus hervor, daß das trockene Saatgut 12 bis 15%, das junge Pflänzchen hingegen 90% Wasser enthält.

D i e W ä r m e: Die Wärme beeinflußt die Keimung in der Weise, daß sowohl unterhalb als auch oberhalb einer gewissen Temperaturgrenze die Keimung nicht mehr stattfinden kann. Die unterste Grenze nennt man Minimum, die oberste Maximum und jene Temperatur, wo die Keimung am besten stattfindet, heißt Optimum.

Bei den Getreidearten sind diese Temperaturen wie folgt:

	Minimum	Maximum	Optimum
Roggen:	2	30	25
Weizen:	3—4	32	25
Gerste:	3—4	30	20
Hafer:	4—5	30	25
Mais:	8—10	40	32—35

Während der Keimzeit befindet sich die Wärme gewöhnlich in den obersten Bodenschichten, in denen das Saatgut zu liegen kommt, im Optimum. Durch die vom Boden aufgenommenen Sonnenstrahlen zeigt dieser wesentlich höhere Temperaturen, als dies zu gleicher Zeit bei der Luft der Fall ist. Während zum Beispiel im Frühjahre um die Mittagszeit eine Temperatur der Luft von etwa 16 Grad herrscht, zeigt das Thermometer in den obersten Bodenschichten eine solche von zirka 25 Grad. Im Verlaufe der Keimung bildet die Pflanze selbst auch Wärme. Infolge der Temperaturunterschiede zwischen Boden- und Luftwärme einerseits und den Wechsel zwischen Tag und Nacht andererseits, ergeben sich Temperaturschwankungen, die, wie Prof. Dr. v. L i e b e n b e r g nachgewiesen hat, für die Keimung keineswegs nachteilig sind, sondern vielmehr von Vorteil. Es ist aus diesem Grunde das Frühjahr und der Herbst, wo diese Schwankungen stärker sind, für den Anbau weitaus günstiger als das Spätfrühjahr oder der Sommer. In der Samenkontrolle wird diese Beobachtung insofern verwertet, als bei den Keimfähigkeitsprüfungen intermittierende (wechselnde) Erwärmung in Verwendung kommt.

Der Sauerstoff: Der Sauerstoff wird für die während der Keimung stattfindenden Atmung benötigt. Bei dieser wird Kohlensäure vom Keimling ausgeschieden, die sich

Chemische Zusammensetzung der Getreidearten nach Kellner (im Mittel)

	Rohnährstoffe						Verdauliche Nährstoffe				% Wertigkeit	% Verdauliches Eiweis	Stärkewert in q
	% Wasser	% Rohprotein	% Rohfett	% Stickstoffreie Extrastoffe	% Rohfaser	% Asche	% Rohprotein	% Rohfett	% Stickstoffreie Extrastoffe	% Rohfaser			
Roggen	13·4	11·5	1·7	69·5	1·9	2·—	9·6	1·1	63·9	1·—	95	8·7	71·3
Weizen	13·4	12·1	1·9	69·—	1·9	1·7	10·2	1·2	63·5	0·9	95	9·—	71·3
Gerste	14·3	9·4	2·1	67·8	3·9	2·5	6·6	1·9	62·4	1·3	99	6·1	72·—
Hafer	13·3	10·3	4·8	58·2	10·3	3·1	8·—	4·—	44·8	2·6	95	7·2	59·7
Mais	13·—	9·9	4·4	69·2	2·2	1·3	7·1	3·9	65·7	1·3	100	6·6	81·5
Hirse	12·5	10·6	3·9	61·1	8·1	3·8	8·—	3·1	45·8	2·7	95	7·4	59·7

nicht in der unmittelbaren Umgebung desselben ansammlen soll, weil dadurch der Zutritt des Sauerstoffes behindert wird.

Für die Praxis ergibt sich daraus die Wichtigkeit einer guten Durchlüftung des Bodens.

3. Umsetzungen während der Keimung

a) Die stickstoffreien Stoffe. Die stickstofffreien Stoffe sind besonders als Stärke, Zucker, Fett und Cellulose vorhanden. Die größte Menge von diesen Stoffen ist im Wasser unlöslich und kann erst mit Hilfe von sogenannten Enzymen unter Wasseraufnahme in lösliche Formen übergeführt und dann transportiert werden. Der Hauptbestandteil des Endosperms, die Stärke, wird durch die 2 Enzyme *Diastase* und *Maltase* in Traubenzucker übergeführt und auf diese Weise löslich gemacht.

Der Traubenzucker *(Glukose)* ist überhaupt der Hauptbestandteil für die Ernährung des Keimlings.

Die als Reservestoffe aufgespeicherten Fette und Öle des Samens werden durch fettspaltende Enzyme, *Lipasen* genannt, in ihre löslichen Bestandteile, nämlich in Glycerin und freie Fettsäuren zerlegt.

b) Die stickstoffhaltigen Substanzen. Die stickstoffhaltigen Bestandteile des Kornes bestehen aus dem hochmolekularen Eiweißkörper „*Protein*". Da dieser Eiweißkörper im Wasser ebenfalls unlöslich ist, wird er durch eigene Enzyme „*Proteasen*" erst löslich gemacht und in einfachere Verbindungen gespalten. Auf diese Weise entstehen als leichtlösliche Abbauprodukte aus dem *Protein* nach verschiedenen Zwischenprodukten schließlich die sogenannten Amide, die auch im Keimling in großer Menge vorhanden sind.

c) Die Mineralstoffe. Die bei der Keimung erfolgenden Umsetzungen und Substanzbildungen können nur bei Anwesenheit der notwendigen Mineralstoffe vor sich gehen. Sicher ist, daß die Mineralstoffe hiebei eine bedeutende Rolle zu spielen haben, jedoch ist deren eigentlicher Anteil an der Keimung derzeit noch nicht genau bekannt.

d) Die Stimulation. In den letzten Jahren hat die Stimulation, das ist die keimfördernde Wirkung verschiedener Substanzen, viel von sich reden gemacht. In einzelnen Fällen soll nicht nur eine keimfördernde

Wirkung allein, sondern auch eine Ertragssteigerung von 20 — 30% durch solche Stimulationen bewirkt worden sein (Popoff). Die Stimulation besteht darin, daß das Saatgut eine genaue vorgeschriebene Zeit in eine bestimmte zusammengesetzte Lösung gebracht wird, welche eine Reizwirkung auf dieses ausüben soll. Es sind hauptsächlich Lösungen verschiedener Salze von: Mangan, Magnesium, Natrium, Calcium, Eisen, Quecksilber, ferner Alkohol, Äther und so weiter.

In der landwirtschaftlichen Praxis wurden jedoch durchschlagende Erfolge bisher nicht erzielt und es müssen daher diesbezüglich erst weitere Forschungen und Versuchsergebnisse abgewartet werden.

e) Keimungszerstörende Substanzen. Hierher gehören alle Säuren, die Alkalien und der Ätzkalk. Desgleichen wirken chlorhältige Salze, zum Beispiel Kalirohsalz auf die Keimung schädlich. Für die landwirtschaftliche Praxis ergibt sich daraus der wichtige Schluß, daß derartig wirkende Substanzen nicht zugleich mit der Aussaat gegeben werden dürfen. Bekannt ist zum Beispiel, daß Kalkstickstoff mindestens 8 Tage vor dem Anbau in den Boden kommen muß, um die schädliche Wirkung einer eventuellen Dicyanamydbildung zu vermeiden.

4. Die Bewurzelung

Durch die Wasseraufnahme bei der Keimung quillt das Würzelchen stark an und durchbricht zuerst die Samenschale. Erst später erscheint die Spitze des Knöspchens (Hälmchens).

Die bei der Keimung erscheinenden Wurzeln, die man auch Keimwurzeln nennt und deren Zahl bei den verschiedenen Getreidearten, eine ganz bestimmte ist, haben die Aufgabe, zunächst die junge Pflanze im Boden zu befestigen und sie mit Wasser und Nahrung zu versorgen. Letzterem Zweck dienen ganz besonders die etwa 2 mm oberhalb der Wurzelspitze anhaftenden Wurzelhaare. Die Wurzelspitze selbst ist mit einem verstärkten Zellengewebe besetzt und ist frei von Wurzelhaaren; sie dient vielmehr für das Tiefenwachstum. Die Wurzelhaare sind mit den feinsten Bodenteilchen verwachsen und so in der Lage, das Bodenwasser im hohen Maße auszunützen. Solcherart ist ein Wasserentzug bei Sandböden bis auf einen Rest von 1·5%, bei Lehmboden bis 8% und bei Tonboden bis 12% möglich.

Die Keimwurzeln kommen aber für die Ernährung der jungen Pflanze nicht lange in Betracht. Es bilden sich vielmehr schon nach wenigen Wochen vom ersten Halmknoten aus im Boden sogenannte Adventivwurzeln, die als Kronenwurzeln bezeichnet werden; die Keimwurzel selbst sterben sodann ab. Durch die Kronenwurzeln wird nunmehr die Be-

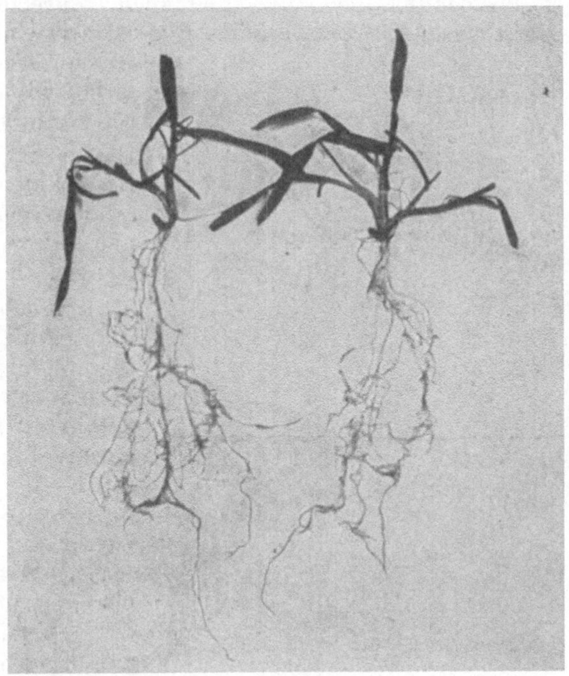

Abb. 4.* Bewurzelung und Bestockung des Orig. Pammer-Ranningers Edelhofer Winterroggen im Winter

Im allgemeinen kräftigere Entwicklung und Bestockung, sowie reichlichere Bewurzelung des einheimischen Zuchtroggens gegen den fremdländischen Roggen (Petkuser, Abb. 5)

festigung der Pflanze erhöht und ihr Bereich für die Nahrungs- und Wasseraufnahme wesentlich vergrößert. Entwickeln sich solche Adventivwurzeln aus einem Halmknoten über der Erde, so spricht man von Luftwurzeln. (Siehe Mais!)

Die Kronenwurzeln verzweigen sich außerordentlich stark und verbreiten sich hauptsächlich in der Ackerkrumme

* Die mit einem Sternchen bezeichneten Bilder sind Orig.-Photographien des Landwirtschaftslehrers Peter Wieser aus Edelhof.

(Flachwurzler), einzelne dringen selbst bis in eine Tiefe von 2 m hinab. Letztere haben den Zweck, das Wasser aus tiefen Schichten der Pflanze zuzuführen. (Besonders wichtig bei Trockenperioden!) (Abb. 4 und 5.)

5. Die Bestockung

Unter Bestockung, im Volksmund auch „Zusetzen" genannt, versteht man die Eigenschaft der Getreidearten, aus dem ersten Halmknoten mehrere Halme (Achsen) zu bilden.

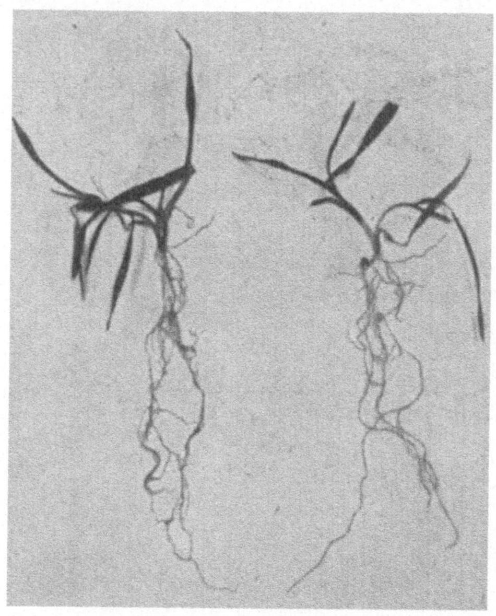

Abb. 5. * Bewurzelung und Bestockung des Petkuser Roggens im Waldviertel (Winter).

Die Stärke der Bestockung hängt sehr wesentlich von nachstehenden Momenten ab:

a) von der inneren Anlage, die schon im Samenkorn vorgebildet ist, mithin eine Sorteneigentümlichkeit darstellt;

b) von der Lichteinwirkung insoferne, als das Licht eine Verkürzung der Stengelglieder zur Folge hat. In die verkürzten Pflanzenteile strömen aber die Nährstoffe zusammen, die dann ein Hervortreiben neuer Sproße bewirken;

c) vom Standraum, und zwar in der Weise, daß Pflanzen mit einem größeren Standraum sich in der Regel stärker bestocken;

d) von der Anbauzeit. Ein früherer Anbau begünstigt eine stärkere Bestockung. Dies gilt namentlich für die Herbstsaat.

e) endlich vom Ernährungszustand des Bodens. Nährstoffreichere Böden bewirken eine stärkere Bestockung.

Im allgemeinen ist für die landwirtschaftliche Praxis in Österreich nur eine Bestockung von 3 bis 5 Achsen erwünscht. Stark bestockte Pflanzen benötigen unverhältnismäßig viel Wasser, neigen zur Spätreife, leiden bei trockener Witterung bedeutend stärker, liefern häufig Nachtriebe mit ungleicher Reife und kleinerem Korn und begünstigen sehr die Verbreitung des Mutterkornes (Roggens) und der Fritfliege (Hafer).

6. Das Schoßen

Im Früjahre beginnen sich die zwischen den Halmknoten gelegenen Gewebepartien durch Wachstum zu strecken, so daß die einzelnen Knoten immer weiter und weiter auseinanderrücken. Gleichzeitig wird die im Inneren befindliche Ähre nach oben geschoben. Bei Wintergetreide ist die Ähre schon im Herbste nach vollendeter Bestockung in einer Größe von etwa 1 *mm* vorhanden.

Vom eigentlichem Schoßen spricht man in der Praxis erst dann, wenn die Ähre beziehungsweise Rispe erscheint. Die einzelnen Halmglieder nehmen in ihrer Länge von unten nach oben zu, in der Stärke jedoch ab. Während der Dauer des Schoßens findet ununterbrochen die Ausbildung der Ähre beziehungsweise Rispe statt und ist am Schluß des Schoßens, also bei Vollendung des obersten Halmgliedes auch fertig.

Das mehr oder weniger rasche oder langsame Schoßen, Früh- oder Spätschoßen ist zum größten Teil Sorteneigentümlichkeit. Wichtig für unsere Gebiete sind zumeist Früh- und gleichmäßig schoßende Getreidesorten.

7. Das Blühen

Die Blüten der Getreidearten sind mit Ausnahme jener des Maises, zwittrig, das heißt, es sind in ein und derselben Blüte sowohl männliche als auch weibliche Geschlechtsorgane vorhanden. (Abb. 6 und 7).

a) Die männlichen Geschlechtsorgane der Blüte bestehen aus drei Staubfäden, an deren Enden sich je ein Staubbeutel befindet. Jeder Staubbeutel hat zwei Staubbeutelfächer. In diesen wird der Blütenstaub (Pollen) gebildet. Der Blütenstaub besteht aus einzelnen kleinen doppelwandigen Zellen, den Pollenkörnern.

b) Die weiblichen Geschlechtsorgane. Zu diesen gehört der Fruchtknoten mit den oben sitzenden zwei weissen federförmigen Narben. (Verkürzter Griffel.) Der Fruchtknoten, der bei den Getreidepflanzen etwa stecknadelkopfgroß ist, sitzt auf einem kleinen Stielchen zwischen den beiden Blütenspelzen. Im Inneren des Fruchtknotens befindet sich ein Hohlraum, in dem ein Ei von kugeliger Gestalt gelagert ist. Dieses Ei ist mit einer Leiste an der Fruchtknotenwand befestigt. Ein Längsschnitt durch dieses Ei im Mikroskop betrachtet, zeigt, daß dieses aus einem sogenannten Kern besteht, der von zwei Hüllen, den Samenknospenhäuten oder Integumenten eingeschlossen ist. Die Integumente lassen nach unten eine enge Öffnung frei,

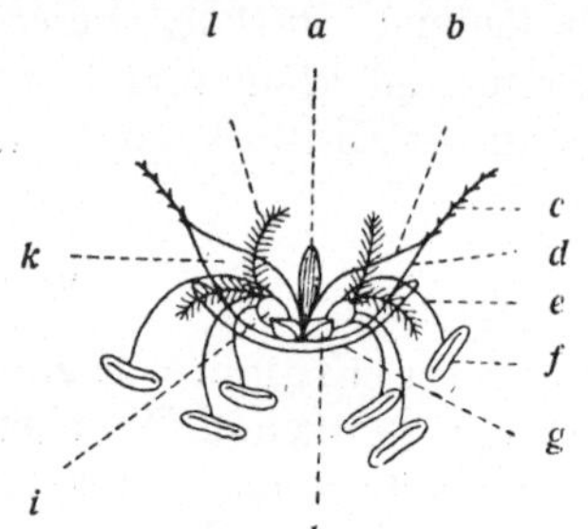

Abb. 6. Roggenährchen (Blüte)

a) Steriles Blütchen; *b*) innere Blütenspelze; *c*) kurze Granne; *d*) äußere Blütenspelze; *e*) Staubfaden; *f*) Staubbeutel; *g*) Hüllspelze oder Klappe; *h*) Schüppchen; *i*) Fruchtknoten; *k*) fruchtbares Blütchen; *l*) federförmige Narbe

welche die Bezeichnung Mikropyle führt. Von der Mikropyle aus führt ein kleiner Gang zu einer großen Zelle, den sogenannten Embryosack mit den zwei Keimbläschen. Die beiden Keimbläschen liegen gegen die Mikropyle zu. Vom oberen Ende des Fruchtknotens führt in das Innere desselben der verkürzte Griffelkanal. Die Griffel selbst sind mit haarförmigen Verzweigungen (Narbenpapillen) besetzt.

8. Der Befruchtungsvorgang

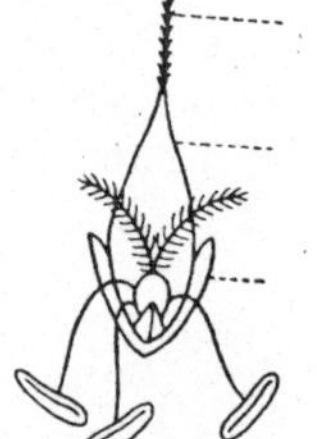

Abb. 7. Ährchen der zweizeiligen Gerste

a) Lange Granne; *b*) fruchtbares Blütchen; *c*) unfruchtbares (steriles) Blütchen

Eine Befruchtung kann nur dann zustande kommen, wenn der Pollen auf die Narbe des Fruchtknotens gelangt. Zu diesem Zweck reißen die Staubbeutelfächer bei geeigneter Witterung und zu ganz bestimmten Tagesstunden, die bei den verschiedenen Getreidearten verschieden sind, auf und die geschlechtsreifen Pollenkörner fallen heraus. Gelangen sie auf die Narbe, so werden sie durch deren klebrige feuchte Beschaffenheit festgehalten. Die Pollenkörner beginnen nun in der Weise auszukeimen, daß sie einen Schlauch bilden, der durch den kurzen Griffelkanal in das Innere der Fruchtknotenhöhle wächst, bis er die Mikropyle und den Embryosack erreicht hat. Dieser Vorgang findet bei vielen Pollenkörnern statt, jedoch kann nur ein Pollenkorn die tatsächliche Befruchtung ausführen (Abb. 8).

Der Inhalt des Pollens, Spermatoplasma genannt, vereinigt sich mit dem Kern der Eizelle und damit ist die Befruchtung geschehen. Durch Zellkernteilung erfolgt nunmehr die Ausbildung der Frucht.

Des Interesses halber sei erwähnt, daß bei manchen Pflanzen auch eine Fruchtbildung ohne Hinzutreten des Pollens möglich ist. Diese Art der Fruchtbildung heißt Jungfernfruchtbildung oder Parthenokarpie, zum Beispiel beim Mais.

Selbst- und Fremdbefruchtung. Fällt der Blütenstaub auf die Narbe derselben Blüte, so spricht man von Selbstbefruchtung. (Siehe spezieller Teil.) Dieser Vorgang setzt eine Zwitterblüte voraus. Es muß jedoch nicht bei jeder Zwitterblüte unbedingt Selbstbefruchtung stattfinden.

Kommt dagegen der Blütenstaub auf die Narbe einer anderen Blüte oder auf die Narbe einer anderen Pflanze, so spricht man von Fremdbestäubung oder Fremdbefruchtung.

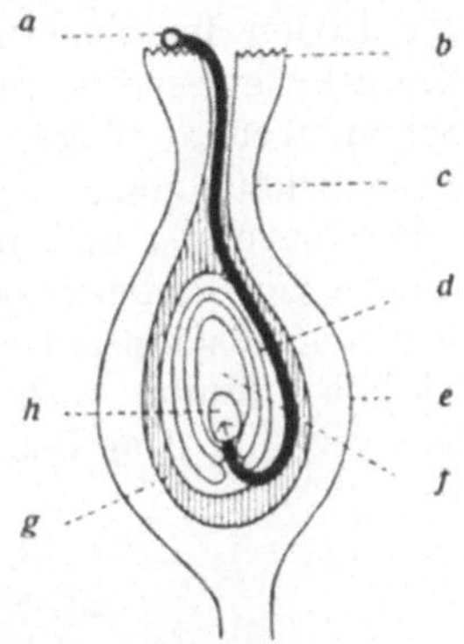

Abb. 8. Der Befruchungsvorgang. Durchschnitt durch den Fruchtknoten

a) Pollenkorn mit Schlauchentwicklung; b) rauhe, klebrige Narbe; c) Griffel mit Kanal; d) Samenknospenhäute oder Integumente; e) Fruchtknotenwand; f) Samenknospenkern; g) Fruchtknotenhöhle; h) Eizelle mit den zwei Keimbläschen

Die Bodenbearbeitung, soweit sie für den Getreidebau in Frage kommt

Zweifellos steht fest, daß heute noch bei uns sehr häufig der Bodenbearbeitung viel zu wenig Aufmerksamkeit geschenkt wird. Eine rechtzeitig und richtig durchgeführte Bodenbearbeitung ist aber für den Erfolg im Pflanzenbau sehr ausschlaggebend. Der Landwirt glaube ja nicht, daß sich die Nachteile einer unrichtigen oder vernachlässigten Bodenbearbeitung durch Verwendung von Kunstdünger oder besseren Saatgutes ausgleichen lassen. In diesem Falle können weder Kunstdünger noch Edelsaatgut zur vollen Auswirkung kommen. Erst wenn die Bodenbearbeitung entspricht, wird beides ganz zur Wirkung gelangen, wodurch ein höherer Ertrag gewährleistet wird. Möge diese Erkenntnis recht bald zum Gemeingute aller Landwirte werden!

1. Der Stoppelsturz

Unmittelbar nach dem Mähen des Getreides befindet sich der Boden im Zustande der Schattengare. Die Tätigkeit der Klein-Lebewesen ist in einem solchen Boden eine sehr lebhafte. Schon wenige Tage nach dem Schnitt verschwindet jedoch diese Schattengare; der Boden wird trocken und häufig auch rissig, sprüngig und auch hart. Es entstehen Kapillaren, durch welche viel Bodenwasser verloren geht. Durch den sofort nach dem Aufmandeln einsetzenden Stoppelsturz wird die schädliche Kapillarbildung verhindert, wodurch das Wasser (Bodenfeuchtigkeit) dem Boden erhalten bleibt (Abb. 9).

Abb. 9.* Häng' an den Erntewagen den Pflug gleich an!

Eine wichtige Aufgabe kommt auch dem Stoppelsturz in Bezug auf die Unkrautvernichtung zu. Selbst in noch so reinen Getreidefeldern wird ein Minimum von Samenunkräutern anzutreffen sein. Die Unkrautpflanzen reifen aber früher als unsere noch so frühreifen Kulturpflanzen, daher fällt auch ihr Samen schon vor der Getreidereife, mindestens aber während des Getreideschnittes, aus. Der seicht und mit mehrscharigen Pflügen durchgeführte Stoppelsturz bringt nun diese Unkrautsämereien seicht in den Boden, wodurch sie möglichst rasch zum Keimen kommen. Herrscht zu jener Zeit starke Trockenheit, so müssen die Stoppel angewalzt werden, was einerseits im Interesse einer raschen Verwesung der unterpflügten Stoppelreste, andererseits auch einer raschen Keimung des Unkrautsamens wünschenswert ist. Sobald jedoch die

Stoppel verwest sind und die Unkrautsämereien aufgegangen sind, hat ein Eggenstrich zum Zwecke der Erhaltung der Bodenfeuchtigkeit unbedingt zu erfolgen. Ist genügend Feuchtigkeit vorhanden, so hat das Walzen zu unterbleiben.

Der sofortige Stoppelsturz liegt aber auch im Interesse der Vernichtung vieler Pflanzenschädlinge, welche als besonders geschützte Stellen die unteren Teile der Getreidepflanzen, vornehmlich dort, wo die Bestockung stattgefunden hat, aufsuchen.

Auch zur Erhaltung der sehr wertvollen Bodenkolloide, sowie zur Verhinderung der Entkalkung des Bodens ist gleichfalls der eheste Stoppelsturz von großer Bedeutung. Auf letztere Umstände wird in der neuesten Zeit erhöhtes Gewicht gelegt.

Das lange Stehenlassen der Stoppel, also ein spätes Stürzen, hat eine rasche und freudige Vermehrung der mit Recht so gefürchteten Quecke zur Folge, ferner werden die Bodenbakterien in ihrer Tätigkeit und Entwicklung durch Austrocknen gehemmt und sicherlich auch teilweise zum Absterben gebracht.

2. Die Herbstackerung nach dem Stoppelsturz

Ist etwa vier Wochen nach dem erfolgten Stoppelsturz das Feld ergrünt, so wird es tüchtig abgeeggt. Im frühen Herbst erfolgt die Herbstackerung zur normalen Tiefe. Da nach Stoppel normalmäßig keine Getreidefrucht folgt, bleibt nunmehr das Feld in rauher Furche über Winter liegen, wodurch es den Witterungseinflüssen, besonders dem Frost, stark ausgesetzt ist. Im Frühjahr zerfallen dann alle Schollen zu weichen feinen Häufchen, worauf sehr bald der Eintritt der Bodengare folgt und dadurch auch die wünschenswerte Krümmelstruktur des Bodens erzielt wird.

3. Herbstbodenbearbeitung nach Klee

Am zweckmäßigsten erweist es sich, den Klee vor dem Herbstanbau umzureißen, wozu Vorschare an den Pflügen sehr vorteilhaft sind. Dadurch wird die Kleenarbe mit Erde vollständig bedeckt. Nach gründlichem Abeggen kann bei Weizen sofort, bei Roggen, nachdem sich der Boden gesetzt hat, der Anbau vorgenommen werden. Zwei Furchen nach Klee können unangenehme Folgen haben. Zunächst muß in der Regel

auf einen zweiten Kleeschnitt oder bei Luzerne auf den letzten
Schnitt verzichtet werden und wenn nach dem Kleereißen
Trockenheit eintritt, verwesen die Kleereste nicht, der Boden
wird vielmehr hart und durch ein zweites Ackern würden die
ganzen Kleereste nach oben kommen, wenn eine Ackerung
überhaupt möglich ist. Es führt dies dann dazu, daß im letzten
Momente ein anderes Feld zum Anbau bestimmt wird, wodurch eine Störung in der Fruchtfolge unvermeidlich ist.

4. Die Herbstarbeit nach Hackfrüchten

Nach Hackfrüchten befindet sich der Boden infolge der
Hackkultur in einem unkrautfreien und auch physikalisch
günstigem Zustande. Auch ist nach der Aberntung die Jahreszeit schon ziemlich vorgeschritten. Es genügt daher eine Pflug-
furche im Herbste, worauf das Feld ebenfalls in rauher Furche
liegen bleibt, da ja nach Hackfrüchten im Herbst nur selten
noch ein Anbau erfolgt.

Handelt es sich um ein Kartoffelfeld und werden die
Kartoffel mit der Kartoffelerntemaschine herausgenommen, so
kommt diese Arbeit auch einer Bodenbearbeitung gleich, denn
diese Maschine mischt den Boden gründlichst durch. Dennoch
erfolgt aber nachher die gewöhnliche Herbstackerung.

5. Die Bodenbearbeitung im Frühjahr

Bei der Bodenbearbeitung im Frühjahre ist wohl zu unterscheiden, ob wir einen leichteren bis mittelschweren oder
einen schweren Boden vor uns haben. Im ersten Falle ist zur
Erhaltung der unter unseren Verhältnissen so notwendigen
Winterfeuchtigkeit jede Ackerung zu vermeiden. Ist das Feld
vollständig unkrautfrei, so wird am besten die Ackerschleife
verwendet, wozu man auch einen gewöhnlichen Holzpfosten
oder die Seitenteile von Kastenwägen verwenden kann. Der
Zweck ist blos die Herstellung einer ebenen Fläche. Ist etwas
Unkraut aufgetreten, so wird man die Egge verwenden und
bei stärkerer Verunkrautung leistet der Extirpator vorzügliche
Dienste, dem allerdings zur Ebnung des Feldes ein Eggenstrich
folgen muß.

Bei schwerem Boden, der häufig um diese Zeit sehr fest
ist, kann es im Interesse der Erzielung eines günstigen Saat-
beetes gelegen sein, ihn auch im Frühjahre, am besten mit
mehrscharigen Pflügen einer seichten Ackerung zu unterziehen.

Die Entstehung der Ackergare wird bei Einhaltung vorstehender Bodenbearbeitung nicht lange auf sich warten lassen und kennzeichnet sich hauptsächlich dadurch, daß der Boden brotteigähnlich aufgeht und man beim Darübergehen das Gefühl hat, als ginge man über einen schweren Teppich. Man sieht fast keine Fußtritte, weil der Boden nach dem Tritt wieder in seine ursprüngliche Lage zurückkehrt, das heißt, er ist elastisch geworden.

An der vorstehenden, sehr bewährten Bodenbearbeitungsmethode dürfte auch die von manchen Seiten empfohlene Wühlkultur nicht viel ändern. Gemeint ist damit die Wühlkultur ohne Pflug.

Übrigens haben Versuche bezüglich Bodenbearbeitung an der Versuchsstation Dahlem (Deutschland) im Jahre 1923 Ergebnisse gezeitigt, die sehr zugunsten der Pflugarbeit sprechen. Man erzielte dort bei Roggen auf ¼ ha mit Pflugarbeit 682 kg, mit Wühlarbeit 654 kg und mit der Fräsarbeit 618 kg Körner!

Viel Unklarheit besteht in Bezug auf die Verwendung der Walze. So vorzügliche Dienste dieses Gerät bei der Bodenbearbeitung und Pflege der Saaten leisten kann, ebenso nachteilig wirkt sie bei unzeitgemäßer oder überhaupt unnötiger Anwendung. In manchen Gegenden wird sie viel zu viel angewendet. Wann sie zur Anwendung kommen soll, ist in den einzelnen Kapiteln im speziellen Teil näher besprochen.

Allgemeines über die Düngung des Getreides

Zunächst sei vorausgeschickt, daß, wie allgemein bei den landwirtschaftlichen Kulturpflanzen, so auch beim Getreide das Gesetz des Minimums für das normale Gedeihen derselben Giltigkeit hat. Dieses besagt, daß derjenige Produktionsfaktor, der in geringster Menge vorhanden ist, auf den Ertrag den stärksten Einfluß ausübt. Zu den Produktionsfaktoren gehören zum Beispiel: Wasser, Wärme, Licht, alle Nährstoffe, Bodeneigenschaften usw. Ist nun ein solcher Faktor in geringerer Menge da, als zur Erzielung einer entsprechenden Ernte notwendig ist, so kann die Pflanze nicht ihren vollen Ertrag geben. In sehr vielen Fällen spielt aber hiebei das Wasser und auch die Wärme eine große Rolle. Auf die Regelung des Nährstoffgehaltes hat nun der Landwirt den größten

Einfluß und daher sei nachstehend das Wichtigste über die Düngung des Getreides hervorgehoben, besonders aber auch betont, daß es für jeden Landwirt überhaupt unumgänglich notwendig ist, daß er mit der Düngerlehre vertraut sei.

In der letzten Zeit ist es mit Hilfe der N e u b a u e r - schen Methode und Ergänzung mit der chemischen Analyse möglich geworden, unsere Böden rechtzeitig vor dem Anbau auf ihren für die Pflanzen aufnehmbaren Nährstoffgehalt untersuchen zu lassen. Die Versuchsstationen sind auf Grund des Ergebnisses der Untersuchung in der Lage, anzugeben, welche Düngerart und welche Menge bei Angabe der Pflanzenart, die gebaut werden soll, zu verwenden ist. Die Untersuchung ist billig und schützt den Landwirt vor Fehlgriffen beim Einkauf von Kunstdünger, erspart ihm außerdem den zeitraubenden Feldversuch, von dem er letzten Endes immer nur erfährt, wie er das Feld hätte düngen sollen, denn im Jahre darauf wird ja immer eine andere Frucht gebaut, als es die Versuchsfrucht war. Dadurch kann nunmehr der Landwirt den Kunstdünger nach Art und Menge richtig anwenden, also im wahrsten Sinne des Wortes sparen.

Dennoch wird es vorteilhaft sein, wenn der Landwirt nachstehende, allgemeinen Grundsätze für die Düngung des Getreides beherzigt:

a) Beobachten und Denken ist immer besser als nach bloßen Rezepten zu arbeiten, denn allgemein giltige Rezepte gibt es nicht.

b) Nach Klee, Mischling und Hülsenfrüchte gibt man niemals eine Stickstoffdüngung. Die in vielen Gegenden übliche Gewohnheit, nach Klee zum darauffolgenden Getreide Stallmist zu geben, ist eine arge Verschwendung.

c) Stallmistdüngung ist zu Getreide, ausgenommen beim Mais, zumeist nicht notwendig. Vorsicht empfiehlt sich jedenfalls, weil bei Stallmistdüngung leicht Lagerung eintritt.

d) Künstliche Stickstoffdüngung ist im Herbste ausnahmsweise nur dann zu geben, wenn vor dem Anbau eine langandauernde, starke Regenperiode herrschte, weil dann die Nitrate des Bodens ausgewaschen sind und keine günstige Bestockung zu erwarten wäre.

In allen anderen Fällen wird eine Stickstoffdüngung nur im Frühjahre gegeben und zwar nur dann, wenn das Getreide schwach steht. Kennzeichen von Stickstoffarmut sind spitzige Blätter, die stark ins Gelbliche gehen. Bei Hafer oft zu beobachten!

Die meisten künstlichen Stickstoffdünger (Chilisalpeter, Kalksalpeter, Leunasalpeter, Harnstoff) können ohneweiters bei trockenem Wetter als Kopfdünger gegeben werden, das heißt, sie werden auf die bereits am Felde stehenden Pflanzen ausgestreut, bevor diese mit dem stärksten Wachstum einsetzen, also bei Wintergetreide zu Beginn der Vegetation, beim Sommergetreide vor der Bestockung. Kalkstickstoff dagegen soll mindestens eine Woche vor dem Anbau gegeben werden.

Leichtere Böden bedürfen häufiger einer Stickstoffdüngung als schwerere.

e) Von den phosphorsäurehältigen Düngemittel werden die mehr langsam wirkenden zu den Winterungen, die rasch wirkenden dagegen zu den Sommerungen gegeben. Wird die Vorfrucht mit Phosphorsäure gedüngt, so unterbleibt eine solche Düngung bei Getreide, zum Beispiel es wurde Mischling mit Thomasmehl gedüngt und darauf Getreide angebaut. (Siehe spezieller Teil.)

f) Von den Kalisalzen kommt bei uns als Düngemittel fast nur das 40 %ige Kalisalz in Betracht. Es ist besonders dann am Platze, wenn Getreide nach Pflanzen gebaut wird, die dem Boden viel Kali entziehen zum Beispiel nach Rübe, Klee und Kartoffel. Auf Urgesteinverwitterungsböden (Waldviertel) ist eine Kalidüngung meistens ohne Erfolg und daher auch unrentabel.

g) Auf Böden, die von Natur aus zur sauren Reaktion neigen oder gar schon sauer sind, vermeide man die sogenannten physiologisch sauren Düngemittel, wie Schwefelsaures Ammoniak, Superphosphat und die Kalisalze. Die Düngung zur Vorfrucht und der Ertrag dieser ist sehr ausschlaggebend für die Düngung der folgenden Getreidefrucht; so ist zum Beispiel Hafer, der nach Kartoffel mit Stallmistdüngung gebaut wird, bei hohen Ernteergebnis der Kartoffel mit künstlichem Stickstoff zu düngen, bei geringen Kartoffelertrag (zum Beispiel infolge Dürre oder Nässe) dagegen nicht. Ebenso soll Roggen, der nach Frühkartoffeln folgt, stets Stickstoff bekommen.

h) Im allgemeinen kann man zu Getreide überhaupt mit den künstlichen Düngemittel sparen, wenn man die Vorfrüchte richtig düngt und eine entsprechende Fruchtfolge einhält.

Die Verwendung guten Saatgutes, die Wahl der geeigneten Sorte und ein ihr passender Standort

1. Das Saatgut und seine Eigenschaften

„Wie die Saat, so die Ernte", ist ein altes Sprichwort; dabei ist aber nicht allein an die Ausführung der Saat zu denken, sondern vor allem auf die Beschaffenheit des Saatgutes, welches zum Anbau gelangen soll.

Wie soll nun gutes Saatgut beschaffen sein?

Zum besseren Verständnis der Beurteilung guten Saatgutes möge folgende kurze Betrachtung vorausgeschickt werden. Das Saatgut ist der Träger des Keimlings und durch die Aussaat bezw. Unterbringung im Boden soll das im Saatkorn schlummernde Leben geweckt werden, um eine neue Pflanze, in unserem Falle eine Getreidepflanze, hervorzubringen. Wenn wir aber bedenken, daß das junge Pflänzchen nicht sofort fähig ist, seine Nahrung aus dem Boden aufzunehmen, sondern in seiner allerfrühesten Lebensperiode bei der Keimung auf die im Samenkorn enthaltene Nahrung — man nennt sie auch Mutternahrung oder Reservestoffe — angewiesen ist, so erhält das Saatgut die größte Bedeutung; denn wir müßen uns sagen, daß folgerichtig ein solches Saatgut einen besonderen Wert hat, welches überwiegend aus Körnern besteht, die größere Mengen an Reservestoffen enthalten. Gerade in diesenr Hinsicht herrscht in vielen landwirtschaftlichen Kreisen eine trostlose Unkenntnis, so daß sogar, leider muß es gesagt werden, mitunter noch Hintergetreide oder Abfallgetreide zur Saat verwendet wird. Es sollen daher der Reihe nach die wertbildenden Eigenschaften, welche eine einwandfreie Beurteilung des Saatgutes zulassen, besprochen werden. Es sind dies:

a) Das Korngewicht, auch absolutes Gewicht oder 1000-Korngewicht genannt, was gemeinhin als Schwere des Kornes bezeichnet wird. Zahlreiche Versuche haben den Einfluß des Korngewichtes, also die Schwere des Samens auf den Ertrag übereinstimmend ergeben. Schwere Samen haben mehr Reservestoffe, erzeugen eine stärkere Bewurzelung und Bestockung und liefern lebensfähigere und kräftigere Pflanzen, welche ungünstige Boden- und Witterungsverhältnisse leichter überwinden. Schwere Samen liefern wieder Pflanzen mit

einem höheren Prozentsatz an schweren Samen und eignen sich
daher in besonderem Maße zur Erzeugung von Saatgut. Absolut schwere Samen liefern aber auch Pflanzen, welche sich
schneller entwickeln und daher tierischen Feinden und insbesonders dem Unkraut schneller entwachsen, als solche aus
leichten Samen.

b) Das Hektolitergewicht. Es ist ein Maßgewicht und besagt, wie groß das Gewicht eines Hektoliters
Getreide ist. Die Größe des Hektolitergewichtes wird beeinflußt von der Form des Kornes, von der Feinschaligkeit und
von der Trockenheit des Getreides. Flaches Korn oder solches
von rauhschaliger oder runzeliger Beschaffenheit gibt gewöhnlich ein geringes, hingegen vollkommen und gleichmäßig ausgebildetes, ein höheres Hektolitergewicht. Gut reifes und trocken
geerntetes und eingebrachtes Getreide, das leicht durch die
Hand gleitet, oder wie man sich ausdrückt, „griffig anfühlt",
zeigt zumeist ein hohes Hektorlitergewicht, während Getreide,
welches sich feucht anfühlt, — sogenanntes „glammiges Getreide", — gewöhnlich geringes Hektolitergewicht aufweist. Das
Hektolitergewicht allein gibt jedoch keinen verläßlichen Maßstab für den Wert eines Saatgutes; es ist aber brauchbar zum
Vergleich innerhalb derselben Getreidesorte und des gleichen
Jahrganges. Trifft hingegen bei einem Saatgut hohes Hektolitergewicht mit hohem absoluten Gewicht zusammen, dann hat
man es jedenfalls mit einer guten Eigenschaft zu tun.

c) Die Größe des Samens. Große Samen weisen
im allgemeinen auf eine größere Menge von Reservestoffen hin.
Es ist aber nicht immer der Fall, daß große Samen auch mehr
Reservestoffe enthalten müssen, da bei manchen Getreidearten,
insbesonders beim Roggen die größten Körner von schartigen
Ähren stammen, welche der Zahl nach weniger Körner enthalten, so daß zu ihrer Entwicklung mehr Platz vorhanden ist.
Solche große Körner haben dann ein lockeres Gefüge und trotz
der Größe verhältnismäßig wenige Reservenährstoffe. Sie
geben, da die Schartigkeit erblich ist, im Nachbau wieder
schartige Ähren, drücken den Ertrag herab und sind daher als
Saatgut schlecht. Die Größe des Kornes ist daher nach dem
Gesagten für die Beurteilung des Saatgutes nur dann von
sicherem Wert, wenn sie mit hohem Korngewicht zusammenfällt.

d) Die Form der Körner. Auch diese Eigenschaft
soll beim Saatgut durch Vollkörnigkeit und eine möglichste
Gleichförmigkeit zum Ausdruck kommen; sie deutet gewöhn-

lich auf gleichmäßige Reife und bei Roggen auf geringe Schartigkeit der Ähren hin.

e) **Die Keimfähigkeit und Keimungsenergie.** Unter Keimfähigkeit versteht man den Prozentsatz an keimfähigen Körnern. Bei der Keimfähigkeit kommt es aber wieder darauf an, daß sie normal ist. Normal gekeimte Samen haben eine stark entwickelte Blattknospe und die entsprechende Anzahl von Keimwurzeln; erst derartige Keimpflanzen werden auch kräftige Pflanzen mit reichlicher Bewurzelung liefern. Die Keimfähigkeit wird am einfachsten mittelst Keimapparaten festgestellt, wie sie bei dem Kapitel „Eigenschaften einer guten Braugerste" angegeben sind. Man nimmt vom Getreide 100 Körnern, so daß die Zahl der gekeimten Körner gleichzeitig den Prozentsatz der Keimfähigkeit angibt.

Die Keimfähigkeit soll beim Getreide 95 bis 100 % betragen. Das Getreide soll aber auch schnell keimen, also eine große Keimungsenergie (Triebkraft) zeigen. Die Keimungsenergie wird ebenfalls in Prozenten ausgedrückt und besagt, wie viel Körner von 100 schon nach einer kürzeren Zeit, je nach der Getreideart, in 2 bis 3 Tagen, tatsächlich gekeimt haben. Die Keimungsenergie soll sich beim Getreide um 85 % bewegen; je mehr sie sich dem Prozentsatze nach der endgiltigen Keimfähigkeit nähert, um so besser ist das Saatgut. Dieser Feststellung kommt für die Praxis der Landwirtschaft eine große Bedeutung zu, weil Saatgut mit großer Keimungsenergie rasch auflauft, Verkrustungen und verschiedene Schädigungen leichter überwindet und an Vegetationszeit gewinnt.

Auf die bessere oder geringere Keimfähigkeit eines Getreidesaatgutes haben mancherlei Umstände Einfluß. Getreide zur richtigen Reifezeit geerntet, trocken eingebracht und luftig aufbewahrt, wird zumeist gut keimfähig sein. Feucht oder wenig trocken eingebrachtes Getreide verrät sich oft durch einen muffigen oder schimmeligen Geruch und weist auf schlechte Keimfähigkeit und insbesonders geringe Keimungsenergie hin. Ebenso beeinträchtigen ausgewachsene Körner stark die Keimungsfähigkeit. Frische Farbe, Glanz und Geruch lassen zumeist auf gute Keimfähigkeit schließen; alter Same hingegen, der sich durch Verfärbung und mattes, glanzloses Aussehen kennzeichnet, auf geringe Keimfähigkeit.

f) **Reinheit.** Von einem guten Saatgut wird gefordert, daß es frei sein soll von Unkrautsamen, Bruchkörnern, ausgewachsenen Körnern, erdigen Teilchen, Steinchen, Stengelteilchen, Spreu, ferner Mutterkorn und Brandkörnern. Die Reinheit wird ausgedrückt durch den Gewichtanteil an Körnern, welche tatsächlich der Getreideart zugehören. Gutes Saatgut soll mindestens eine Reinheit von 99 %, mithin höchstens 1 % Verunreinigungen haben, das heißt, daß in 100 kg Getreidesaatgut höchstens 1 kg Verunreinigungen sein dürfen.

Weitere wertbildende Eigenschaften beim Getreide sind:

g) Der Spelzengehalt, der bei Gerste und Hafer in Betracht kommt. Je feiner die Gerste ist, desto geringer ist auch der Spelzengehalt. Bezüglich Hafer wird auf den speziellen Teil „Der Hafer" verwiesen.

h) Die Mehligkeit und Glasigkeit. Weizen soll einen größeren Prozentsatz an Glasigkeit, sogenannte glasige oder speckige Körner haben, die auf einen höheren Klebergehalt schl‘eßen lassen. Bei der Gerste soll hingegen, soweit es sich um Braugerste handelt, die Mehligkeit der Körner überwiegen, die sich durch das mehlige Aussehen einer Schnittfläche, welche man beim Durchschneiden eines Getreidekornes erhält, kennzeichnet.

Die hauptsächlichsten Forderungen, welche somit auf Grund der vorstehend beschriebenen Eigenschaften an gutes Saatgut gestellt werden müssen, sind:

Großes, schweres und der Form nach einheitliches Korn, ferner entsprechende Reinheit bezw. Freiheit von Unkräutern und normale Keimfähigkeit bezw. Keimungsenergie.

Um derartiges Saatgut zu erhalten, muß das Getreide nach dem Drusch einer mechanischen Herrichtung unterworfen werden, welche neben der Reinigung, das ist der Beseitigung aller Verunreinigungen (Unkrautsamen, Spreu, Erdteilchen, ausgewachsene und zerbrochene Körner etc.) auch die Gewinnung der größten und schwersten Körner bezweckt. Zum Reinigen verwendet man die Putzmühle und Windfege, die vor allem die Spreu herausbläst und durch auswechselbare Siebe von verschiedener Maschenweite die Entfernung der Unkräuter, darunter auch der Distelköpfe, Wickenhülsen, Ährenteilchen, Erde und Steinchen, ferner durch ein engmaschiges Sieb, das Absieben der kleineren Körner besorgt, so daß nur größere Körner vorhanden sind. Im allgemeinen läuft aber die Arbeit der Putzmühle darauf hinaus, konsumfähiges, beziehungsweise verkaufsfähiges Getreide herzustellen. Um der Forderung nach der Schwere des Saatgutes zu genügen, ist besonders auf die Regulierung des Windstromes Rücksicht zu nehmen. Je schwächer der Zufluß und je kräftiger der Windstrom ist, eine umso schärfere Trennung nach schwersten, mittelschweren und leichten Körnern wird erzielt werden. Die Windfege ersetzt gewissermaßen das früher in der Landwirtschaft zur Anwendung gekommene Wurfen des Getreides, wobei die Körner der Schleuderkraft folgend, sich derart ablagerten, daß die schwersten Körner in die äußerste Wurfzone zu liegen kamen.

Abb. 10. Röbers Putzmühle „Ideal"

Derartige Vorrichtungen sind: Die Putzmühle (Röbers Getreide - Reinigungsmaschine „Ideal", Abb. 10) und die Windfege (Röbers Windfege „Triumph", Abb. 11).

Bei der Reinigungsmaschine „Ideal" werden durch einen Windstrom, der die weitmaschigen Doppelsiebe durchbläst, die groben Unkräuter, Spreu und sonstigen Verunreinigungen entfernt. Das durch das Doppelsieb durchfallende Getreide gelangt auf eine schiefe Ebene, auf welche durch Siebe eine weitere Trennung nach der Größe erfolgt. Das beste Korn fällt am Ende des Siebes unter der Windtrommel heraus, während das zweitbeste und das Hinterkorn nach rechts oder links in hölzerne Ausflußröhren abfließen.

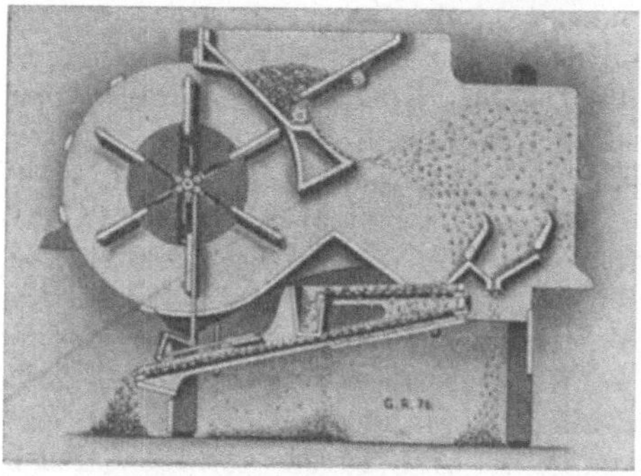

Abb. 11. Röbers Windfege „Triumph"

Bei der Windfege „Triumph" kommt das schwerste Korn am Ende der schiefen Fläche unter der Windtrommel heraus, während das mittelschwere vor einer verstellbaren Kante in einen Kasten abfließt und seitlich abgeführt wird. Das leichteste Korn (Hinterkorn) fliegt über die verstellbare Kante hinaus.

Das Saatgut soll aber nicht allein nach Größe und Schwere sortiert werden, sondern auch nach der Form des Kornes. Zu diesem Zweck verwendet man den Trieur, der die Körner nach zwei oder drei Größen sortiert und außerdem noch die rundlichen Unkrautsamen, insbesondere Wicken und Kornraden etc. entfernt. Ein derartig nach Größe und Schwere sortiertes Getreide kann dann als wirtschaftlich gutes Saatgut angesprochen werden.

Sehr gute Trieurs erzeugt in Österreich die Maschinenfabrik N. Heid in Stockerau. Die Abb. 12 zeigt einen solchen Trieur.

Das Getreide wird von allen Unkräutern (Raden, Wicken, gebrochenen Körnern, Trespen etc.) gereinigt und gleichzeitig

Abb. 12. Heid's Trieur

in drei Größen sortiert. Bei 0 am Ende des Trieurs, werden die Unkräuter ausgeschieden, bei 1 kommt das größte, bei 2 das mittelgroße und bei 3 das kleine Korn heraus. Durch den aufgesetzten Ventilator und ein eingeschaltetes Rüttelsieb wird Spreu und grobe Unreinigkeit, wie Erde, Steinchen, Hülsen, Schoten etc. abgesondert. Bei der Bestellung eines Trieurs ist anzugeben, ob er für Weizen und Roggen oder für Gerste und Hafer oder für beide Zwecke zugleich eingerichtet sein soll. In letzterem Falle wird nämlich nebst dem Zylinder für Weizen ein Auswechsel-Zylinder für Gerste und Hafer beigegeben.

In hohem Maße nimmt auf die absolute Schwere der Körner die Kayser'sche Getreide-Zentrifuge Rücksicht.

Um die immer mehr und mehr gesteigerten Anforderungen an höchstwertigem Saatgut befriedigen zu können, werden auch Monitore in geeigneter Weise mit Windfegen und Trieure verbunden. Durch einen aufsteigenden Windstrom trennen sich die leichteren Körner von den schweren. Gleichzeitig sind solche mit Staubsaugern in Verbindung und zählen derzeit mit zu den besten Saatgutreinigungsanlagen.

In ähnlicher Weise wirken auch die Kribleur-Schwing-Sortiermaschinen, sowie die deutschen Saatgutreinigungsanlagen System „Schule" und „Neuhaus".

Die kleinen und mittleren Landwirte, die über solche Einrichtungen nicht verfügen, haben jedoch bei einer Reihe von Lagerhausgenossenschaften, welche mit solchen modernen Reinigungsanlagen ausgestattet sind, Gelegenheit, ihr Saatgut dort entsprechend reinigen zu lassen. Es kann dies nicht genug empfohlen werden.

Es drängt sich nun unwillkürlich die Frage auf, inwieweit es den praktischen Landwirten, wenn sie Saatgut beziehen wollen oder selbst zum Verkauf stellen, möglich ist, die praktischen Folgerungen aus den Ausführungen über die wertbildenden Eigenschaften des Saatgutes zu ziehen. Diese stehen im innigen Zusammenhange mit der Tätigkeit der Bundesanstalt für Pflanzenbau und Samenprüfung (ehemals Samenkontrollstation in Wien). Diese Anstalt hat speziell für die Werteigenschaften der wichtigsten Getreidearten bestimmte Durchschnittswerte (Normen) aufgestellt, die einen ziffermäßigen Ausdruck zur Bewertung des Saatgutes, unter Umständen auch zur Feststellung ihres Minderwertes geben. Diese Normen betragen:

	Reinheit %	Keimfähigkeit %	Gebrauchswert %	Absolutes Gewicht (1000 Korngewicht) in Gramm	Hektolitergewicht in Kilogramm
Roggen . .	98·5	98·—	96·5	29	71
Weizen . .	99·—	98·—	97·—	39	79
Gerste . .	99·—	98·5	97·5	37	65
Hafer . .	98·5	96·—	94·5	28	48
Mais . . .	97·—	85·—	82·4	—	—
Hirse . .	98·—	80·—	78·4	—	—

Sie werden jedoch jährlich auf Grund der Untersuchungsergebnisse der neuen Ernten einer Revision unterzogen und wenn notwendig, entsprechend abgeändert.

Bei diesen Normen kommt, unter Hinweis auf die früheren Ausführungen über die Eigenschaften guten Saatgutes, der

Reinheit und Keimfähigkeit beziehungsweise den aus diesen beiden Faktoren sich ergebenden Gebrauchswert eine besondere Bedeutung zu.

Der Gebrauchswert wird berechnet, wenn man die Prozentzahl der Reinheit mit der Prozentzahl der Keimfähigkeit multipliziert und dann durch 100 dividiert.

$$\left(\frac{R\% \times K\%}{100} = G\% \right)$$

Er besagt, wie viel reine und keimfähige Samen dem Prozentsatze, beziehungsweise dem Gewichte nach in einer Saatware enthalten sind. Heißt es zum Beispiel, Weizen hat einen Gebrauchswert von 98, so bedeutet dies, daß in 100 kg dieses Weizens 98 kg reine, keimfähige Körner enthalten sind. Da die üblichen Aussaatmengen auf Grund des normalen Gebrauchswertes festgestellt sind, so ist es notwendig, daß bei einem Saatgut, welches einen geringeren Gebrauchswert hat, eine größere Menge angebaut wird, wenn der Pflanzenbestand, worauf der Landwirt mit Recht einen großen Wert legt, geschlossen sein soll. Die Berechnung der Aussaatmenge bei einem geringeren Gebrauchswert als dem normalen, wollen wir an einem Beispiel ausführen. Beträgt bei einem Weizensaatgut mit normalen Gebrauchswert von 97% die Aussaatmenge 170 kg pro ha und weist das zur Verwendung kommende Saatgut eine Reinheit von 99 % und nur eine Keimfähigkeit von 81 % auf, so ergibt sich ein Gebrauchswert von 80%. $\left(\frac{99 \times 81}{100} = 80\,\% . \right)$ Die neue Aussaatmenge berechnet man nach der Proportion: $97 : 80 = x : 170$, wobei x die fragliche Aussaatmenge ist. Man erhält auf diese Weise für $x = 97 \times 170 : 80 = 206$ kg als die richtige Aussaatmenge. Es muß daher vom Weizensaatgut mit dem Gebrauchswert von 80 %, oder wie man auch sagt, von einer 80%igen Saatware, um 36 kg mehr gebaut werden.

Im allgemeinen soll als Richtlinie dienen, daß bei gutem Getreidesaatgut der Gebrauchswert nicht unter 95 % heruntergeht. Jeder weitere Prozentanteil unter dieser Gebrauchswertzahl hat als Grundlage für eine angemessene Preisentschädigung der Ware zu gelten.

Für den Landwirt ist es nun von größter Wichtigkeit, Saatgut zum Anbau zu bringen, welches den obigen Anforderungen entspricht. Da jedoch die Feststellung dieser Werteigenschaften besondere Kenntnisse und laboratoriumsmäßige Einrichtungen erfordern, über welche die Landwirte nicht verfügen, so empfiehlt es sich, die Untersuchung des Saatgutes

an einer Samenprüfungsstelle, zum Beispiel bei der Bundesanstalt für Pflanzenbau und Samenprüfung (ehemals Samenkontrollstation) Wien II. Lagerhausstraße 174 oder einer
sonstigen Samenkontrollstation vornehmen zu lassen.

Es gilt dies namentlich auch für solche Landwirte, welche
selbst Saatgut erzeugen und zum Verkauf bringen und dadurch in den Stand gesetzt werden, auf Grund der Untersuchungsergebnisse den Wert dieses Saatgutes kennen
zu lernen.

Zum Schutze der Landwirte wurde aber an der Bundesanstalt für Pflanzenbau und Samenprüfung speziell die sogenannte Nachkontrolle geschaffen. Diese Einrichtung besteht
darin, daß Samenhandlungen oder Landwirte (Züchter, Saat-
bauwirtschaften) mit der Anstalt ein Übereinkommen ab-
schließen, wodurch sie sich verpflichten, bei ihren Saatgutlieferungen schriftlich durch Ausstellung eines vorschrifts-
mäßigen Garantiescheines oder eines Schlußbriefes Garantie zu
leisten und den Käufern des Saatgutes das Recht der Nachkontrolle einzuräumen. Es sind dies die sogenannten „Ver-
tragsfirmen" der Anstalt. Die Garantien sollen sich in der
Regel auf die in den Normen angeführten Durchschnittswerte
erstrecken. Wird bei der Nachuntersuchung bei einer oder der
anderen Eigenschaft, wie zum Beispiel der Reinheit oder Keimfähigkeit ein geringerer Wert gefunden, so ist der Minderwert
zu vergüten oder die entsprechende Menge an Saatgut nachzu-
liefern. Solche Nachlieferungen werden dann am zweckmäßigsten stattfinden, wenn es sich zum Beispiel um eine geringere
Keimfähigkeit handelt und entsprechend der Differenz in der
Keimfähigkeit eine stärkere Aussaatmenge notwendig ist. Es
kann den Käufern sowohl als auch den Verkäufern von Saatgut in ihrem ureigensten Interesse, um allen Streitigkeiten beim
Bezug von Saatgut, die zu häufig ein gerichtliches Nachspiel
haben, nur nahe gelegt werden, unter diesen Voraussetzungen Saatgutlieferungen abzuschließen. Zu beachten ist bei der
Nachkontrolle die richtige Probeentnahme. Die Probe soll in
Gegenwart von zwei unparteiischen oder amtlichen Zeugen
entnommen werden und dem Durchschnittscharakter der Ware
entsprechen. Zu diesem Zwecke sind mittels eines Probe-
stechers oder mit der Hand aus jedem einzelnen Sack (von
oben, Mitte und unten) Proben zu entnehmen, hierauf zu ver-
einigen, gut zu mischen und aus dieser Gesamtmenge dann die
eigentlichen Durchschnittsproben zur Untersuchung zu entnehmen. Gut ist es noch, eine zweite Probe von der Saatware

aufzuheben. Die Proben sollen dann in Gegenwart der Zeugen versiegelt oder mit einer Plombe abgeschlossen und zur Untersuchung eingeschickt werden.

2. Der Standort der Getreidearten

Das bessere oder mindere Gedeihen des Getreides wird ganz wesentlich von dem Standort beeinflußt, welchen man dem Getreide in der Fruchtfolge einräumt. Grundsatz soll sein:

a) daß die gleiche Getreideart oder verschiedene Getreidearten nicht zwei oder mehrere Jahre hintereinander auf demselben Acker zum Anbau kommen,

b) daß die dem Getreide vorhergehende Kulturpflanze (Vorfrucht) den Acker in einem für das Getreide erwünschten Kulturzustand, insbesondere möglichst unkrautfrei, hinterläßt,

c) daß die Vorfrüchte zeitlich genug das Feld räumen oder zu einer Zeit, daß die Bodenbearbeitung für den folgenden Getreidebau ordnungsgemäß ausgeführt werden kann, und endlich

d) daß das Getreide, welches zu den stickstoffzehrenden Pflanzen gehört, nach Möglichkeit auf Kulturpflanzen folgt, die zur Gruppe der stickstoffsammelnden, mithin den Boden an Stickstoff bereichernden Pflanzen, gehören.

Schon die Erfahrungstatsache, daß jedes Getreide den Boden verunkrautet hinterläßt, spricht dafür, daß die Aufeinanderfolge von Getreide auf demselben Acker hintangehalten werden soll. Ist sie nicht zu vermeiden, dann soll sie wenigstens so durchgeführt werden, daß nach dem Anbau einer Winterung eine Sommerung folgt, weil sich dadurch die notwendige Zeit für die Bodenbearbeitung und Unkrautvertilgung ergibt.

Der gestellten Forderung nach Unkrautfreiheit des Ackers kann durch Blattpflanzen, zu welchen die Kleearten, Mischling, Erbsen und sonstige Futterpflanzen, ferner die in Gebirgslagen zur Verwendung kommenden Kunstegartwiesen gehören, erreicht werden. Durch die bodenbeschattende Wirkung ihrer Blattmasse wird das Unkraut unterdrückt und außerdem die Forderung nach Stickstoffbereicherung des Bodens erfüllt. Der Forderung, den Acker unkrautfrei zu hinterlassen, entsprechen auch im vollsten Maße die Hackfrüchte, besonders Kartoffel, Mais und Rüben; am besten eignet sich dann der Anbau von Sommergetreide wie: Gerste, Hafer oder Sommerweizen.

Die große Zahl von Kulturpflanzen, welche sich somit als Vorfrüchte für Getreidebau eignen, gestatten es aber ohne besondere Schwierigkeiten bei den verschiedenen in Österreich in Betracht kommenden Feldbausysteme dem Getreide einen ihm zusagenden Standort, der ganz wesentlich die Ertragshöhe beeinflußt, zuzuweisen.

3. Saatgutsorte — Sortenwahl — Anbaugebiete

Von besonderer Bedeutung für die Höhe des Ertrages ist nebst der Qualität des Saatgutes die Wahl der Getreidearten und unter diesen wieder die der Getreidesorten, die zum Anbau gelangen sollen. Der Erfolg im Pflanzenbau hängt in erster Linie vom Witterungsverlauf des Jahres, in zweiter Linie von der angebauten Sorte ab. Alle anderen Einflüsse, wie Düngung etc. kommen erst dann zur vollen Auswirkung wenn vorstehende Voraussetzungen zutreffen. Von der Sortenwahl wird demnach der Reinertrag einer Wirtschaft im hohen Maße beeinflußt, ja es hängt davon oft das Wohl oder Wehe einer Wirtschaft ab.

In Österreich kommen unter den Getreidearten, wie schon früher ausgeführt wurde, hauptsächlich Roggen, Weizen, Gerste und Hafer, dann Spelz, Mais und etwas Hirse in Betracht. Bei einigen Arten unterscheiden wir wieder zwei Hauptformen und zwar Winterformen und Sommerformen, die auch in der Praxis der Landwirtschaft als Winterungen oder Wintergetreide, beziehungsweise Sommerungen oder Sommergetreide bezeichnet werden. Beim Roggen und Weizen werden vornehmlich Winterungen (Winterroggen und Winterweizen) gebaut; Sommerungen (Sommerroggen und Sommerweizen) hingegen nur in geringem Maße. Bei Gerste überwiegen wieder die Sommerungen (Sommergerste), während der Anbau der Winterungen (Wintergerste) erst in den letzten 15 Jahren, besonders während des Krieges, eine zunehmende Bedeutung gewonnen hat. Hafer, Mais und Hirse sind ausgesprochene Sommerfrüchte, Spelz hingegen zum Teil Winterfrucht, zum Teil auch Sommerfrucht. Buchweizen, der als Brotfrucht gilt, aber nicht zu den Getreidearten gehört, ist eine Sommerfrucht.

Wie schon in der Einleitung erwähnt wurde, zeigt sich eine gewisse Übereinstimmung der Verbreitung der Getreidearten in Österreich im Vergleiche zu Europa insoferne, als die Aufeinanderfolge der Arten von den höheren Gebirgs- und Waldlagen bis hinab in die Flachlandslagen sich in ähn-

licher Weise vollzieht, wie in Europa von Norden nach Süden.
Diese Verteilung hängt innig zusammen mit der Vegetationsdauer und der mittleren Wärmesumme, welche bei den einzelnen Getreidearten die Winterformen beziehungsweise die Sommerformen benötigen. Die Vegetationsdauer wird ausgedrückt
durch die Anzahl der Tage vom Zeitpunkte der Saat bis zur
Ernte. Die Wärmesummen erhält man aber, wenn die Zahl der
Vegetationstage mit der mittleren Tagestemperatur multipliziert
wird. Diese betragen unter dem 48. Grad nördlicher Breite, um
den sich Österreich gruppiert, beim:

	Vegetationsdauer in Tagen:	Wärmesumme in Grad C:
Winterroggen	280 — 322	2250 — 2950
Sommerroggen	112 — 140	1750 — 2190
Winterweizen	284 — 340	2563 — 3087
Sommerweizen	120 — 140	1870 — 2275
Winter-Spelz	280 — 308	2250 — 2426
Sommer-Spelz	126 — 140	1964 — 2190
Sommergerste	80 — 130	1700 — 2200
Hafer	100 — 150	2340 — 2730
Mais	100 — 129	2300 — 2500
Hirse	80 — 100	1000 — 1200
Buchweizen	70 — 84	1000 — 1100

Aus dieser Zusammenstellung ist ersichtlich, daß die Getreidearten, je nachdem sie Winter- oder Sommergetreide sind,
zu ihrer Entwicklung eine gewisse Wärmesumme benötigen,
die sich auf einen längeren oder kürzeren Zeitraum verteilt.
In Gebirgslagen, wo im Winter infolge der großen Schnee-
massen bei den Herbstsaaten der Zutritt der Luft verhindert
wird und die jungen Saaten häufig ersticken oder ausfaulen,
mithin Winterungen nicht gut fortkommen und unsicher sind,
ist daher der Anbau von Sommergetreide mit seiner kurzen
Vegetationsdauer überwiegend. In den Flach- und Hügellandslagen dagegen, wo eine längere Vegetationszeit infolge des kurzen Winters zur Verfügung steht, ist das Wintergetreide mit
seiner längeren Vegetationsdauer am Platze. In Bezug auf die
Ansprüche, welche die Getreidearten an den Boden stellen,
kann man im allgemeinen sagen, daß Roggen einen lockeren
jedoch gesetzten und warmen, Weizen hingegen einen bindigen
und frischen Boden verlangt, Gerste einen im guten Kultur-
zustande befindlichen Lehm- beziehungsweise Lehmmergel-
boden, während Hafer sowohl mit leichteren Böden, besonders
Verwitterungsböden auf Urgestein, als auch mit humusreichen
Böden, darunter auch Moorböden Vorlieb nimmt, wenn nur
genug Luft- und Bodenfeuchtigkeit vorhanden ist. Mais und

Hirse verlangen einen warmen Boden in trockenen Lagen; Spelz einen ähnlichen Boden wie Weizen.

Bei den wichtigsten Getreidearten ergeben sich aber eine große Anzahl von Sorten. Viele dieser Sorten kennzeichnen sich zumeist durch äußere Merkmale, vornehmlich an den Ähren oder Rispen. So haben beim Weizen manche Sorten begrannte oder unbegrannte Ähren, (Bart- oder Grannenweizen und Kolbenweizen) oder Ähren, die rot, weiß oder braun sind, also rot-, weiß-, braunspelzige Ähren; beim Roggen finden wir Ähren, welche dicht oder locker gebaut sind, beim Hafer wieder Rispen, deren Rispenäste zur Zeit der Reife schlaff herunterhängen oder schräg und steif nach aufwärts stehen, bei Gerste endlich Ähren mit zweizeiligem Besatz, davon wieder nickende und aufrechte, sowie vier- und sechszeilige Ähren. Außerdem finden sich noch so manche mehr oder weniger auffallende äußere Merkmale, sowie erst beim Vergleich mit anderen Sorten feststellbare innere Eigenschaften, die eine genauere Umschreibung der Sorten ermöglichen.

Wenn wir uns aber fragen, wie diese Sorten entstanden sind, so ist es wohl naheliegend, sie als Produkte der Natur aufzufassen. Das, was wir als Natur bezeichnen, ist der Einfluß der Umwelt auf die Pflanzen, seien es wildwachsende oder Kulturpflanzen und dieser Einfluß ist namentlich auf Klima und Boden zurückzuführen. Als Klima bezeichnen wir den Gesamteinfluß einer Reihe von Faktoren wie: Niederschläge, Luftfeuchtigkeit, Lufttemperatur, Licht (Sonnenbestrahlung), Windstärke, Windrichtung und die Höhenlage. Beim Boden kommen als maßgebende Faktoren einerseits seine chemische Zusammensetzung in Bezug auf den Nährstoffgehalt, andererseits sein physikalischer Zustand hinsichtlich der wasserhaltenden Kraft, seines Humusgehaltes und seiner Bodenwärme in Betracht. Auch die Beschaffenheit des Untergrundes spielt eine große Rolle, zum Beispiel ob durchlässig oder undurchlässig.

Unter diesen soeben besprochenen Faktoren, die zusammenfassend als „biologische" bezeichnet werden, sind aber hauptsächlich die klimatischen für den Landwirt von größter Bedeutung, weil sie als unabänderlich von ihm hingenommen werden müssen und während der Vegetationszeit die Entwicklung der Pflanzen entscheidend beeinflußen. Es gilt dies namentlich von der Verteilung der Niederschläge, dem Verlauf der Lufttemperatur sowie der Luftfeuchtigkeit. Günstiger liegen hingegen die Verhältnisse bei den Faktoren des Bodens, wie wasserhaltende Kraft, Humusgehalt, Bodenwärme, Pflanzennährstoffgehalt etc. Sie entziehen sich nicht ganz der Einflußnahme des Landwirtes, da schädliche oder ungünstige Auswirkungen dieser Faktoren durch eine zweckmäßige Bodenbearbeitung, Fruchtfolge und Düngung, wenn schon nicht ganz behoben, so doch in vielen Fällen wesentlich abgeschwächt oder gemildert werden können.

Im Kampfe um das Dasein werden nun naturgemäß solche Pflanzen ihren Fortbestand besser sichern, welche durch ihre inneren (physiologischen) Eigenschaften, besonders ihre Schoßungs-, Blüte- und Reifezeit und durch ihren zweckmäßigen äußeren (morphologischen) Bau dem Klima und insbesonders den Klimaschwankungen angepaßt sind. Es findet somit eine natürliche Auslese zugunsten ihrer besseren Anpassung statt. Als Beispiel hiefür können wir die wildwachsenden Pflanzen auffassen, unter den Kulturpflanzen sind es wieder die Landsorten der Getreidearten, deren Entstehung auf einen oft Jahrhunderte langen Einfluß der Umwelt und den verschiedenen Kulturmaßnahmen, welche der Mensch — der Landwirt — ausgeübt hat, zurückzuführen ist. Wird aber dieser sich vollziehende Prozeß der Anpassung vom Landwirt im gleichen Sinne geregelt und beeinflußt, das heißt, werden von ihm also bewußt die zu seinem Vorteil dienenden Formen benützt — greift er also züchterisch durch zielbewußte Auslese ein — so entstehen aus den Landsorten sogenannte Zuchtsorten.

Je abweichender nun die natürlichen Verhältnisse sind, umso tief eingreifender wird sich auch der Einfluß der Umwelt auf den äußeren morphologischen Bau und auf die inneren Eigenschaften geltend machen. Wir können dies am besten verfolgen, wenn wir uns die Sorten der zwei e x t r e m e n K l i m a t e n und zwar des S e e k l i m a s und des k o n t i n e n t a l e n K l i m a s vergegenwärtigen. Das Seeklima, auch maritimes Klima genannt, zeichnet sich durch wärmere Winter und nicht zu heiße Sommer aus. Die jährlichen Temperaturschwankungen sind daher nicht groß. Auch die Temperaturschwankungen zwischen Tag und Nacht sind nur gering. Es hat genügend Niederschläge und eine hohe Luftfeuchtigkeit. Die Länder mit Seeklima haben infolgedessen einen milden, langandauernden Sommer und bieten den Pflanzen daher eine längere Vegetationszeit. Länder in Europa mit Seeklima oder vorherrschend unter dem Einflusse des Seeklimas stehend, sind: England, Frankreich, Belgien, Holland, Dänemark, Südschweden und das westliche und selbst noch das mittlere Deutschland. Ihre Sorten (maritime Getreidesorten) sind infolge der genügenden Wasserversorgung zumeist breit im Blatt, kräftig im Halm und in der Ähre, sowie stark bestockt, im allgemeinen daher massenwüchsig mit lockerem Gewebebau und spätreif. Diese längere Vegetationszeit in Verbindung mit dem massigen Bau der Sorten ermöglicht höhere Erträge und zumeist ein größeres Korn. Die Qualität ist jedoch gering, das Korn zumeist rauhschalig und mehlig, daher kleberarm und von sehr geringer Backfähigkeit.

Das kontinentale Klima zeichnet sich durch einen heißen Sommer und strengen, kalten Winter aus. Die jährlichen Temperaturschwankungen sind sehr groß, ebenso jene zwischen Tag und Nacht. Niederschläge sind wenig und ungleich verteilt, die Luftfeuchtigkeit gering. Im allgemeinen haben Länder mit kontinentalem Klima einen kurzen zur Trockenheit neigenden Sommer, der den Pflanzen nur eine kurze Vegetationszeit bietet. Länder mit kontinentalem Klima, die uns zunächst interessieren sind: Ungarn und Rumänien. Ihre Getreidesorten sind infolge der mangelnden Wasserversorgung gewöhnlich schmäler im Blatt, fein im Halm- und Ährenbau, mäßig bestockt, im allgemeinen daher zartwüchsig mit dichterem Gewebebau und frühreif. Infolge ihrer kurzen Vegetationszeit und des zarten Baues geben kontinentale Sorten nicht Höchsterträge, aber dafür Qualitätserträge, also ein feinschaliges und beim Weizen speziell ein glasiges, daher kleberreiches Korn von großer Backfähigkeit.

Es ist nun natürlich, daß Übergangslagen vom Seeklima in das kontinentale auch Übergänge in dem beschriebenen Sortencharakter aufweisen. Gleichfalls ist es selbstverständlich, daß in Ländern, wo die Konfiguration des Geländes, namentlich durch das Vorkommen von hohen Gebirgslagen und ausgedehnten Waldlagen, sowie Hügel- und Flachlandslagen sehr verschieden ist und die Übergänge von einer Lage in die andere sich oft sprunghaft vollzieht, auch die natürlichen Verhältnisse und damit auch die äußeren Lebensbedingungen für die Pflanzen sehr wechselnd sind. Dementsprechend ist auch die Zahl der Sorten größer. Als ein solches Land kann Österreich bezeichnet werden. Es treten uns im östlichen Teil zumeist Flachlandslagen mit fast ausgesprochenem kontinentalen Klima und sehr geringen Niederschlägen entgegen. Nördlich der Donau finden wir ziemlich hochgelegene Lagen mit rauhem Waldklima, (Wald- und Mühlviertel), südlich der Donau die alpinen Höhenlagen mit ausgesprochenem Gebirgsklima, das in seinen Extremen an Hitze und Kälte dem kontinentalen Klima ähnlich ist. Dazwischen schieben sich oft Lagen oder unmittelbare Übergänge mit sehr mildem Klima ein (Wein- und Obstklima). In ähnlicher Weise treffen wir Verschiedenheiten in den Bodenverhältnissen an. Leichte Böden, selbst Flugsand, wechseln wieder mit schweren Tonböden und milden Lehmböden ab, dann feine Lößböden, sandige Lehm- und lehmige Sandböden auf Urgesteinsunterlagen mit Moorböden.

Diese Mannigfaltigkeit des Geländes kommt bei uns in Österreich durch zahlreiche Anbaugebiete zum Ausdruck, in welchen die einheimischen Sorten, kurzweg Landsorten genannt, die Grundlage der Produktion bilden. Diese Sorten sind wohl weniger ertragreich, aber dafür infolge ihrer Anpassung ertragsicher bei sehr guter Qualität des Kornes.

Das Festhalten unserer Landwirte an diesen angepaßten Sorten ist daher vollauf begründet und es darf ihnen nicht als Rückständigkeit ausgelegt werden, umsomehr als vergleichende Anbauversuche, welche schon vor mehr als 40 Jahren durch den Verein zur Förderung des landwirtschaftlichen Versuchswesens (Liebengberg-Proskowetz) mit den ertragreichen fremdländischen Sorten, darunter auch den „deutschen Sorten" gemacht wurden, gezeigt haben, daß diese in Lagen mit Seeklima erwachsenen und gezüchteten Sorten in unseren Verhältnissen nicht die erhofften Erträge oder nur unsichere Erträge bei sehr minderer Qualität des Kones ergaben. Es gilt dies auch, und wir möchten dies ganz besonders betonen, von den schwedischen Sorten. Es ist nämlich die allgemeine Meinung verbreitet, daß diese Sorten besonders winterfest sein müssen. Das ist nun nicht der Fall, denn das südliche Schweden, wo diese Sorten gebaut und gezüchtet werden, hat unter dem Einflusse des Golfstromes ein mildes Klima mit verhältnismäßig warmen Wintern und die Sorten sind daher keineswegs winterfest, das Korn mehlig und kleberarm. Soweit auch manche schwedische Weizensorten als frühreif bezeichnet werden, gilt dies eigentlich nur für Schweden. Dort hängt die Frühreife aber nicht, wie bei den Sorten im kontinentalem Klima, mit der kurzen Vegetationszeit zusammen, sondern vielmehr mit der intensiveren Sonnenwirkung durch die langen Sommertage. (Mitternachtssonne). Frühreife schwedische Weizensorten zeigen sich auch tatsächlich bei uns, wo die langandauernde Sonnenbestrahlung nicht in dem Maße wie in Schweden vorliegt, wieder spätreifer und haben daher, ähnlich wie die westländischen und deutschen Sorten, abgesehen von ihrer geringeren Winterfestigkeit, nur einen geringeren Anbauwert. Die Tatsache, daß ein und dieselbe Eigenschaft bei verschiedenen Sorten auf verschiedene physiologische Ursachen zurückgeführt werden kann, ist daher für die Eignung einer Sorte für andere Klimaten von wesentlicher Bedeutung. Daraus ergibt sich auch die Schlußfolgerung, daß die Kenntnis der klimatischen Lage der Anzuchtstelle einer Sorte— mithin die Herkunft einer Sorte — für die Wahl derselben von ganz besonderer Bedeutung ist. Wenn nun trotz der früher geschilderten wenig günstigen Erfahrungen immer und immer wieder fremdländische Sorten bei uns propagiert werden, so ist eine gewisse Zurückhaltung unserer Landwirte diesen Sorten gegenüber gewiß berechtigt und am Platze. Man kann wohl behaupten, daß der gesunde Sinn vieler unserer Landwirte, wir möchten sagen, das ihnen innewohnende (unbewußte) „biologische Gefühl" welches sie befähigt, das für ihre Verhältnisse „Passende" zu beurteilen, glücklicherweise viel dazu beigetragen hat, die ungünstigen Erfahrungen mit den fremdländischen Sorten nicht in Vergessenheit geraten zu lassen. Während des Krieges und auch in der Nachkriegszeit haben allerdings so manche Landwirte, welche diese alten Erfahrungen nicht beachteten und als besonders fortschrittlich gelten wollten, oder die vielleicht verleitet durch eine von wenig Sachkenntnis zeigende Propaganda mancher Saatgutvermittlungsstellen fremdländische Sorten einführten, ein klägliches Fiasko gemacht. Zu größeren Schaden kamen weiterhin auch noch andere Landwirte, die oft nur auf Grund eines e i n j ä h r i g e n oder zu f ä l l i g e n Erfolges Nachbausaatgut von solchen Sorten bezogen.

Erfreulicherweise sehen wir aber in den letzten Jahren, daß die alten Erfahrungen wieder gewürdigt werden und unsere Landwirtschaft nunmehr den gesunden Weg betritt, die inländischen „Zuchtsorten" zu bevorzugen und sie an Stelle unserer alten abgebauten, unveredelten Landsorten zu bauen, oder sich nur auf solche fremdländische Sorten zu beschränken, die sich auf Grund langjähriger Erfahrungen bei uns tatsächlich bewährt haben. Die Gesichtspunkte, welche aber bei der Sortenwahl in Österreich maßgebend sind, sollen aber im nachstehenden besprochen werden, wozu uns die früheren Ausführungen eine zweckdienliche Unterlage zu bieten vermögen.

Im allgemeinen wird von einer Sorte gefordert, daß sie den klimatischen und Bodenverhältnissen des neuen Ortes angepaßt sein soll. Die Anpassung ist somit der springende Punkt und man meint damit, daß die Leistungsfähigkeit einer Sorte, welche sie in ihrer Entstehungsörtlichkeit auf Grund ihrer Eigenschaften und zwar sowohl ihrer äußeren (morphologischen) als auch ihrer inneren (physiologischen) Eigenschaften und Anlagen zeigt, auch in der neuen Anbauörtlichkeit wieder zutrifft. Die Sorten stehen somit in Abhängigkeit von ihrer Umgebung und es kann wohl mit größter Wahrscheinlichkeit angenommen werden, daß eine Sorte, die in ihrem neuen Standort ähnliche Verhältnisse, also ähnliche äußere Lebensbedingungen vorfindet, sich anpassen und auch ihre volle Leistungsfähigkeit zeigen wird, daß hinwieder bei abweichenden Lebensbedingungen keine oder nur eine geringe Anpassung erfolgen und somit auch nicht die erwartete Leistungsfähigkeit eintreten dürfte. Vergegenwärtigen wir uns nun die früher gebrachte kurze Charakteristik der maritimen und kontinentalen Sorten, so ist wohl anzunehmen, daß die maritimen Sorten mit den zwei hervorstechendsten Eigenschaften, nämlich der Spätreife und der Massenwüchsigkeit, die eine lange Vegetationsdauer voraussetzen, in unseren kontinentalen und auch Gebirgsklimalagen, wo nur eine kurze und oftmals nur sehr kurze Vegetationszeit zur Verfügung steht und die Getreidepflanzen innerhalb dieser Zeit die Phasen des Schoßens und Blühens rasch durchlaufen und, um noch zur Fruchtbildung zu gelangen, mit einem sparsamen Halm-, Blatt- und Ährenbau ausgestattet sein müssen, sich wenig oder gar nicht anpassungsfähig erweisen dürften.

Bei den Sorten bilden somit die äußeren und die inneren Eigenschaften wertvolle Anhaltspunkte für die Beurteilung ihrer Anpassungsfähigkeit in den verschiedenen klimatischen Lagen. Mit Recht hat daher Dr. v. P r o s k o w e t z schon vor Jahrzehnten auf Grund seiner Beobachtungen auf die Frühreife und sparsame Wasserwirtschaft als grundlegende Forderung bei der Wahl der Sorten in unseren kontinentalen Klimalagen hingewiesen, hinwieder Prof. Dr. S c h i n d l e r auf den Zusammenhang zwischen Frühreife, sparsamen Bau der oberirdischen Organe (Blätter und Halme), im allgemeinen trockene Konstitution der Pflanze und Qualität der Körner, namentlich auf die Glasigkeit und hohe Backfähigkeit beim Weizen, dann auf die Feinschaligkeit bei Roggen und Gerste aufmerksam gemacht, wodurch unsere Lagen ganz besonders zum Qualitätsgetreidebau prädestiniert sind.

Die Hinweise dieser Forscher und die in den Achtzigerjahren des vorigen Jahrhunderts, dann die späteren von Pammer mit Unterstützung des Landesausschusses in Niederösterreich ausgeführten Anbauversuche, sowie die im großen Sortenbau in der Praxis gesammelten Erfahrungen trugen dazu bei, uns eine genaue Kenntnis über die Anforderungen, welche die verschiedenen klimatischen Lagen in Österreich an die Getreidesorten stellen, zu vermitteln. Für die Beurteilung des Ausmaßes der Eigenschaften der Sorten aber, die, wie früher ausgeführt, einen Einfluß auf ihre Anpassungsfähigkeit haben, geben wieder unsere Landsorten in den verschiedenen Anbaugebieten, als die in jeder Beziehung angepaßten Sorten, entsprechende Anhaltspunkte. Im Zusammenhange soll an dieser Stelle nur noch einer wichtigen Forderung, nämlich der nach Leistungsfähigkeit einer Sorte gedacht werden. Die meisten Landwirte denken dabei zunächst an hohe Erträge. Sie sollen sich aber stets vor Augen halten, wie eng verknüpft der Pflanzenbau mit den Faktoren der Umwelt, namentlich mit dem Klima ist. In den Westländern Europas und selbst im mittleren Deutschland ist die Vegetationszeit um zwei bis drei Wochen länger als bei uns, wodurch die Pflanzen massenwüchsiger und die Erträge höher sind.

In unseren Lagen mit ihrer kurzen Vegetationszeit sind hingegen die Pflanzen zartwüchsig und darum auch weniger ertragsfähig. Die Wechselbeziehung: Spätreife, Massenwüchsigkeit — höhere Erträge, minderer Qualität und ebenso Frühreife, Zartwüchsigkeit — geringere Erträge mit vorzüglicher Qualität ist eine feststehende Tatsache, mit der wir in Österreich unter allen Umständen rechnen müssen. Anpreisungen von Sorten mit hohen und höchsten Erträgen sind daher mit großer Vorsicht aufzunehmen. Solche Sorten legen die Vermutung der Spätreife nahe, die in unseren klimatischen Verhältnissen nur zu leicht zur Notreife und damit verbunden zu niedrigen Ertrag oder selbst Mißernten führen kann.

Die Forderungen, welche bei der Wahl der Sorten in Österreich nun in Betracht kommen, sollen nachfolgend besprochen werden.

a) Frühreife. Sie ist, wie schon wiederholt betont wurde, die wichtigste Forderung in unseren Lagen mit mehr oder weniger kontinentalem Klima. Am größten ist die Anforderung nach Frühreife — man kann sagen „sehr frühreif" — in den nach Osten gegen Ungarn liegenden Gebieten. In diesen Gebieten müssen die Getreidepflanzen schon Ende Juni oder

Anfang Juli, wenn die heißen austrocknenden Ostwinde einzutreten pflegen, ihre Nährstoffaufnahme und Verwendung derselben abgeschlossen haben, da sonst Notreife eintreten würde. In den unmittelbar westwärts sich anschließenden Lagen, wo sich die Auswirkung der heißen Winde schon wesentlich abschwächt, kann sich die Reifezeit der Sorten um fünf bis acht Tage hinausschieben. Frühreife ist aber nicht nur, wie dies allgemein angenommen wird, in den kontinentalen Lagen notwendig, sondern auch in den Gebieten mit Wald- und namentlich mit Gebirgsklima, wo dem Getreide infolge des verhältnismäßig spät eintretenden Frühjahrsbeginnes und des frühzeitigen Abschlusses der sommerlichen Vegetationszeit, ähnlich wie im kontinentalen Klima, nur eine kurze Vegetationszeit zur Verfügung steht.

Es gilt dies sowohl für den Winterroggen als auch für den Winterweizen, die nur bei rechtzeitiger, das heißt längstens Anfang August eintretender Reife ein für den zeitigen Herbstanbau lagerreifes, gut keimfähiges Korn geben. Gleiches gilt auch für den in diesen Lagen wichtigen Hafer, der bei Spätreife nur zu oft in Frostperioden und selbst Schneefall kommt, welche ähnlich wie die Hitze und Trockenperioden im kontinentalen Klima, zur Notreife führen.

b) **Raschwüchsigkeit im Frühjahre.** Diese Eigenschaft hängt zumeist ursächlich mit der Frühreife zusammen. Sie bietet in kontinentalen Lagen den großen Vorteil, daß durch das rasch heranwachsende Getreide der Boden beschattet und die Verdunstung des ohnehin in geringer Menge vorhandenen Bodenwassers hintangehalten wird, somit die Bodenfeuchtigkeit erhalten bleibt. In Gebirgslagen wiederum, wo infolge der reichlichen Niederschläge der natürliche Unkrautwuchs gefördert, mithin die Verunkrautung sehr groß ist, entwächst raschwüchsiges Getreide dem Unkraut und unterdrückt es.

Pammer konnte dies auf Getreideschlägen in den Gebirgslagen, die mit den frühreifen, veredelten Landsorten und spätreifen fremdländischen Sorten, darunter auch mit dem Petkuser Roggen bestellt waren, beobachten. Bei dem im Frühjähre sich langsamer entwickelnden Petkuser-Roggen war die Verunkrautung weitaus stärker, ebenso bei inländischen Weizenzuchten, bei denen der für gewöhnlich spätreifere Kolbenweizen mehr Verunkrautung zeigte, als der raschwüchsigere Bartweizen.

c) **Zartwüchsigkeit,** also schmälere Blätter, feinere Halme und mittelstark bespelzte Ähren. Auch diese Eigenschaft steht ursächlich mit der kurzen Vegetationszeit im Zusammenhange und ist eine Eigentümlichkeit der Sorten des kontinentalen Klimas, aber auch des Gebirgs- und Waldklimas, obwohl dort genügend Niederschläge zur Verfügung stehen. Auffallend ist nur, daß trotz der Niederschläge in den beiden letztgenannten Gebieten die Forderung nach Zartwüchsigkeit besteht und nicht die nach Massenwüchsigkeit. Vergegenwärtigen wir uns aber, daß die Massenwüchsigkeit eine Eigentümlichkeit der Sorten des Seeklimas ist und nicht nur auf die dort gebotenen reichlichen Niederschläge, sondern auch auf die längere Vegetationsdauer und größere Luft- und Bodenwärme zurückzuführen ist, während das Gebirgs- und Waldklima eine kurze Vegetationszeit und im allgemeinen kühle Lufttemperatur und geringe Bodenwärme hat, so bilden diese dem Pflanzenwuchs ungünstigen Verhältnisse ein Hindernis für die Entfaltung der Massenwüchsigkeit. Tatsächlich sind auch in Gebirgs- und Waldlagen die Landsorten zartwüchsig. Aus diesem Grunde eignen sich daher auch die fremdländischen, massenwüchsigen Sorten für Gebirgslagen nicht. Infolge Veranlagung zur Massenwüchsigkeit zeigen diese Sorten wohl unter den gebotenen reichlicheren Niederschlägen eine üppige Entwicklung und ein bestechendes Aussehen, aber die Anzeichen der Degeneration zeigen sich schon im ersten Jahre in ihrem Ernteprodukt, an dem Korn. Es wird zum Beispiel beim Hafer grobspelzig, dickschalig, die eigentliche Frucht, die Cariopse, wird klein und das Hektolitergewicht sinkt alsbald auf 35 bis 40 kg und oft noch weniger herunter. Fremdländischer Sommerweizen findet zumeist zur Zeit des Schoßens nicht die genügende Bodenwärme vor; er schoßt daher ungleich und die mangelhaft schoßenden Halme werden von Chlorops befallen und das Ernteprodukt ist ein grobschaliger Weizen.

Bei dem fremdländischen Winterroggen ist infolge der späten (Mitte August) eintretenden Reife die Zeit von der Ernte bis zu dem frühzeitig vorzunehmenden Herbstanbau (Anfang September) so kurz, daß das Korn nicht die notwendige Lagerreife hat. Es hat daher eine geringe Keimfähigkeit und Keimungsenergie. Die aus solchem Saatkorn e r w a c h s e n e n Pflanzen entwickeln sich schwächlich und sind wenig widerstandsfähig gegen Witterungsunbilden. Der Roggen baut sich rasch ab und ist im hohen Maße Pflanzenkrankheiten (Rost, Meltau) unterworfen. Die spätreifen massenwüchsigen Roggen mit den ihnen eigentümlichen breiten Herbstblättern sind aber auch wenig oder gar nicht befähigt, die hohen und langanhaltenden Schneedecken zu überdauern. Sie faulen leicht aus, was oft irrtümlich als Auswinterung bezeichnet wird. (Siehe das Ausfaulen.) Zartwüchsige Roggen mit ihren feinen, zarten Herbstblättern unterliegen hingegen dem Ausfaulen weniger oder nicht. Auch dem Schneeschimmelbefall unterliegen die massigen fremdländischen Sorten mehr als die einheimischen Zuchtsorten. Ebenso ist auch die Anfälligkeit für andere Pflanzenkrankheiten bei fremdländischen Sorten größer. Das Stroh ist meist mißfärbig und minder in der Qualität.

d) Die Winterfestigkeit. Die Forderung nach Winterfestigkeit ist eine äußerst wichtige und zwar allgemein in allen Lagen Österreichs. Inländische Zuchtsorten aus kontinentalen Lagen, wo eine geringe Schneedecke und Flachfröste mit sehr tiefen Temperaturen diese Eigenschaft in den Pflanzen festigen und ebenso solche aus Höhenlagen zeigen ausgesprochene Winterfestigkeit. Wenig winterfest und daher auch wenig für unsere Verhältnisse geeignet sind, wie die Erfahrung lehrt, die fremdländischen westländischen Sorten, auch die aus Mittel- und Norddeutschland, die schon unter dem Einfluß des Seeklimas erwachsen, ebenso die Sorten Südschwedens, wo unter dem Einfluß des Golfstroms ein kalter Winter, in dem Sinne, wie er bei uns auftritt, nicht vorkommt.

e) Die Bestockung. Die Anforderung an die Bestockung soll sich nur in mäßigen Grenzen bewegen. Eine Bestockung, die drei bis fünf fruchtbringende Halme gibt, kann in unserem klimatischen Verhältnissen als ausreichend und angemessen betrachtet werden. Stärkere Bestockung führt zur Spätreife und zu ungleicher Reife.

f) Die Lagerfestigkeit. Diese an und für sich berechtigte Forderung soll in hohem Maße erfüllt werden. Was aber die Eigenschaft der Lagerfestigkeit selbst anbelangt, so bedarf sie wohl einer näheren Aufklärung. Die langlebigen, spätreifen fremdländischen Sorten haben einen kräftigen schilf- oder rohrähnlichen, aber spröden Halm, der die Lagerfestigkeit fördert. Bei starken Stürmen, die bei uns oft vorkommen, kann es aber geschehen, daß die Halme solcher Sorten infolge der Schwere des Fruchtabstandes abknicken. Geknickte Getreideschläge sind nur zu oft zu beobachten. Unsere Landsorten und die daraus gezüchteten Sorten haben einen nicht zu massigen, sondern vielmehr feinen und elastischen Halm, der den oft schweren Regen und Stürmen nachgibt und nach den

Regen sich bald wieder hebt. Ein leichtes Überneigen der Halme und Ähren zur Zeit der Reife in der herrschenden Windrichtung, das also mit Lagerung nicht zu verwechseln ist, soll das Bild unserer Sorten gegen die Reifezeit zu sein.

g) Vorzügliche Qualität des Kornes. Feinschaligkeit beim Roggen, bei Gerste und Hafer, ferner Glasigkeit beim Weizen wegen des höheren Klebergehaltes desselben sind Forderungen, die berechtigt sind und auch erfüllt werden können, weil unsere einheimischen, veredelten Sorten ein vorzügliches Qualitätskorn liefern.

Die vorzügliche Qualität unseres Getreides bietet uns aber einen großen wirtschaftlichen Vorteil insoferne, als die mit den frühreifen Sorten im Zusammenhang stehenden geringeren Erträge und die sich dadurch ergebenden niedrigeren Einnahmen durch die höheren Preise des Qualitätsgetreides einen Ausgleich erfahren. Die günstigen Verhältnisse, welche demnach Österreich zum Qualitätsgetreidebau prädestinieren, sollen auch im Interesse der Volkswirtschaft ausgenützt werden, weil sie uns bessere Einnahmen sichern und außerdem von der Einfuhr des im Preise hohen Qualitätsweizens unabhängig machen.

Eine wesentliche Unterstützung könnte der Qualitätsgetreidebau finden, wenn der Qualitätszüchtung im größerem Maße als bisher Beachtung geschenkt würde. Es ist Pammer bei den meisten Landweizensorten, die der Veredlungszüchtung zugeführt wurden, gelungen, die Qualität durch Benutzung vorzüglicher Qualitätslinien zu verbessern. Nach Versuchen, die von ihm ausgeführt wurden, ist selbst innerhalb der Linie eine Qualitätsverbesserung möglich. Wenn wir weiterhin die höchst wertvollen Eigenschaften unserer Landsorten und zwar ihre sparsame Wasserwirtschaft und ihre Anspruchslosigkeit, die in den nächstfolgenden Punkten h) und i) besprochen sind, in Erwägung ziehen, so besteht bei uns mehr als in irgend einem Lande die Möglichkeit, unseren Weizenbau selbst auf leichtere, sogenannte bessere Roggenböden auszudehnen und somit manche Gebiete auf Qualitätsweizenbau zu überstellen. Es bedarf zu diesem Zwecke gewiß besonderer Fruchtfolgen, besonders guter Kunstdüngung und vorzüglicher Bodenbearbeitung. In Deutschland setzten in dieser Hinsicht seit Jahren Bestrebungen ein und man hofft dort mit den Sorten der dortigen östlichen Gebiete die Ausdehnung des Qualitätsgetreidebaues zu erreichen. Weitaus günstiger liegen diesbezüglich die Verhältnisse bei uns. Die Lösung dieser für Österreich äußerst wichtigen wirtschaftlichen Frage kann und wird gelingen, wenn die maßgebenden Stellen die Zuchtbestrebungen jener Zuchtstätten, die dieser Frage bereits näher getreten sind und in ihr Programm aufgenommen haben, unterstützen.

Weitere Eigenschaften unserer Getreidesorten, die zum Teile schon mit den bereits früher genannten (Frühreife, Zartwüchsigkeit usw) zusammenhängen, sind:

h) **Sparsame Wasserwirtschaft.** Sie ist für die Mehrzahl unserer getreidebauenden Gebiete von größter Wichtigkeit, weil nur zu häufig Trockenperioden oder schneelose Winter vorkommen, die den Pflanzen wenig Wasser bieten. Es wurde schon zu Beginn der züchterischen Tätigkeit in Österreich vor mehr als vierzig Jahren von Dr. v. **Proskowetz** auf diese Eigenschaft — die in unseren Landsorten in hervorragender Weise verkörpert ist — als wichtiges Zuchtziel hingewiesen.

i) **Die Anspruchslosigkeit.** Der häufige Wechsel von Hitze und Kälte, der Eintritt von Trockenperioden mit darauffolgenden kurzen Regenperioden, die oft übermäßige Niederschläge bringen, fordern Getreidepflanzen, die nicht verweichlicht sind und doch mit einen reichen Faserwurzelsystem ausgestattet sind. Solche Pflanzen sind dann befähigt, wechselnde Lebensbedingungen leichter auszuhalten und Kunstdüngergaben, deren Auswirkung bei ungünstigen Verhältnissen, besonders bei Trockenheit, stark herabgemindert wird, immerhin besser auszunützen. Auf minderen Böden, die eine intensive Bearbeitung und stärkere Düngung nicht bezahlt machen, werden sie aber auch noch entsprechende Erträge geben. Aus diesem Grunde bildet bei der Züchtung der Landsorten auch die reiche Faserwurzelentwicklung ein wichtiges Zuchtziel und Auslesemoment.

Österreich hat, wie schon bei den früheren Ausführungen erwähnt wurde, drei Hauptklimalagen und eine größere Zahl von Übergangslagen.

Die Anbaugebiete, welche sich diesen verschiedenen Klimalagen einordnen, sollen länderweise gruppiert, im nachstehenden angeführt werden. (Siehe Seite 54, Anbaugebiete.)

Kontinentale Klimalagen:

Im Burgenland der nördliche Teil des Landes *(B. 1)*. In Nieder-Österreich die Anbaugebiete: Marchfeld *(N.-Ö. 1)*, Wienerbecken, einschließlich Neunkirchner Steinfeld *(N.-Ö. 2)*, Tullnerboden einschließlich St. Pölten und Wagram bis Krems *(N.Ö. 3)*. Steiermark südlichster Teil des Landes. In Kärnten das Klagenfurter Becken

(K. 3) und das Kalkalpengebiet, welches von der subtropischen Zone beeinflußt ist *(K. 2)*.

Waldklimalagen: In Nieder-Österreich das Waldviertel *(N.-Ö. 5)* und in Ober-Österreich das Mühlviertel *(O.-O. 1)*.

Gebirgsklimalagen: In Nieder-Österreich das Alpengebiet *(N.-Ö. 8)* in Oberösterreich das Alpengebiet *(O.-Ö. 5)*. In Salzburg die höheren Gebirgstäler Pinzgau, Pongau und Lungau *(S. 3)*. In Tirol das Ober-Inntal *(T. 4)*, Wipptal *(T.3)*, Achental *(T. 5)*, das nordöstliche Gebiet *(T. 1)*, das Pustertalhochland *(T. 6)* und das Lienzergebiet *(T. 7)*. In Vorarlberg das Walgau. In Steiermark das Ennstal, Palten- und Liesingtal *(St. 1)*; Murboden *(St. 2)*, das Mürztal *(St. 3)* und in Kärnten das obere Kärntnergebiet *(K. 1)*.

Übergangsklimalagen. Es ergeben sich solche vom kontinentalen Klima in das Waldklima oder in das Gebirgsklima. In diesen Übergangslagen tritt die Forderung der Frühreife etwas zurück und es können dort mittelfrühe bis selbst mittelspäte Sorten gebaut werden, keineswegs aber spätreife. Betriebswirtschaftliche Momente spielen bei der Wahl der Sorten in Übergangslagen eine ausschlaggebende Rolle, insoferne als die rechtzeitige Räumung der Felder wegen der Aufeinanderfolge der Ernten und der früh durchzuführenden Herbst- und Anbauarbeiten unbedingt notwendig ist. Die Forderung nach Winterfestigkeit ist in diesen Lagen auch voll berechtigt.

Die Bestockung kann mit Rücksicht auf die etwas spätere Reife und genügende Wasserversorgung größer sein als im kontinentalen Klima *(5 — 7 Achsen)*. Lagerfestigkeit muß schon wegen der vielen Niederschläge gefordert werden und kann auch verlangt werden, weil die kräftigen und doch dabei elastischen Halme diese Forderung ermöglichen. Im allgemeinen haben die Übergangslagen ein mehr mildes, ausgeglichenes Klima mit genügenden, in den Westlagen sogar reichlichen Niederschlägen und auch meist gute und reiche Böden. Die Lebensbedingungen für die Getreidepflanzen sind wesentlich günstiger und anspruchsvollere Sorten, die sich durch etwas massigeren Bau und mittlerer Reifezeit kennzeichnen, sind daher am Platze. In besonders günstigen Lagen zeigen sich auch manche fremdländische Sorten als geeignet, insoweit nicht ihre Spätreife vom betriebswirtschaftlichen Standpunkte aus sich als nachteilig erweist.

Als Übergangslagen ergeben sich in den einzelnen Ländern: In Nieder-Österreich die Anbaugebiete: Manhartsberg und Kamptallage mit wesentlich gemildertem kontinentalen Klima, beeinflußt vom Waldklima *(Weinbaulage, N.-Ö. 4)*.

Die Wienerwaldlagen, ein mildes Waldklima mit genügenden oft reichlichen Niederschlägen *(Obstbaulage, N.-Ö. 7)*.

Die bucklige Welt mit ziemlich mildem Wald bis Gebirgsklima und genügend Niederschlägen, beeinflußt vom kontinentalen Klima *(Obstbaulage, N.-Ö. 9)*.

In Ober-Österreich die Anbaugebiete: Linzer-Ebene einschließlich Kremstallage, ein ziemlich mildes Klima mit genügenden Niederschlägen *(Obstbaulage, O.-Ö 2)*. Die Welserheide mit übergehend kontinentalem Klimacharakter *(Trockenlage)* aber zeitweisen Niederschlägen *(O.-Ö. 3)*. Das Innviertel, ein mildes Klima mit reichlichen Niederschlägen *(Obstbaulage, O.-Ö. 4)*.

In Salzburg die Anbaugebiete: Der nördliche Flachgau, ziemlich mild, niederschlagreich *(S. 1)*. Die Mittellagen im Flachgau und Tennengau, ziemlich mildes, niederschlagreiches Klima *(S. 2)*.

Im Burgenland das Anbaugebiet: Der südliche Teil des Landes, ein mildes kontinentales Klima mit Niederschlägen *(Weinbau, B. 2)*.

In Steiermark die Anbaugebiete: Das Grazerfeld, mit mildem Klima, beeinflußt von Gebirgsklima *(Obstbaulage, St. 4)*.

In Kärnten: Das untere Lavanttal, mit mildem Klima *(K. 4)*.

In Tirol: Das untere Inntal, mit mildem Gebirgsklima, ziemlich niederschlagsreich *(T. 2)*.

In Vorarlberg die Anbaugebiete: Rheinebene und Hofsteig mit mildem Klima, beeinflußt vom Gebirgsklima *(V. 1, 2)*.

Wie aus den Ausführungen über die Forderungen bei der Sortenwahl, speziell aus den Punkten a) bis g) hervorgeht, zeigen sowohl das kontinentale, als auch das Wald- und Gebirgsklima, so verschieden diese drei Klimaten sind, doch gemeinsame Forderungen in Bezug auf innere und äußere Eigenschaften, namentlich Frühreife und Zartwüchsigkeit und selbst sparsame Wasserwirtschaft. Da somit die Ausbildung mancher Eigenschaft einer Sorte, wie die Zartwüchsigkeit auf verschiedene klimatische Voraussetzungen (Ursachen) zurückgeführt werden kann, so gewinnt der beim Sortenbezug beziehungsweise Samenwechsel wichtige Grundsatz „Sorten aus ähnlichen klimatischen Verhältnissen zu wählen" seine besondere Bedeutung und volle Berechtigung. Es dürfte auch ein großes Anpassungsvermögen bei einer Sorte aus einer abweichenden klimatischen Lage dann vorliegen, wenn ihre äußeren und inneren Eigenschaften mit den Forderungen, welche die neue Anbauörtlichkeit in dieser Hinsicht an die Sorte stellt, auch übereinstimmen. Dafür spricht aber wieder der zweite wichtige Grundsatz beim Samenwechsel: „Sorten aus rauheren, unter Umständen nördlichen Lagen in günstigere Lagen zu bringen beziehungsweise zu verwenden." Als Bestätigung hiefür kann uns der in Nieder- und Oberösterreich auf alte Erfahrung beruhende Samenwechsel dienen. Er fußt darauf, gute Landsorten aus dem Waldviertel in Niederösterreich und Mühlviertel in Oberösterreich, also von den rauhen Waldklimalagen, namentlich Hafer- und Roggensorten, in besseren Niederungslagen zu verwenden. Diese Sorten eignen sich aber auch sehr gut für die Voralpen- und selbst Alpenlagen. Ebenso bewährt sich der Samenwechsel von den ausgesprochenen kontinentalen Lagen in unsere wesentlich gemilderten kontinentalen Lagen und selbst Übergangslagen in Niederösterreich, zum Beispiel Banater Weizen, Theißweizen, Montagner

Roggen. Ein weiteres Beispiel ist die Verbreitung der aus Mähren stammenden Hannagerste in Niederösterreich. In allen diesen Fällen sind aber die Sorteneigenschaften der Produktionsörtlichkeit und die Anforderungen der Nachbauörtlichkeit gleiche oder wenigstens annähernd gleiche, wodurch jedenfalls die Anpassungsfähigkeit gefördert oder erleichtert wird. Unsere in den wichtigsten Anbaugebieten Österreichs verteilten Zuchtstätten ermöglichen nun den Bezug von einheimischen Zuchtsorten aus ähnlichen oder rauheren Klimalagen unter Zugrundlegung der von den Züchtern in ihren Sortenbeschreibungen angegebenen Eigenschaften.[1]

Ein solcher Bezug von Saatgut ist aber identisch mit Samenwechsel; ebenso ist es Samenwechsel, wenn ein Landwirt von einer Zuchtsorte, die sich bei ihm bewährt hat, einen neuerlichen Bezug der Originalzuchtsorte aus derselben Zuchtstätte in mehr oder minder längeren Zeitabschnitten vornimmt. Beim fortgesetzten Weiterbau geht natürlich jede Zuchtsorte selbst in vollkommen zusagenden Lagen in Ermanglung züchterischer Weiterbearbeitung in ihren Leistungen zurück. Keinesfalls kann es aber als Samenwechsel im obigen Sinne bezeichnet werden, wenn ein Landwirt wahllos in einem Jahre diese, im anderen Jahre jene Sorte anbaut, bei der vielleicht nur die Reklame entsprechend war oder die Sucht „Neues" zu bringen. Wenn wir in diesen Ausführungen über Sortenwahl in erster Linie für die einheimischen Zuchtsorten eintreten, so soll damit die Verwendung fremdländischer Sorten keineswegs außer acht gelassen werden. Wo ihnen zusagende Lebensbedingungen in b e s o n d e r s b e v o r z u g t e n L a g e n geboten werden oder wo vom betriebswirtschaftlichen Standpunkte aus die S p ä t r e i f e oder ihre hohen Ansprüche kein Hindernis bilden, können sie am Platze sein. Erst langjährige Erfahrungen sollen aber in dieser Hinsicht die Entscheidung bringen, keineswegs einjährige oder zweijährige Erfolge, die vielleicht zufälligen reichlichen Niederschlägen, kühlen Sommern und unter Umständen auch reichlicher Kunstdüngung zuzuschreiben sind. Jedenfalls kann aber, wenn wir auf die mehr als 40 jährigen Erfahrungen zurückblicken, das eine behauptet werden, daß so manche große Wirtschaften, die seinerzeit ihren Betrieb auf eine große Saatgutabgabe mit fremdländischen Sorten eingestellt haben, diese aufgeben mußten, weil sich mit Recht die Mehrzahl unserer Landwirte den fremdländischen Sorten gegenüber auf Grund der ungünstigen

---

[1] Siehe: spezieller Teil „Sorten".

Erfahrungen, welche man mit ihnen gemacht hat, ablehnend verhielten.

Anschließend an die Ausführungen über die Sortenwahl folgen nunmehr die „Anbaugebiete,‘ in Österreich.

Einleitend wollen wir betonen, daß es zu begrüßen wäre, wenn die Bestrebungen, die in jüngster Zeit dahin abzielen, die wildwachsenden Pflanzen (wilde Flora) als Wertmesser für eine bessere Erfassung der durch die Umweltfaktoren gebotenen Lebensbedingungen der Kulturpflanzen beim Pflanzenbau zu benützen, Fuß fassen würden. Die Beachtung der wildwachsenden Futterpflanzen haben schon S t e b l e r und S c h r ö t e r vor mehr als vierzig Jahren beim Kunstfutterbau bei der Wahl der in die Samenmischung zu gebenden Gras- und Kleearten empfohlen. In gleicher Weise kann die wilde Flora über die Verwendbarkeit von Kulturpflanzen im allgemeinen Aufschluß geben und bei den Geteidearten speziell über die Verwendbarkeit ihrer Sorten. Sehr unterstützt kann die Wahl in diesem Falle durch die Heranziehung unserer Landsorten werden.

Entsprechend den in Österreich festgestellten Floragebieten hat nun V i e h a p p e r für Niederösterreich vier Vegetationsstufen aufgestellt, und zwar: a) die pannonische, b) die baltische, c) die subalpine, und d) die alpine Stufe.

Die pannonische Stufe umfaßt den östlichen Teil Niederösterreichs (Marchfeld, einschließlich des anschließenden Teiles des Viertels unter dem Manhartsberg und das Wiener Becken), der vom landwirtschaftlichen Standpunkte aus seit Beginn der getreidezüchterischen Bestrebungen in Österreich als kontinentale Lage beziehungsweise kontinentale Übergangslage bezeichnet wird. Die baltische Stufe umfaßt den größten Teil des Viertels ober dem Wienerwalde einschließlich Wienerwald, dann das Waldviertel und die buckelige Welt, die landwirtschaftlich zum Teil als milde Übergangsklimalage, zum Teil als Waldklimalage bezeichnet werden (Waldviertel). Zur subalpinen Stufe gehört das Alpengebiet (Kalkalpenzone) von Niederösterreich, das als Gebirgsklimalage bezeichnet wird, während die alpine Stufe nur einzelne Teile des Alpengebietes umfaßt, die landwirtschaftlich aber nicht mehr von Bedeutung sind. W e r n e c k hat einige Modifikationen bei diesen Vegetationsstufen vorgenommen und natürliche Pflanzenbaugebiete aufgestellt (pannonischer, süddeutscher, subalpiner und hochalpiner Gau), die sich dem Wesen nach mit den Vierhapperschen Stufen decken, jedoch einige bisher von P a m m e r als

„Trockeninseln" bezeichnete ebene Teile im Viertel ober dem Wienerwalde, dem pannonischen Gau eingliedert. Im Waldviertel rechnet er den südwestlichen Teil dem subalpinen Gau zu. Es wurden an dieser Stelle speziell diese sortengeographischen Ausführungen gebracht, weil durch Heranziehen der Flora zu einer sortengeographischen Beschreibung die Sortenwahl für den Landwirt in Hinkunft wesentlich erleichtert und Übergänge in diesen Stufen und bei den Stufen untereinander gewiß präziser erfaßt und umschrieben werden könnten. Sortengeographische Bezeichnungen, für die nunmehr die Ansätze geschaffen sind, die aber noch des Ausbaues bedürfen, werden dann gewiß den nicht zu unterschätzenden Vorteil haben, daß die Kenntnis der wilden Flora mehr als bisher in den Kreisen der Landwirte Verbreitung findet. Dadurch wird aber nicht allein die Sortenwahl einfacher und sicherer, sondern auch das Verständnis für verschiedene Kulturmaßnahmen, die der Landwirt durchführen soll, wie zum Beispiel, Bekämpfung von Unkräutern und Pflanzenschädlingen, Pflege der Saaten, Einstellung richtiger Fruchtfolgen sowie zweckmäßiger Bodenbearbeitung, gefördert.

Unter Berücksichtigung der klimatischen, pflanzengeographischen und örtlichen Verhältnisse wurden gelegentlich der Pflanzenbaukonferenzen vom Bundesministerium für Land- und Forstwirtschaft, im Einvernehmen mit den Pflanzenbau-Inspektoraten der landwirtschaftlichen Hauptkorporationen, abweichend von dem in der Vorkriegszeit im statistischen Jahrbuche des ehemaligen Ackerbauministeriums ausgewiesenen Anbaugebieten, eine den Anforderungen des Pflanzenbaues zweckentsprechende Anbaugebietseinteilung vorgenommen. Da sich die Verfasser sowohl bei der Sortenwahl, als auch bei der Sortenbeschreibung und Eignung der Sorten für verschiedene Lagen in Österreich auf diese neuen Anbaugebiete beziehen werden, sollen sie nachstehend länderweise geordnet, und zwar unter Angabe einiger wichtiger Orte im betreffenden Gebiete, angeführt werden.

Nieder-Österreich (N.-Ö):

1. Marchfeld: Groß-Enzersdorf, Ober-Siebenbrunn, Marchegg, Wagram, Gänserndorf, Zistersdorf, Hohenau, Bernhardtal.

2. Wienerbecken, einschließlich Steinfeld: Bruck a. d. Leitha, Hainburg, Petronell, Fischamend, Himberg, Ebreichsdorf, Theresienfeld und die westlichen Grenzorte Liesing, Baden, Fischau.

3. Tullnerboden, einschließlich des St. Pöltner Steinfeldes und Wagram: Langenlebarn, Tulln, Staasdorf, Judenau, Traismauer,

Herzogenburg, St. Pölten, Spratzern, Absdorf, Grafenwörth, Rohrendorf und äußerster Westpunkt Krems.

4. Manhartsberg bis Kamptallage mit den östlichen Übergangslagen: Krems, Gföhl, Langenlois, Horn, Eggenburg, Ravelsbach, Retz, Haugsdorf, Oberhollabrunn, Ernstbrunn, Mistelbach, Stockerau.

5. Waldviertel: Göpfritz a. d. Wild, Schwarzenau, Zwettl, Ottenschlag, Geras, Dobersberg, Waidhofen a. d. Thaya.

6. Wienerwaldlagen: Purkersdorf, Rekawinkel, Sieghartskirchen, Schöpflgebiet, Laaben, Heiligenkreuz, Pottenstein, Kaumberg, Hainfeld.

7. Westbahnlage, einschließlich Mankerboden: Neulengbach, Prinzersdorf, Melk, Ober-Grafendorf, Mank, Wieselburg, Purgstall, Amstetten, St. Peter, Aschbach, Haag, St. Valentin.

8. Alpengebiet: Gutenstein, Puchberg a. Schneeberg, Schwarzau i. Gebirge, St. Aegyd am Neuwald, Lilienfeld, Scheibbs, Lunz, Waidhofen a. d. Ybbs, Göstling.

9. Bucklige Welt, einschließlich Wechselgebiet: Pitten, Edlitz, Krumbach, Kirchschlag, Wiesmath, Aspang, Kirchberg am Wechsel, Mönnichkirchen.

Ober-Österreich (O.-Ö).

1. Mühlviertel: Aigen, Schlägl, Rohrbach, Neufelden, Freistadt, Sandl, Mönchdorf.

2. Linzer Ebene, einschließlich Kremstallage: Ebelsberg, St. Florian, Enns, Traun, Neuhofen.

3. Welserheide: Wels, und zwar ost- und westwärts.

4. Innviertel: Schärding, Grieskirchen, Ried, Braunau, Reichersberg.

5. Alpengebiet: Rohr, Kremsmünster, Kirchdorf, Windischgarsten, Ebensee, Goisern.

Salzburg (S):

1. Nördliches Gau: Nördlich von Salzburg Talgau, Lambrechtshofen.

2. Mittellagen im Flachgau und Tennengau: Hallein und Golling.

3. Höhere Gebirgtäler: Tennengau: Werfen, Abtenau. Pinzgau: Zell. a. See, Saalfelden. Pongau: St. Johann, Radstatt.

4. Lungau: Mauterndorf, St. Michael, Tamsweg. Rauhe, trockene Gebirglage.

Steiermark (St):

1. Ennstal bis Paltental, einschließlich steirisches Salzkammergut: Admont, Rottenmann, Steirisch Judenau, Gröbming, Schladming, Mitterndorf.

2. Murtallagen: St. Michael, Knittelfeld, Unzmarkt, Neumarkt, St. Lambrecht, Murau.

3. Mürztallagen: Mürzzuschlag, Langenwang, Krieglach, Bruck a. d. Mur.

4. Grazerfeld: Umgebung von Graz.

5. Südlicher Teil: Leibnitz, Murreck.

Kärnten (K.):

1. Oberkärnten: Spital, Sachsenburg, Gmünd.
2. Kalkalpengebiet: Hermagor.

3. Klagenfurter - Becken: Klagenfurt, Maria - Saal, St. Veit, Völkermarkt.

4. Lavanttal: St. Andrä.

Tirol *(T.)*:

1. Nordöstliches Gebiet: Kitzbühel.

2. Unterinntal: Brixlegg, Hall, Jenbach, Innsbruck, Zillertal, Mayerhofen.

3. Wipptal: Igls.

4. Oberinntal: Imst.

5. Achental: Achensee.

6. Pustertal, Hochlandslagen: Windisch-Matrei.

7. Bezirk Lienz.

Vorarlberg *(V)*:

1. Hofsteig: Bezau.

2. Rheinebene: Bregenz, Dornbirn, Hohenems.

3. Walgau: Talgebiet, Gebirgsgebiet (Bludenz).

Burgenland *(B)*:

1. Nördlicher Teil des Landes, niederschlagsarme Ebene: Neusiedl, Eisenstadt.

2. Südlicher Teil des Landes, niederschlagsreiches Hügelland: Pinkafeld, Güssing, Oberwarth.

Der richtige Anbau

Für den Anbau muß zunächst das Saatgut richtig vorbereitet und in erster Linie gut gereinigt und sortiert sein. Wie man zu diesem Zwecke vorgeht, wurde bereits in einem früheren Abschnitte eingehend dargelegt. Wir müssen uns aber auch klar werden: 1. Über den Zeitpunkt der Saat, 2. Über die Art der Saat, 3. Über die Menge der Aussaat und 4. Wie tief das Korn untergebracht werden soll.

a) **Der Zeitpunkt der Saat.** Die Erfassung der richtigen Zeit der Saat ist gleichfalls ein wichtiger Faktor, welcher ganz wesentlich den Erfolg der Ernte beeinflußt. Sie setzt eine gewisse Vertrautheit mit den besonderen Verhältnissen der Gegend voraus. Es werden darum absichtlich genauere Zeitangaben vermieden. Im allgemeinen wird von den Winterungen die Wintergerste zuerst gebaut, dann folgt der Roggen und zuletzt der Weizen. Der Frühjahrsanbau soll erst begonnen werden, wenn der Boden genügend abgetrocknet und warm ist. Die Erfassung des richtigen Zeitpunktes ist besonders im Gebirge von Bedeutung, weil eine richtig gewählte Aussaatzeit das rasche Wachstum der Pflanzen fördert und damit die Aussicht auf eine höhere Ernte steigert. Die Anbauzeit im Frühjahre wird aber auch in manchen Gegenden noch beeinflußt durch die Möglichkeit des Befalles von tierischen Schädlingen. Um dies zu verhindern, wird man den Zeitpunkt mit Absicht derart wählen, daß die Pflanzen zur kritischen Zeit bereits so erstarkt sind, daß ihnen diese Feinde nicht mehr schaden können. Dies gilt besonders für die Getreidehalmfliege, ferner für die Frit- und Hessenfliege. Frühzeitige Saat im Früjahre ist ein gewisses Schutzmittel, besonders aber gegen die beim Sommerweizen stark auftretende Getreidehalmfliege. Die Winterungen werden normaler Weise von Mitte September bis Mitte Oktober gebaut, wenn nicht besondere Verhältnisse, wie solche im Gebirge sich ergeben, einen früheren Anbau als notwendig erscheinen lassen. Im allgemeinen hat jedoch eines der wichtigsten Grundgesetze des Pflanzenbaues überhaupt Geltung, das da lautet: Die Höhe des Ertrages hängt bei sonst gleichen Umständen von der Länge der Vegetationszeit ab, und zwar in der Weise, daß Pflanzen mit längerer Vegetationszeit einen höheren Ertrag geben. Nun wissen wir aber schon aus dem Kapitel „Die Saatgutsorte", daß wir unter unseren Verhältnissen Pflanzen mit längerer Vegetationszeit, also s p ä t r e i f e Pflanzen nicht brauchen können. Dennoch ist es aber möglich, die Vegetationszeit unserer frühreifen Sorten in der Weise zu verlängern, daß wir ihren Anbau (dies gilt namentlich für Sommerungen) so früh als es nur möglich ist, durchführen und auf solche Art indirekt die Vegetationsdauer verlängern. Die Erfahrung lehrt nämlich, daß eine und dieselbe Sorte zu verschiedenen Zeiten gebaut, praktisch genommen, zu gleicher Zeit reift. Baut also zum Beispiel ein Landwirt am 10. März seinen Hafer an, ein anderer jedoch erst am 25. März oder gar erst im April, so reifen die beiden Haferfelder trotzdem gleichzeitig oder wenigstens fast zu gleicher Zeit. Der zuerst gebaute Hafer wird sich aber, die gleiche Sorte und sonst gleiche Verhältnisse vorausgesetzt, durch einen wesentlich höheren Ertrag auszeichnen.

b) A r t d e r S a a t. Die älteste Saatmethode ist die Breit- oder Handsaat. Sie ist in vielen Gegenden unserer engeren Heimat noch üblich und wird noch lange Zeit ihre Geltung in Gebirgslagen haben, wo das Gelände und die kleinen Ackerflächen für die Verwendung einer Sämaschine Schwierigkeiten bieten. Nachteile der Handsaat sind, daß der Verbrauch an Saatgut größer ist als bei Maschinensaat und daß man zu sehr auf die Genauigkeit, Verläßlichkeit und Sorgfalt des Sämannes angewiesen ist, umsomehr als verläßliche Hand-Säer immer seltener werden. Auch die Verteilung des Saatgutes über den

Acker ist nie so gleichmäßig, wie bei der Maschinensaat. Einen Fortschritt in der Säearbeit zeigten schon die ersten Maschinen auf diesem Gebiete, das sind die Breitsäemaschinen, mit welchen wenigstens eine gleichmäßige Verteilung des Saatgutes über den Acker möglich war und Säefehler vermieden wurden. Bei der Handsaat und Breitmaschinensaat ergibt sich aber immer ein wesentlicher Nachteil dadurch, daß das Korn durch die Egge untergebracht werden muß und daher verschieden tief in den Boden kommt. Dieser Mangel wurde weitgehend behoben durch die Verwendung der Drillsaat mit Reihensäemaschinen. Durch diese wird das Saatgut vor allem gleichmäßig in den Reihen, Korn für Korn, ausgelegt und außerdem gleichmäßig tief untergebracht und zwar in der gewünschten Tiefe durch entsprechende Regulierung der Einstellvorrichtung. Die besonderen Vorteile der Drillsaat zeigen sich durch ein gleichmäßiges Auflaufen der Saaten, durch gleichmäßige Reife und eine ganz namhafte Ersparnis an Saatgut. Letztere beträgt zirka 25%. Außerdem wirkt die Säemaschine indirekt auch dadurch günstig, daß der Landwirt vor ihrer Anwendung gezwungen ist, das Feld besser vorzubereiten.

Eine zweite Art der Reihensaat ist die Dibbelsaat, die darin besteht, daß mehrere Körner auf Saatstellen, die in den Reihen auf größere Entfernung zu liegen kommen, ausgelegt werden. Sie wird bei den Getreidearten blos bei der Maiskultur im Großen, aber auch da nur in beschränktem Maße verwendet.

c) Die Saatgutmenge. Imm allgemeinen werden bei uns pro Hektar außerordentlich hohe Mengen gebaut. Sie lassen sich damit erklären, daß vielfach die Handsaat üblich ist und das Saatgut durch Eineggen untergebracht wird. Wenn man nun überlegt, daß hiebei die einzelnen Körner sehr ungleich untergebracht werden, zum Teil zu tief, zum Teil wieder zu flach, so ist leicht einzusehen, daß viele Saatkörner die Keimlinge nicht ans Tageslicht bringen und daß daher, um einen kompletten Pflanzenbestand zu erhalten, mehr Saatgut verwendet werden muß. Aus dieser einfachen Überlegung heraus, muß es das Streben jedes Landwirtes sein, womöglich das Saatkorn in einer angemessenen Tiefe unterzubringen, was am besten durch eine Säemaschine geschieht.

Im Nachfolgendem sollen noch eine Reihe von Gesichtspunkten geboten werden, welche im allgemeinen bei der Bemessung der Aussaatmenge maßgebend sind. Bei gut bestockenden Getreidearten, zum Beispiel den veredelten Sorten braucht man weniger Saatgut, bei schwach bestockenden hingegen mehr. Je besser der Boden vorbereitet und je krümeliger die Struktur ist, umso weniger Saatgut wird notwendig sein. Trockene und hitzige Böden brauchen mehr Saatgut, ebenso auch kalte, nasse Böden, weil die Anzahl der zugrunde gehenden Keimlinge stets größer ist, als auf guten Böden mit normalem oder mäßigem Feuchtigkeitsgehalte. Bei höherer Keimfähigkeit und Reinheit des Saatgutes benötigt man geringere Mengen. In ungünstigen klimatischen Lagen braucht man mehr, in günstigen jedoch weniger Saatgut. Rezepte lassen sich diesbezüglich nicht angeben, man wird gut tun, sich im allgemeinen nach den in der betreffenden Gegend üblichen Saatmengen zu halten.

d) Die Saattiefe. Bereits aus den früheren Ausführungen geht hervor, daß gerade das Eineggen oder gar das hie und da noch übliche Einpflügen des Saatgutes mit eine der Ursachen ist, welche den Bedarf des Saatgutes außerordentlich steigern. Um den Keimling in seinem Streben, ans Licht zu gelangen, zu unterstützen, muß das Saatgut in eine solche Tiefe gebracht werden, daß es die günstigsten Bedingungen für die Keimung findet. Im allgemeinen gilt, daß größere und schwerere Körner tiefer, kleinere und leichtere Saatkörner seichter unterzubringen sind. Bei schweren Böden, die zumeist kälter und feuchter sind, ist das Saatkorn seichter zu legen, damit die notwendige Luft zum Korn gelangen kann; bei durchlässigen, leichten und wärmeren Böden hingegen tiefer, damit das Korn entsprechend feucht zu liegen kommt.

Die Pflege des Getreides während der Vegetationszeit, sowie der Kampf gegen das Unkraut und gegen die Schädlinge

Das Wintergetreide steht bis zu 10 Monate und selbst darüber, das Sommergetreide bis 5 Monate auf dem Felde. Daß in dieser langen Zeit das Getreide allen Witterungsunbilden und den damit häufig in Verbindung stehenden schädlichen Einflüssen ausgesetzt ist, versteht sich von selbst. Trotz der Widerstandsfähigkeit, welche unsere einheimischen Sorten im allgemeinen gegen diese Einflüsse aufweisen, wird es dennoch notwendig sein, diese näher zu kennen, um doch geeignete Maßnahmen zu deren Verminderung oder Ausschaltung treffen zu können, denn eine absolute Widerstandsfähigkeit gegen alle die schädlichen Einflüsse gibt es nicht!

Auch der Kampf gegen das Unkraut erscheint nicht minder wichtig, ißt doch das Unkraut mit dem Landwirt aus einer Schüssel! Welche Bedeutung endlich die Pflanzenschädlinge haben, kennzeichnet am besten der Ausspruch des berühmten deutschen Enthomologen Prof. Dr. S t e l l w a a g, der sagt: „Wir ernten nicht das, was wir säen, hegen und pflegen, sondern das, was uns die Pflanzenfeinde übrig lassen!"

1. Schädliche Witterungs- und Bodeneinflüsse

a) D a s E r f r i e r e n d e r P f l a n z e n. Gegen das direkte Erfrieren sind die Winterungen ziemlich widerstandsfähig und im besonderem Maße trifft dies für unsere einheimischen Sorten zu. Der Zellsaft dieser Pflanzen vermag sehr niedrige Temperaturen auszuhalten. Bei sehr strenger Kälte jedoch ohne Schnee und bei scharfen Ostwinden in hoher Lage wäre ein Erfrieren dennoch hie und da möglich.

Das beste Gegenmittel ist eine nicht zu feine Bodenvorbereitung im Herbste. Ein Feld, das mit Wintersaat bestellt ist, soll eine Unzahl kleiner Schöllchen aufweisen, hinter denen sich die jungen Pflänzchen gleichsam verstecken und so vor allzustarker Kälte und vor Sturm Schutz finden können. Ebenso empfiehlt sich der Anbau widerstandsfähiger Sorten und bei frostempfindlichen Pflanzen die Auswahl der richtigen Saatzeit, zum Beispiel bei Mais.

b) D a s A u s w i n t e r n. Gefriert der feuchte Boden, so dehnt er sich gleichzeitig mit dem gefrierenden Wasser aus, das heißt also, er muß sich heben. Mit dem sich hebenden Boden werden auch die Wintersaaten emporgezogen. Tritt nun Tauwetter ein, so senkt sich wohl der Boden in seine ursprüngliche Lage zurück, die Pflanzenwurzeln können jedoch nicht folgen und stehen teilweise, wenn nicht ganz hohl. Die größte Gefahr des Auswinterns besteht gegen Ende des Winters und die eigentliche Beschädigung macht sich erst nach begonnener Vegetation bemerkbar. Zu dieser Zeit erfolgt nämlich sehr häufig ein wiederholtes Gefrieren und Auftauen und setzt nun bei Eintritt wärmeren Wetters das Wachstum ein, so müssen die Pflanzen, da sie weder Wasser noch Nährstoffe aufnehmen können, eingehen.

Sind daher Winterungen hochgezogen, so müssen sie im Frühjahre, sobald der Boden halbwegs abgetrocknet ist, a n g e-

w a l z t werden, wodurch die Pflanzen wieder an den Boden
gedrückt und dann normal weiterwachsen können. Die gleiche
Wirkung wird auch durch starke Frühjahrsregengüsse aus-
gelöst. Gegen das Auswintern haben wir zunächst widerstands-
fähige Sorten, wie solche im speziellen Teile angegeben sind.
Vorbeugend wirkt der Anbau von Roggen und Wintergerste
in gesetzterem Boden und Vermeidung des Roggenbaues auf
nassen Böden, ferner nicht zu später Anbau und nicht zu
tiefes Unterbringen des Saatgutes.

c) D a s A u s s ä u e r n. Unter länger stehendem Wasser geht das Getreide als „Landpflanze“ bald zugrunde. Man
sagt, es säuert aus! Es kommt dies einem Luftabschluß gleich,
wodurch der notwendige Luftsauerstoff fehlt, den die Pflanze
unbedingt zum Atmen benötigt. Fehlt dieser aber, wie dies
bei stehendem Wasser der Fall ist, so kann die Pflanze wohl
noch einige Zeit infolge der sogenannten intramolekularen
Atmung, bei welcher ihre eigene Körpersubstanz angegriffen
wird, weiterleben, stirbt jedoch schließlich ab, wenn nicht
rechtzeitig für Luftzutritt gesorgt wird.

Die größte Gefahr des Aussäuerns besteht im Frühjahre,
wenn infolge der Schneeschmelze große Wassermassen entstehen und diese infolge des in den unteren Schichten noch
gefrorenen Bodens nicht versickern können. Zu dieser Zeit
ist es dringend notwendig, daß man, soweit dies nicht schon
im Herbste auf Grund von Erfahrungen geschehen sein sollte,
auf den Feldern häufig Nachschau hält und mittelst einer Haue
rasch absaugende Abzugsgräben zieht. Das Aussäuern ist daher in den meisten Fällen auf Nachlässigkeit zurückzuführen,
soferne nicht ein zu hoher Grundwasserstand die Ursache des
länger stehenden Wassers ist. Es kennzeichnet sich dadurch,
daß das Getreide im Frühjahre in den Furchen und Mulden
gelb wird und dann mit beginnender Vegetation nach und nach
verschwindet, so daß leere Stellen bleiben, auf denen sich dann
noch dazu sehr leicht das Unkraut ansiedelt. Dem Aussäuern
entgegen wirken auch Drainagen und Tiefkultur.

d) D a s E r s t i c k e n o d e r A u s f a u l e n. Im allgemeinen ist die Ansicht verbreitet, daß es für die Wintersaaten gut
ist, wenn sie mit Schnee bedeckt sind. Sie ist jedoch nur dann
richtig, wenn der Schnee auf vorher gefrorenem Boden zu
liegen kommt. Fällt dagegen Schnee auf nichtgefrorenem Boden, so kann dieser den Saaten sehr gefährlich werden, besonders dann, wenn darauf Tauwetter und hernach starker Frost
eintritt, wodurch der oben geschmolzene Schnee zu einer festen

Eiskruste wird, durch welche der Luftzutritt verhindert wird. Da die Pflanzen unter Schnee auf nichtgefrorenem Boden zum Wachstum angeregt werden, beginnen sie lebhaft zu atmen und müssen in ihrer eigenen ausgeatmeten Kohlensäure, die durch den Luftabschluß nicht abgeführt wird, ersticken. Die Pflanzen verfaulen entweder noch unter dem Schnee oder wenn dieser rasch weggeht, verwesen sie, was in der Praxis irrtümlich als „auswintern" bezeichnet wird. Die ungünstige Wirkung solcher Schneedecken bezw. Eisdecken kann am besten behoben werden, wenn mit einem Wagen kreuz und quer darüber gefahren wird. Dadurch wird die notwendige Luftzirkulation wieder hergestellt. Wo dies nicht möglich ist, werden in die Schneedecke größere Luftlöcher gemacht. Hiezu benützt man Schlögel, Krampen und auch Kleehiefel, mit denen man kegelförmige Löcher ausbohrt. Einen je größeren Umfang diese haben und je mehr solche gemacht werden, ein desto reichlicherer Luftzutritt wird gewährleistet.

e) **Die Trockenheit.** (Dürre). Trockenperioden sind in Österreich keine Seltenheit und namentlich manche Gebiete haben darunter sehr häufig zu leiden, wie zum Beispiel das Marchfeld, das Steinfeld und manche sonnige Gebirgslagen.

Diesen Landstrichen kommt besonders die große Sparsamkeit der dort gezüchteten Sorten mit dem Bodenwasser zugute. Werden solche Sorten noch durch wassererhaltende Bodenbearbeitung unterstützt, so überstehen sie Trockenperioden in der Regel ohne wesentliche Einbuße ganz gut, wenn es sich nicht direkt um eine katastrophale außergewöhnliche Trockenheit handelt.

Die Dürre schädigt zunächst jenes Organ, dessen Ausbildung in diesen Zeitpunkt fällt. So ist beim Getreide eine Dürrperiode umso schädlicher, je jünger die Pflanzen sind, denn bei Getreide eilt die Nährstoffaufnahme der Trockensubstanzbildung wesentlich voraus. Die Nährstoffaufnahme ist zur Zeit des Schoßens (also im Mai) schon zu 90 % vollendet, weshalb Trockenheit zu dieser Zeit nicht mehr so sehr ins Gewicht fällt, was für Wintergetreide im erhöhten Maße gilt.

Herrscht vor oder während des Schoßens längere Trockenheit und fallen dann ausgiebige Regen, so tritt leicht sogenannte Zweiwüchsigkeit ein (namentlich bei Gerste und Hafer), was ungleiche Reife zur Folge hat, wodurch wieder die Kornqualität leidet. Man versteht darunter das Nachwachsen einzelner Halme. Herrscht bei der Aussaat Trockenheit, so wird die Keimung verzögert und dadurch die Vegetationszeit verkürzt. Anwalzen ist in diesem Falle notwendig, es sollte jedoch nach dem Aufgang wieder leicht geeggt werden, damit nicht unnötig Wasser an die Oberfläche gezogen wird und dort verdunstet. Junge Saaten ziehen bei Dürre ein, man sagt, „sie verlieren sich".

Den derzeit bei uns fast nur in Gärtnereien aufgestellten Regenanlagen steht sicherlich auch noch in der Landwirtschaft eine große Zukunft offen, wenigstens wo sie technisch durchführbar sind und der Rechenstift dafür spricht.

f) Die Verkrustung. Verkrustung stellt sich ein, wenn sich größere Wassermassen über den Boden bewegen und zwar durch den Druck solcher Wassermassen (Verschlämmung), ferner als Folge von Gewitterregen (Platzregen) und endlich nach Düngung mit Chilisalpeter. In den ersteren zwei Fällen wird durch die Kraft des Wassers oder des fallenden Tropfens die Krümelkornstruktur des Bodens in die Einzelkornstruktur umgewandelt, wodurch der Boden in der obersten Schichte in eine zementartige Masse verwandelt wird. (Kruste, Riefern, Rauhen). Diese wird meist durch Risse und Sprünge unterbrochen und kann in ganzen Platten vom Boden abgehoben werden. Chilisalpeter bildet mit der Bodenkohlensäure Soda, was gleichfalls Verkrustung zur Folge hat.

Die Hauptbeschädigung ist auf den hervorgerufenen Luftabschluß zurückzuführen, wodurch die Verwesung hintangehalten, die luftholden für den Boden günstigen Bakterien zum Absterben gebracht werden und nunmehr eine günstige Entwicklung der Denitrifikationsbakterien Platz greift. Letztere aber greifen, um sich den notwendigen Sauerstoff für die Atmung zu verschaffen, die vorhandenen Salpeterverbindungen im Boden an und zerstören diese bis zu elementaren Stickstoff, der entweicht. Auf diese Weise kann eine Chilisalpeterdüngung fast illusorisch werden. Außerdem wird die Bodenkapillarität wesentlich erhöht, so daß das Wasser nach oben steigt und verdunstet, also ein schädlicher Wasserverlust eintritt. Auf aufgegangene Pflanzen aber wirkt die Kruste wie eine Schere, behindert besonders das Dickenwachstum und kann bei längerer Dauer die Pflanzen direkt zum Absterben bringen. Eben im Aufgehen begriffene Saaten können die Kruste nicht durchbrechen, biegen sich unterhalb derselben um oder bleiben unten an dieser auch kleben.

Wie aus vorstehender Darlegung hervorgeht, wirkt Verkrustung auch auf nicht bebautem Boden schädlich und sollte daher immer bekämpft werden. Es geschieht dies am besten mittels Eggen oder bei aufgegangenen Saaten mit sehr leichten Saateggen und ganz vorzügliche Dienste leistet hiebei die Zehetmayerische Walzenegge, von der man, wenn besondere Vorsicht geboten ist, zum Beispiel beim Aufgang der jungen Saaten, auch nur die Walzen allein verwenden kann, wodurch eine vollständige Schonung der Saaten gewährleistet wird.

g) **Der Säuregrad des Bodens.** Befriedigen trotz aller berechtigter Hoffnungen die Bodenerträge nicht, so trägt häufig, wie neuere Forschungen ergeben haben, der zu große Säuregrad des Bodens die Schuld daran. Nach dem derzeitigen Stand der Wissenschaft ist es in beiläufig 70% aller Fälle möglich, diesem Übelstand durch eine Kalkdüngung abzuhelfen, was auf Grund der Untersuchung des Bodens festgestellt wird. Zu diesem Zwecke muß eine Bodenprobe der chemischen Versuchstation eingeschickt werden. Da aber die Versäueruug des Bodens auch auf mangelhafte Durchlüftung, seltene oder wenige Verwendung von animalischem Dünger, sowie zu ofte Verwendung von sauren Kunstdüngemittel, besonders auf schwefelsaures Ammoniak und auch auf den stark chlorhältigem Kalidünger zurückzuführen ist, empfiehlt sich immer auf Grund der Angaben nach der Bodenuntersuchung ein kleinerer Feldversuch und dann erst die Übertragung in die große Praxis. Durch die Bodensäure werden die Bodenbakterien zum Teil vernichtet oder zumindest ungünstig beeinflußt, ferner wird der Boden verschlämmt, Nährstoffe gelöst und ausgewaschen. Die Pflanzen zeigen gelbe Blätter und wachsen kümmerlich. Stark empfindlich gegen die Bodensäure sind nach Schneidewind Klee, Erbsen und Wicken, also Pflanzen, die gerade als Vorfrüchte für unser Wintergetreide eine große Rolle spielen. Leidet aber deren Entwicklung, so ist dies für die folgenden Früchte, also für die Getreidesaaten, sicherlich auch vom Nachteil. Von den Getreidearten sind Gerste und Weizen empfindlicher gegen Säure als Hafer und Roggen. Pflanzen, die sauren Boden anzeigen, sind: Sauergräser, Schachtelhalm, Sauerampfer, Wollgras, Wucherblume, Hahnenfuß etc.

2. Der zu dichte und der zu dünne Saatenstand

a) **Der zu dichte Stand.** Zu dichter Stand der Saat kann entstehen durch übermäßig starke Aussaat, durch zu starke Stickstoffdüngung und bei normaler Aussaat durch einen ungewöhnlich schönen, langandauernden, warmen Herbst. Zu dicht stehende Saaten leiden häufig in der Ährenausbildung und ganz besonders gefährlich und auch betriebswirtschaftlich sehr nachteilig ist die dadurch leicht hervorgerufene Lagerung. Darunter versteht man bekanntlich das Umlegen der Pflanzen gegen den Erdboden. Die unmittelbare Ursache des Lagerns ist in dem Mangel an Licht in den unteren Teilen der Halme infolge des dichten Standes zu suchen. Die Pflanzenzellen wachsen im Dunkeln viel rascher, bleiben aber dünnwandiger und können dann die oberen schweren Teile der Pflanze nicht tragen und legen sich gegen den Erdboden zu um. Das Lagern ist umso gefährlicher, je früher es eintritt und bei Roggen insbesonders vor der Blüte, weil hiedurch die Fremdbefruchtung zum Teile unmöglich wird, was einen schlechten Besatz der Ähren und dadurch einen wesentlich geringeren Ertrag zur Folge hat. Später kann dann bei längerer Lagerung Mißfärbigkeit des Kornes und bei Regenwetter leicht Auswachsen der Körner eintreten. Ein großer betriebswirtschaftlicher Nachteil ist der, daß solches Getreide entweder gar nicht oder nur teilweise mit der Maschine geschnitten werden kann oder mitunter auch nur nach einer Richtung und daß selbst die Handarbeit bei Lagergetreide gegenüber stehendem viel langsamer vor sich geht. Zu den Gegenmaßnahmen gehört ein entsprechendes Übereggen bei Winterroggen und Wintergerste im Frühjahre, dagegen unter keinen Umständen bei Weizen, der hiedurch nur noch dichter werden würde. Wo Schafe gehalten werden, können auch diese zum raschen Überweiden verwendet werden. Bei Weizen führt am besten das sogenannte Schröpfen oder Serben zum Ziele, das heißt es werden mittelst Sicheln die oberen Blätter abgeschnitten und als Futter verwendet. Es ist dies aber nur in kleineren Wirtschaften möglich. Durch diese Arbeit wird durch den Zutritt des Lichtes eine Stärkung der unteren Halmglieder hervorgerufen. Im Übrigen ist die Lagerfestigkeit wieder eine wertvolle Sorteneigenschaft und außerdem tritt bis zu einem gewissen Grade auch eine Selbstregulierung in der Weise ein, daß auf einer bestimmten Bodenfläche auch nur eine bestimmte Halmmenge gebildet wird. Die Bestockungsfähigkeit der Sorte spielt hiebei allerdings auch eine Rolle. Von der Lagerung streng zu unterscheiden ist das schwere Hineinnicken der Ähren der Zuchtsorten zur Zeit der Reife, hervorgerufen durch die schweren, vollbesetzten Ähren. Auch ein Niederlegen des Getreides zur Zeit der Reife infolge schwerer Gewitterstürme und Regen kann nicht zur Lagerung gezählt werden.

b) **D e r z u d ü n n e S t a n d.** Er kann hervorgerufen werden durch zu geringe Aussaat, durch geringere Keimfähigkeit des gebauten Getreides, durch Auftreten von Schädlingen, ferner durch ungünstige Witterungsverhältnisse, zum Beispiel durch außergewöhnlich frühzeitigen Eintritt des Winters oder auch durch zu spätem Anbau Zu dünne Saat hat den Nachteil, daß der Ertrag geschmälert wird, ferner daß auftretende Schädlinge vielmehr Schaden anstellen können und daß der Vermehrung des Unkrautes Vorschub geleistet wird. Endlich sind solche Böden dem Austrocknen viel mehr ausgesetzt. Bestocken sich die Pflanzen unter unseren Verhältnissen infolge größeren Standortes stärker, so ist auch der Wasserverbrauch ein viel größerer. Da es aber häufig an Wasser mangelt, tritt ungleiche Reife mit viel Hinterkorn ein. Vor allem wird man einige Zeit vor der Aussaat eine Keimprobe machen, um die richtige Saatmenge feststellen zu können. Bei zu dünner Saat, ist Winterroggen und Wintergerste im Frühjahre fest anzuwalzen, um nicht noch Verluste durch Auswintern zu haben, Winterweizen aber fest abzueggen, da er botanisch zu den Quecken gehört und umso dichter wird, je mehr er zerrissen wird. Gutes Übereggen hat bei Weizen mindestens den gleichen Erfolg, als eine Düngung mit 100 kg Chilisalpeter pro 1 ha. Andere im Frühjahre zu dünn stehende Saaten werden zweckmäßig mit Chilisalpeter, oder mit Leunasalpeter, oder Kalksalpeter als „Medizin" gedüngt.

3. Die wichtigsten dem Getreidebau schädlichen Unkräuter, sowie deren Bekämpfung

Jeder Landwirt hat auf seinen Feldern so viel Unkraut, als er verdient, sagt Prof. Dr. K. v. R ü m k e r!

Alle Gewächse, die in einem Saatenstand auftreten und nicht mit Absicht gebaut wurden, nennen wir Unkrautpflanzen. Sie schädigen die angebauten Kulturpflanzen in verschiedenster Weise. Für den Landwirt gilt auch zum Beispiel Weizen im Roggen als Unkraut oder auftretendes Thimoteusgras, welches als Vorfrucht im Klee war und dann im Roggen oder Weizen erscheint, spielt ebenfalls die Rolle eines Unkrautes.

Das Unkraut entzieht dem Boden und damit auch den Kulturpflanzen das Wasser sowie Nährstoffe, läßt zu den Kulturpflanzen oft das Licht mangelhaft zutreten und dort, wo eine Unkrautpflanze steht, könnte ganz gut auch eine Kulturpflanze stehen. Die Unkräuter erschweren die Ernte, machen mehr Reinigungsarbeiten beim Ernteprodukt notwendig, erfordern oft viel Hand- und Gespannarbeit und setzen dadurch den Reinertrag der Wirtschaft stark herab. Manche Unkrautsämereien sind giftig und beeinflussen dann das Mehl ungünstig.

Abgesehen von der Verwendung eines vollkommen reinen Saatgutes und von der Vernichtung des ausgeputzten Unkrautes durch Verfütterung an Hühner oder noch besser durch Verbrennen, ist und bleibt eine rechtzeitig und richtig durchgeführte Bodenbearbeitung das beste und sicherste Mittel zur Unkrautvernichtung bezw. auch das beste Vorbeugungsmittel gegen die Verunkrautung. Auch eine richtige Fruchtfolge kann dabei sehr unterstützend mitwirken.

a) **Die Quecke**. (Bayer), *Triticum repens*, ist ein sogenanntes Wurzelunkraut und vermehrt sich durch unterirdische Ausläufer *(Rhyzome)*. Sie ist, wo sie überhand genommen hat, erst nach Jahren zielbewußter Bekämpfung wegzubringen und ist immer ein Zeichen vernachlässigter Bodenbearbeitung und auch einer ungünstigen Fruchtfolge. Sie erfordert, da sie sich bei der Bodenvorbereitung auseggt, viel Hand- und Gespannarbeit. Wichtig ist, zu wissen, daß es eine mechanische Vernichtung der Quecke durch Auseggen nicht gibt! Sie nistet sich am leichtesten auf sandigen Böden ein.

Bekämpfung. Anbau von dichtem Mischling unter dem die Quecke zum größten Teile erstickt, weil sie Lichtabschluß nicht verträgt. Nach eigenen Erfahrungen hat sich nachstehende Fruchtfolge besonders gut bewährt: Mischling, Winter-Roggen, Klee, Winter-Roggen, etc. Stark verqueckte Felder waren nach dieser Fruchtfolge und bei sonstiger richtiger Bodenbearbeitung vollkommen frei von Quecke. Recht günstig wirken auch Hackfrüchte, vor allem Kartoffel und Rübe bei entsprechend dichtem Stande. In Gegenden, wo Stoppelfrüchte gebaut werden können, hat sich auch der Anbau von Senf nach der Ernte des Getreides zur Vernichtung der Quecke gut bewährt. Unnötiges Abeggen vermehrt nur die Quecke, weil die Rhyzome zerrissen werden, wodurch eine Unzahl neuer Pflanzen entstehen. Man beschränke sich daher nur auf das Abgabeln der normal ausgeeggten Quecken, soferne sie eben dem Anbau hinderlich sein würden. Die sogenannte Scheibenegge begünstigt die Vermehrung der Quecke, weil die Rhyzome in kleine Teile zerschnitten werden, die wieder den Ausgangspunkt zu neuen Pflanzen bilden. Die Scheibenegge ist daher nur auf vollkommen queckenfreien Boden am Platze.

b) **Die Ackerdistel** *(Cirsium arvense)*. Die Distel ist hauptsächlich das Unkraut des Sommergetreides. Reife Disteln im Getreide sind beim Garbenbinden und beim Drusch infolge ihrer Stacheln äußerst unangenehm. Sie zählt, so wie die Quecke, zu den Wurzelunkräutern, vermehrt sich aber sehr stark durch Samen, die durch den Wind oft kilometerweit fortgetragen werden und sich an windgeschützten Stellen zu Boden senken. Oft tragen auch die in der Nähe befindlichen Wälder mit ihren Distelherden viel zur Verdistelung der Felder bei. Um sie nicht überhand nehmen zu lassen, ist ein jährliches Ausstechen oder noch besser Jäten der Distel notwendig. Ersteres muß so geschehen, daß die Distel tief abgestochen wird, denn sonst bilden sich neue Triebe und die Verdistelung wird nur noch gefördert; letzteres geschieht am besten nach einen Regen, weil hiedurch die Arbeit sehr erleichtert wird und außerdem die ganzen Distelwurzel herausgezogen werden können.

c) **Der Ackerschachtelhalm** *(Equisetum arvense)*. Er tritt nur in Böden mit überschüssiger Nässe im Untergrund und bei Kalkmangel auf. Die Hauptwurzel dieses Unkrautes liegt immer direkt im Wasser, weshalb Drainage sehr wirksam ist. Auch durch Kalkdüngung sowie durch dichten Stand der Feldfrüchte wird er erfolgreich bekämpft.

d) **Die Ackerwinde** *(Convolvulus arvensis)*, ist ein sehr lästiges Unkraut, eine ausgesprochene Lichtpflanze und hat einen bis 1 m tief gehenden Wurzelstock. Sie kriecht auf die Getreidehalme empor und zieht sie zu Boden, was ähnliche Schäden wie Lagerung zur Folge hat.

Bekämpfung: Rationelle Bodenbearbeitung, Anbau von stark beschattenden Pflanzen, wie Mischlinge, ferner hat sich der Anbau von Wintergerste bewährt.

e) **Beinwell oder Schwarzwurz** *(Symphytum asperimum)*. Dieses große, krautige Unkraut kommt auf sehr feuchten kalkarmen Boden vor.

Bekämpfung: Tiefes ausstechen, Drainage und Kalkung.

f) **Der Hederich** *(Raphanus raphanistrum)* oder **Ackerrettig** und der **Ackersenf** *(Sinapis arvensis)*, beide allgemein als Hederich, in manchen Gegenden Drill oder auch Tülln genannt, ist das lästigste, am schwersten wegzubringende Samenunkraut. Der Same hält sich viele Jahre lang keimfähig im Boden und daher tritt der Hederich in manchen günstigen Jahren unvermutet stark auf. Namentlich Hafer und

Gerste leiden sehr darunter, da sie oft vollständig unterdrückt und dadurch in ihrer Entwicklung sehr gehemmt werden.

Bekämpfung: Ein wichtiges Mittel zur Hintanhaltung des Auftretens von Hederich in Feldbestand ist die Verwendung von hederichfreiem Saatgut. Es ist bei der Reinigung des Saatgutes jedoch darauf zu achten, ob es sich um den eigentlichen Hederich *(Raphanus raphanistrum)*, dessen Samen bekanntlich eine Gliederschote bildet, handelt, der wegen seiner Größe nur schwer oder fast gar nicht aus dem Saatgut entfernt werden kann, oder um den sogenannten Hederich *(Sinapis arvensis)*, dessen Samen klein und rundlich, ähnlich dem Senfsamen sind und leicht aus dem Saatgut entfernt werden kann. Im ersteren Falle ist der Schwerpunkt der Bekämpfung auf das Feld bezw. auf den Feldbestand zu legen und die nachstehend ausgeführten Bekämpfungsarten anzuwenden; im letzteren Falle wird eine sorgfältige Saatgutreinigung vorbeugend wirken.

Bekämpfung mittelst Hederichjätmaschinen zur Zeit der Blüte und zwar am besten nach einem Regen. Eine solche gute Jätemaschine erzeugt die Firma Jezek in Blansko in Mähren. Die Pflanzen erholen sich nach dem Jäten sehr rasch.

Aufstreuen von ungeöltem Kalkstickstoff, und zwar zirka 70 bis 100 kg auf ein ha im Morgentau zu einer Zeit, wo der Hederich 3 bis 5 Blätter hat. In solche Saaten darf jedoch kein Klee eingesät sein. Noch besser hat sich eine Mischung von 70 kg Kalkstickstoff mit 500 kg feingemahlenen Kainit bewährt. Dieses Gemisch wird ebenfalls im Morgentau gestreut, wenn der Hederich 3 bis 5 Blätter hat. Endlich durch Bespritzen mit 20% iger Eisenvitriollösung, wobei man auf 1 ha 600 l Flüssigkeit und 120 kg Eisenvitriol benötigt. Diese Methode ist sehr kostspielig und zeitraubend und außerdem bei nachher eintretendem Regenwetter sehr unsicher.

Hackfruchtbau, ebenso der Anbau von dichten Futterpflanzen (Mischling) trägt viel zur Vernichtung des Hederichs bei.

g) Der Wildhafer *(Avena fatua)*. Er ist gegenüber dem Kulturhafer grob, rohrartig und schwarzbraun in den Rispen und kann, da er sich früher als der Kulturhafer entwickelt, leicht herausgezogen werden, wenn er nicht in großen Mengen auftritt. Hiebei muß aber auch der Wurzelstock mitgerissen werden, weil er sonst wieder sehr schnell nachwächst. Tritt Wildhafer in größeren Mengen auf, so muß er durch Hackfruchtbau und Grünfutterbau vernichtet werden.

Vorbeugende Maßnahme ist die Verwendung wildhafer-freien Saatgutes. Leider gelingt bei stärkerem Vorkommen die Entfernung des Wildhafers durch die guten Putzmühlen nicht vollständig. Möglich wird aber die Entfernung dieses lästigen Unkrautes bei Verwendung der neuesten Putzanlagen, die mit dem „Aschenbrödel" oder dem Auslesetisch kombiniert sind.

h) **D i e R o g g e n t r e s p e**, *(Bromus secalinus)*. Dieses Unkraut, das im Volksmunde auch Durst genannt wird, tritt in vernachlässigten Wirtschaften in Roggenfeldern, besonders in nassen Jahren auf. Kann durch entsprechende Reinigung des Saatgutes, richtiger Bodenbearbeitung und Wasserregulierung zum Verschwinden gebracht werden.

i) **D e r K l a p p e r t o p f**, (Kloft) *(Alectorolophus mayor Reich)*. Auch dieses Unkraut weist auf eine Vernachlässigung der Felder hin und ist besonders oft im n.-ö. Waldviertel in dünnstehenden Roggenfeldern anzutreffen. Feuchte Lagen bevorzugt er. Der Klappertopf ist ein Schmarotzerunkraut und drückt daher den Ertrag des Getreides sehr herab.

Durch Wasserabzug, dichteren Anbau, Hackfruchtbau und richtiger Bodenbearbeitung kann er leicht bekämpft werden.

j) **D i e V o g e l w i c k e**, *(Vicia Cracca)*. Diese kommt mitunter im stärkeren Umfange in Haferfeldern vor und erschwert die Ernte durch Niederziehen des Hafers infolge ihrer windenden Stengel. Auch wird das Trocknen des Getreides hiedurch erschwert.

Bekämpfung: Drusch mit Entgranner bei Dreschmaschinen, damit die Hülsen aufgerissen werden, weil sie sonst durch die Trieure nicht wegzubringen sind. Sorgfältige Reinigung des Saatgutes und Verschroten der Wicken zu Schweinefutter.

Die übrigen Samenunkräuter, die durchwegs einjährig sind, wie zum Beispiel der Klatschmohn, die Kornblume, Melden, Knöterich und die Kornrade, sowie die Roggentrespe werden leicht durch die richtige Bodenbearbeitung insbesonders durch den rechtzeitigen Stoppelsturz vernichtet oder wenigstens auf ein verschwindendes Minimum herabgedrückt.

4. Die häufigsten tierischen Schädlinge und deren Bekämpfung

Im Kampfe gegen die Schädlinge wird der Landwirt durch die natürlichen Feinde dieser Schädlinge unterstützt, weshalb er diese schonen und in jeder Beziehung begünstigen soll. Zu diesen gehören vornehmlich: Maulwürfe, Igel, Ringelnattern,

Blindschleichen, Kröten, Spitzmäuse und alle Singvögel, allem voran die Bachstelze und sicherlich auch die Krähe, die eine Unmenge Mäuse vertilgt. Von den Insekten die Schlupfwespen und Laufkäfer mit Ausnahme des Getreidelaufkäfers.

a) **Die Ackerschnecke**, *(Limax agrestis)*. Die Ackerschnecke gehört zu den Nacktschnecken, ist dunkelgrau und zirka $2^1/_2$ cm lang. Im Herbste wird sie den Wintersaaten gefährlich, weil sie oft massenhaft auftritt und dann die jungen Saaten vollständig abfrißt. Diese Zeit ist deshalb so gefährlich, weil im Herbste die jungen Schnecken aus den Eiern schlüpfen und dann begreiflicherweise sehr gefräßig sind.

Bekämpfung: Ausstreuen von Ätzkalk in Zeitabschnitten von zirka einer halben Stunde hintereinander, besonders in der Nacht. Beim ersten Ausstreuen schützt sich die Schnecke durch Schleimabsonderung, beim zweitenmal wird sie jedoch getötet. Auch das Abwalzen solcher Felder, am besten mit eisernen Glattwalzen hat sich gut bewährt, weil die Schnecken hiebei zerdrückt werden. Neuestens wurden auch gute Erfolge mit feingemahlenem Kainit erzielt.

b) **Der Drahtwurm**, *(Agriotes segetis)*. Dieser drahtharte, glänzende, einem Mehlwurm ähnliche Schädling, ist die Larve des Saatschnellkäfers, auch Schmied genannt. Knapp unter der Erde bewegt er sich von einer Pflanze zur anderen fort und frißt die Wurzeln unmittelbar unter dem Boden ab, so daß die abgewelkten Pflanzen leicht aus dem Boden genommen werden können. Zu dieser Zeit setzt der Drahtwurm aber schon sein Zerstörungswerk an einer anderen Pflanze fort. Er zählt mit zu den größten Schädlingen.

Bekämpfung: Schweres Walzen, damit er sich nicht so rasch von einer Pflanze zur anderen fortbewegen kann, Ausstreuen von Kainit, gegen dessen ätzende Wirkung er sich in tiefe Bodenschichten zurückzieht, Schonung der natürlichen Feinde, besonders der Bachstelze, die am nächsten hinter dem Pfluge einhergeht und viele Drahtwürmer vernichtet.

c) **Der Getreidelaufkäfer**, *(Zabrus gibbus)*. Von diesem schädigt sowohl der Käfer als auch die Larve. Der Käfer ist etwa $1^1/_2$ cm lang, mattschwarz und am Bauche dunkelbraun. Er klettert abends und nachts an den Getreidehalmen empor und frißt die jungen Körner aus. Die zirka 2 cm lange und 3 mm breite, plattgedrückte Larve mit schwarzem Kopf und braunem Rücken frißt die jungen Getreidepflanzen oberhalb der Erde im Herbste und Frühjahre ab. Da diese Larve 3 Jahre zu ihrer Entwicklung braucht, ist sie als ein enormer Schädling zu bezeichnen.

Bekämpfung. In aller erster Linie Fruchtwechsel. Da die Larven frontweise vorgehen, kann man auch steile Gräben ziehen, die mit Uraniagrün bespritzt werden. P a m m e r beobachtete im Marchfelde, wo neben frühreifen Roggensorten auch spätreife gebaut wurden, daß diese Sorten, welche durch das Hinausschieben der Reifezeit durch längere Zeit hindurch dem Käfer das weichere, in Milchreife befindliche Korn bieten, zur Verbreitung des Schädlings beitragen.

d) D i e F r i t f l i e g e. *(Occinis frit)*. Die 2 bis 4 mm langen Maden der Fritfliegen schädigen bei uns am meisten nach der Blüte den spätschossenden oder auch spätreifenden Hafer, indem sie den Fruchtknoten beziehungsweise die jungen Körner ausfressen. Vom Haferährchen hängen dann weiße Fransen davon und das Ährchen ist natürlich leer. Die jungen Saaten von Winterungen und Sommerungen können aber auch stark beschädigt werden. Oberhalb des Wurzelknotens findet sich dann die Made vor, die' ein Abwelken und ein Absterben der Pflanzen bedingt.

Bekämpfung: Möglichst frühe Aussaat der Sommerungen und Verwendung von frühreifen Sorten. Bei Fritfliegengefahr auch späterer Anbau der Winterungen (Nicht vor 20. September). Sofortiger Stoppelsturz.

e) D e r G e t r e i d e b l a s e n f u ß. *(Thrips cerealeum)*. Der Blasenfuß tritt meist bei Roggen und Hafer, seltener bei Weizen auf. Die Blasenfüße sitzen in der Blattscheide, sind 2 mm lang, schwarzbraun, das Weibchen ist geflügelt, das Männchen dagegen nicht. Kommt die Roggenähre, beziehungsweise Haferrispe rasch aus der Blattscheide, so kann sie ganz unbeschädigt bleiben, bleibt sie dagegen einige Zeit in den Blattscheiden sitzen, (zum Teil auch Sorteneigentümlichkeit oder durch Eintritt kalten Wetters bedingt), so wird meist der untere Teil der Ähre so abgefressen, daß nur die Spindel übrig bleibt und an der Haferrispe weiße Fasern hängen.

Bekämpfung: Anbau rasch- und gleichmäßig schossender Sorten und ehester Stoppelsturz, damit die dort sich später befindlichen Insekten zerstört werden.

f) D i e W e i z e n h a l m f l i e g e, (Gicht oder Podagra). Zur Zeit des Schossens bemerkt man mitunter in Weizenfeldern mehr oder weniger große Stellen, die von manchen Landwirten als Folge eines schlechten Untergrundes angesehen werden und mit den bekannten Schwind- oder Schrindstellen verwechselt werden. Tatsächlich haben sie damit eine sehr große Ähnlichkeit. Auf diesen Stellen ist der Weizen etwa um $1/3$ kürzer. Die Ähren sitzen zum Teile noch in der Blattscheide oder sie kommen aus diesen auch schräg hervor. Löst man die Blattscheide auseinander, so bemerkt man unterhalb der Ähre bis zum ersten oberen Halmknoten eine braungelbe Fraßfurche. Am unteren Ende dieser befindet sich ein braunes Tönnchen. Diese Beschädigung wird durch die Halmfliege hervorgerufen, welche im Mai an den oberen Blättern ein Ei legt, worauf die auskriechenden Maden den oben beschriebenen Schaden verursachen. Die Halmfliege ist etwa 3 bis 4 mm lang, glänzend gelb mit schwarzem Dreieck am Kopfe, gelb und schwarz gescheckten Beinen und schwarzen Längsstreifen am Bruststück.

Bekämpfung: Gute Düngung und nicht zu später Anbau im Herbst.

g) Die Erdraupen, *(Agrotis segetum)*. Die Erdraupen gehören einen grau bis braun gefärbten Falter an, der in der Dämmerung fliegt. Die Raupen sind bei Tag zusammengerollt in der Erde. Sie sind glatt, nackt, graugrün (erdähnlich) und fressen nachts an den jungen Herbst- und Frühjahrssaaten.

Bekämpfung: Aufstellen eigens konstruierter Fanglaternen, in denen sich die Falter massenhaft fangen. Die beste Fangzeit ist Juli bis August. Walzen solcher Felder mit eisernen Glattwalzen und Aufstreuen von Kainit.

h) Der Maiszünsler, *(Botys silacealis)*. Es ist dies ein graubraunes, glänzendes Räupchen, welches im Maiskolben die Körner meistens in der Milchreife ausfrißt und dadurch schädigt. Die Beschädigung ist im allgemeinen keine sehr große.

Bekämpfung: Verbrennen des Maisstrohes.

Die nachstehend angeführten Schädlinge schaden dem Getreide während der Lagerung auf den Schüttböden.

i) Der schwarze Kornwurm, *(Calandra granaria)*. Der schwarze Kornwurm ist ein 3 bis 5 mm großer schwarzer Rüsselkäfer und wird meistens aus Mühlen mit den Säcken oder auch beim Getreideumtausch auf den Schüttboden eingeschleppt und ist nur schwer loszubringen. Der Käfer frißt ein rundes Loch in das Korn und vermehrt sich ungeheuer, so daß er bedeutenden Schaden anrichten kann. Das Vorhandensein des Käfers kann leicht festgestellt werden.

Bekämpfung: Vermeiden von Ritzen und Sprüngen auf Schüttboden, in denen sich die Käfer aufhalten, Ausstreichen des Schüttbodens mit einer 2%-igen Formalinlösung, Bespritzen des Getreides mit Schwefelkohlenstoff (feuergefährlich, daher ohne Licht hantieren!) Für Zugluft am Schüttboden sorgen.

Als sehr wirksam hat sich die Bekämpfung mit Chlorpikrin erwiesen. Dieses wird verdampft, wobei man sich zum eigenen Schutz, weil es giftig ist, der deutschen Ledergasmaske mit besonderem Atemeinsatz von hoher Aufnahmsfähigkeit bedient. Dieses Gas muß 24 Stunden einwirken, worauf nach 24 stündiger Lüftung der Raum ohneweiters betreten werden kann. Hiebei büßt allerdings die Keimfähigkeit etwa 30% ein, was jedoch bei dem Umstande, daß solches Getreide ohnehin nicht als Saatgut verwendet werden kann, keine praktische Bedeutung hat.

j) Der weiße Kornwurm oder auch die Kornmotte genannt, *(Tinea granella).* Der Schädling ist ein weißlich, hellgraues Räupchen mit braunem Kopf, das eine größere Zahl von Körnern zusammenspinnt und dieses Gespinnst mit Kotteilen durchsetzt. Die Raupe frißt die Körner an.

Bekämpfung: Wie beim schwarzen Kornwurm.

k) Die Maismotte. Sie schädigt in Maisgegenden den auf dem Schüttboden lagernden Mais ähnlich wie die Kornmotte. Sie ist leicht an den purpurroten Flügelenden zu erkennen.

Bekämpfung: Wie beim Kornwurm.

In Amerika und auch in Deutschland wird die Bekämpfung der drei letzt angeführten Schädlinge mit vorzüglichem Erfolge durch Blausäure mittelst eigener Apparate durchgeführt. Da diese äußerst giftig ist, kann eine solche Bekämpfung nur unter fachmännischer Leitung durchführt werden.

5. Die wichtigsten pilzlichen Schädlinge und deren Bekämpfung

a) Rostkrankheiten. Die Getreideroste werden durch Pilze verursacht, die in ihrer Entwicklung deutlich drei verschiedene Stadien erkennen lassen. Es sind dies: Das Sommerstadium *(Uredosporen),* das Winterstadium *(Teleuto-*

sporen) und das Frühjahr- oder Aezidium- oder Becher-
roststadium.

Auf den Getreidepflanzen befindet sich das Sommer- und
Winterstadium des Pilzes, während sich das Frühjahrsstadium
auf anderen Pflanzen vorfindet, die man als Zwischenwirte
oder als Wirte kurzweg bezeichnet. Vom Zwischenwirt aus
erfolgt erst die Übertragung des Rostes auf das Getreide. Die
wichtigsten Getreideroste sind:

Der Getreidehalmrost, auch Schwarzrost
oder Streifenrost genannt. Das Frühjahrsstadium
dieses Rostes befindet sich auf der Berberitze. Er tritt auf
allen Getreidearten auf und ist im allgemeinen (außergewöhnlich starke Rostjahre ausgenommen!) nicht sehr gefährlich.
Er tritt in der Weise auf, daß man im Sommer auf den Halmen
rostfärbige, strichförmige Pusteln bemerkt, an deren Stelle
später tintenstrichähnliche Krusten treten.

Der Getreideblattrost oder auch Gelbrost
genannt, tritt besonders auf Roggen, aber auch auf Weizen
und Gerste auf und ist am meisten verbreitet. Er hat als Zwischenwirte die sogenannten rauhblätterigen Unkräuter, wie
Ochsenzunge, Natternkopf etc. Der Gelbrost wird namentlich
dann sehr schädlich, wenn er die Ähren zur Zeit der Blüte
befällt. In diesem Falle kann der Gelbrost bis zu 60% Schaden verursachen. Unter sehr starken Rostschäden hatte Österreich im Jahre 1914 zu leiden.

Der Haferblattrost oder Kronenrost. Als
Zwischenwirt fungiert der Kreuzdorn. Auf den Haferblättern
treten im Sommer auf beiden Seiten rostrote Häufchen auf.
Später erscheinen dasselbst schwarze Flecken.

Bekämpfung: Vernichtung der Zwischenwirte in der
Nähe von Getreidefeldern. Bezug von anerkannten Saatgut,
weil bei der Saatenanerkennung auf den Rostbefall Rücksicht
genommen wird. Nicht zu starke Stickstoffdüngung, weil diese
den Rostbefall begünstigt. Getreiderost wird besonders in Jahren
beobachtet, wo ein zu zeitliches Frühjahr eintritt, die Pflanzen
daher in ihrer Vegetation vorauseilen und ein rascher Wechsel
zwischen feuchtwarmer Luft und Kälte hinzukommt. Augen-
fällig tritt uns diese Erscheinung in Gebirgslagen entgegen,
besonders längs des Wasserlaufes von größeren Flüssen (Enns-,
Drau- und Murtal), an welche Getreidefelder anstoßen. An
diesen Stellen macht sich die Kälte- und Wärmewirkung stär-

ker geltend und es ist daher stets der Rostbefall größer, als
an weiter entfernten oder höher gelegenen Stellen. Ebenso kann
man im Gebirge häufig auf den sonnseitigen Lagen stärkeren
Rostbefall beobachten als auf den schattenseitigen. In ersteren
Lagen entwickeln sich die Pflanzen oft zu rasch, sie sind
übertrieben und daher leichter rostanfällig, an der Schattenseite
hingegen, wo die Pflanzen langsamer wachsen, sind sie rost-
widerstandsfähiger. Getreidesorten, welche zur üppigeren Halm-
und Blattentwicklung neigen, sollen gleichfalls im Gebirge vermieden werden.

b) Die Brandkrankheiten. Der Stein- Stink-
oder Schmierbrand des Weizens. Schon zur Zeit der Milchreife bemerkt man bei einiger Übung oft Weizenähren, die ganz
eigentümlich dunkelgiftgrün aussehen. Reißt man die Körner
auseinander, so sieht man drinnen eine schwarze, zu dieser
Zeit noch schmierige Masse. Gegen die Reife zu wird die Umhüllung weißlich und dünnwandig und der Brand ist nunmehr
sofort leicht zu erkennen. Die Brandmassen bleiben jedoch
von der Umhüllung eingeschlossen, die erst bei den Erntearbeiten oder noch mehr beim Drusch zerreißt, wodurch das
Brandpulver rußähnlich durch den Luftzug verstreut wird.

Der Steinbrand ist ein sehr gefährlicher Schädling, der bis zu 60% und darüber an Kornausfall bewirken
kann. Er kommt mit dem Saatkorn, an dem er haftet, auf das
Feld. Die Brandsporen treiben Schläuche, die im Inneren der
Pflanze mitwachsen und so bis zur Blüte gelangen, den Fruchtknoten befallen, wo sie die oben gekennzeichnete Verheerung
anrichten.

Bekämpfung: Beizen des Saatgutes mit Formalin. Man
gibt auf 100 Liter Wasser $^1/_4$ und $^1/_8$ Liter von dem käuflichen
40%igen Formalin und läßt darinnen den Weizen 20 Minuten
lang unter Umrühren. Die Flüssigkeit soll dabei handhoch
über den Weizen stehen. Schwimmende Körner können nun
gleichzeitig abgeschöpft und vernichtet werden. Man kann hiezu
jeden Waschtrog oder eine Badewanne verwenden. Hierauf wird
er dünn an einem trockenen Ort aufgeschüttet, nach einigen
Stunden einmal umgeschaufelt und ist tagsdarauf anbaufähig.

Die Uspulunbeize ist ebenfalls gut wirksam und wird dabei
meist das Benetzungsverfahren angewendet. Dasselbe gilt auch
für das neuere Beizmittel „Germisan". Letztere zwei können
von der österreichischen Pflanzenschutzgesellschaft, Wien I.
Babenbergerstraße 5 bezogen werden. Den Lieferungen liegen

genaue Gebrauchsanweisungen bei. Eigene Beizmaschinen erzeugt in Österreich die Firma N. Heid in Stockerau.

Zur Bekämpfung des Steinbrandes kommt auch in neuerer Zeit die Trockenbeize in Betracht. Das Saatgut kommt mit der Trockenbeize in eine Trommel, die um ihre Achse sodann 10 Minuten lang gedreht wird. Sie hat den Vorteil, daß das Saatgut lange nachher noch aufbewahrt werden kann, dagegen kann sie leicht gesundheitlich nachteilig werden, weshalb man bei der Arbeit unbedingt Mund und Nase mit einem Tuch verbinden muß.

Vorbeugung: Ankauf von anerkannten Saatgut, weil brandiges Saatgut nicht anerkannt wird. Eine große Gefahr der Verbreitung ist in den sogenanten wandernden Dreschmaschinen, ausgeliehenen Trieuren, fremden Säcken und Putzmühlen gelegen. Beim Durchführen der Beize darf nicht übersehen werden, auch die Säcke in die Beizflüssigkeit zu legen, in denen der Weizen war.

Der Weizenflugbrand. Beim Weizenflugbrand tritt im Gegensatze zum Weizensteinbrand das Brandpulver offen zutage. Das Brandpulver wird daher vom Winde fortgeweht und die Spindel erscheint nunmehr leer. Auch dieser Brand kann große Schäden verursachen. Die Krankheit wird durch einen Pilz verursacht, der im Inneren des Kornes wuchert. Als Bekämpfungsmittel kommt nur die Heißwasserbeize in Betracht. Das Saatgut wird hiebei in nachstehender Weise behandelt: Die bis zu $^3/_4$ angefüllten Säcke werden zunächst 4 Stunden lang in Wasser von 25 bis 30° C eingestellt. Hierauf werden diese Säcke auf 5 bis höchstens 10 Minuten in Wasser von 50 bis 52° C getaucht. Sodann wird das Saatgut dünn aufgeschüttet und öfters umgeschaufelt. Die Temperaturen müssen genau eingehalten werden, weshalb zu den Arbeiten ein Thermometer unerläßlich ist.

Der Haferflugbrand. Ist die Krankheit vorhanden, so erscheint die Haferrispe schon, wenn sie aus der Blattscheide hervortritt, in eine schwarze Brandmasse umgewandelt. Die Brandmasse wird vom Winde fortgetragen und die leere Spindel bleibt übrig. Da der Pilz dem Haferkorn aussen anhaftet, kann er leicht durch Beizen wie beim Steinbrand vernichtet werden. Nach unseren Erfahrungen werden Nachschößlinge, die vornehmlich bei zu dünner Saat auftreten, viel leichter vom Flugbrand befallen, als normal ausgeschoßte Pflanzen.

Der nackte Gerstenbrand. Statt der Körner entwickelt sich eine schwarze Brandmasse ähnlich wie beim Weizenflugbrand.

Bekämpfung: Heißwasserbeize.

Der gedeckte Gerstenbrand. Bei diesem bleiben die Brandsporen von einem Häutchen, der Gerstenschale, bedeckt. Die Krankheit ist sehr verbreitet.

Bekämpfung: Wie beim Steinbrand des Weizens.

Der Maisbrand oder auch Beulenbrand genannt. Er kennzeichnet sich durch faust- bis kindskopfgroße Beulen, die vollständig mit Brandpulver ausgefüllt sind. Er kann auf allen Teilen der Maispflanze entstehen und wird nur dann besonders schädlich, wenn er am Kolben sitzt. Pflanzen, die Brandbeulen zeigen, sollen ausgerissen und verbrannt werden. Bei stärkerem Auftreten ist das Beizen des Saatgutes wie beim Steinbrand zu empfehlen.

c) Das Mutterkorn, *(Claviceps purpurea)*. Das Mutterkorn stellt das Dauerstadium eines Pilzes dar, der den Namen purpurrotes Keulenköpfchen führt. Am Felde überwintertes Mutterkorn treibt im Frühsommer zur Zeit der Blüte Schläuche mit sogenannten Sporidien, welch letztere durch Wind auf das blühende Getreide geweht werden. Zunächst bildet sich aus dem Fruchtknoten eine klebrige, süße Masse, die den Namen Honigtau führt. Dieses Honigtaustadium lockt eine Unzahl von Insekten an, die dann das Mutterkorn auf noch blühendes Getreide übertragen können. Später entwickelt sich an Stelle eines Kornes ein hornartiger, außen dunkelvioletter, innen weißer Körper, der ein Vielfaches von der Größe eines Kornes ausmacht. Das Mutterkorn befällt in erster Linie den Roggen, weniger die anderen Getreidearten. Es ist giftig.

Bekämpfung, beziehungsweise Vorbeugung: Sorgfältige Reinigung des Saatgutes, Anbau von Zuchtsorten, weil diese gleichmäßig und rasch abblühen und dadurch der Verbreitung des Mutterkornes am meisten begegnet werden kann. Vermeidung von unnötigen Furchen oder gar Bifängen in den Feldern, weil in solchen die Pflanzen leicht Nachschößlinge bilden, die später blühen und daher leicht befallen werden. Da es sich meist an den Feldrändern vorfindet, kann es leicht von Kindern abgesammelt und in Apotheken verkauft werden.

d) Der Schneeschimmel, *(Fusarium nivale)*. Ein auf Roggen, Winterweizen und Wintergerste auftretender

Pilz, der im Frühjahre die Saaten nach der Schneeschmelze mit weißgrünen, spinnwebenähnlichen Geweben überzieht, unter welchem das Getreide nach und nach verschwindet. Schneeschimmel tritt namentlich dann auf, wenn der Schnee mehrere Monate liegen bleibt.

Bekämpfung: Anbau widerstandsfähiger Sorten. (Siehe speziellen Teil.) Beizen des Saatgutes mit Uspulun und zwar 300 bis 500 g auf 100 Liter Wasser. Die Bundesanstalt für Pflanzenschutz in Wien II. Trunnerstraße 1 untersucht kostenlos Saatgut auf Fusarium.

Die Saatgutanerkennung, ihre Bedeutung und Durchführung

Mit Recht wird der Sortenwahl seitens der landwirtschaftlichen Praxis die größte Beachtung geschenkt und selbst in den Kreisen des kleineren Grundbesitzes — der bäuerlichen Landwirte — hat sich die Erkenntnis Bahn gebrochen, daß bei Verwendung passender, ertragreicher Sorten die Erträge ganz nahmhaft gesteigert und außerdem eine bedeutende Verbesserung in der Qualität des Produktes erzielt werden kann.

Die Sortenwahl ist, so einfach sie für den Landwirt scheinen mag, durchaus nicht leicht, da hiebei einerseits Rücksicht genommen werden muß auf die äußerlichen Eigenschaften des Kornes, welche die Brauchbarkeit desselben als Verkaufsware beziehungsweise als Konsumware bedingen, anderseits auf gewisse innere Eigenschaften, die den Anbauwert, beziehungsweise Produktionswert und die Verwendbarkeit der Sorte als Saatware für die gegebenen natürlichen und wirtschaftlichen Verhältnisse ausmachen. Die vorhin erwähnten äußerlichen Eigenschaften lassen sich nun an einer Probe des Saatgutes einwandfrei feststellen und es bestehen ganz zuverlässige Methoden der Untersuchung zur Feststellung der Wertzahlen für das Hektolitergewicht, das Korngewicht, für die Mehligkeit und Glasigkeit, des Spelzengehaltes und so weiter, die in ihrer Gesamtheit ein klares Bild über die Qualität des Saatgutes geben. Anders liegen aber die Verhältnisse hinsichtlich der inneren Eigenschaften, auf welche von seiten der Landwirte in neuerer Zeit ein großes Gewicht gelegt wird und deren Verbesserung das Gebiet der Pflanzenzüchtung betrifft.

So verdienstlich an und für sich das Wirken der Samenkontrollstationen bezeichnet werden kann, so muß doch gesagt werden, daß mit Ausnahme der Keimfähigkeit, der Provenienz, der Echtheit und zum Teil der Sortenreinheit die sonstigen inneren Eigenschaften, zu welchen insbesondere die Früh- oder Spätreife, die Ausgeglichenheit, die Lagerfestigkeit, Winterfestigkeit, Bestockung und die Widerstandsfähigkeit gegen Pflanzenkrankheiten, weiterhin die Ertragsleistung und Ertragssicherheit gehören, nach einer Probe entweder gar nicht oder nur in sehr beschränktem Maße festgestellt werden können. Diese Unzulänglichkeit der Beurteilung des inneren Wertes eines Saatgutes nach einer Probe brachte es mit sich, daß bei der gesteigerten Nachfrage nach leistungsfähigen und für gegebene Verhältnisse passenden Sorten der Saatguthandel in seinen Angeboten es oftmals nicht so strenge mit seinen Gewährleistungen nahm und daß einfach auf Grund von bloßen Anpreisungen oder oft von nichts weniger als einwandfreien Anbauversuchen den Landwirten alles Mögliche an Sorten angeboten wurde und noch wird.

Es muß doch als unstatthaft bezeichnet werden, wenn Originalsorten von Züchtern nachgebaut werden, und schon nach ein bis zwei Jahren, wo züchterische Erfolge kaum möglich sind, als verbesserte in den Handel kommen. Oder wenn, was noch verwerflicher ist, solche Sorten unter neuen Namen als sogenannte züchterische Neuheiten in den Handel gebracht werden. Es mangelt ja in keinem Jahre an solchen Neuheiten, über deren Entstehungsweise sich die Reklame gründlich ausschweigt und jeder, der sich mit Pflanzenzüchtung oder rationellem Saatgutbau befaßt und zu beurteilen weiß, wie viele Jahre angestrengter und rastloser Tätigkeit dazugehören, um gute, leistungsfähige Sorten zu schaffen, muß solche Unzukömmlichkeiten aufs tiefste bedauern. Sie bringen den ehrlichen Saatguterzeuger um seinen wohlverdienten Lohn und sind keineswegs geeignet, die wichtige Frage der Sortenwahl zu fördern.

Es handelt sich aber im Saatguthandel nicht allein um den Schutz der Zuchtsorten — oder deren einwandfreien rationellen Nachbau — sondern auch um die für unsere Verhältnisse in Österreich für den Samenwechsel oft sehr wichtigen Landsorten und um Förderung des Bezuges gerade jener Kulturformen der betreffenden Landgetreidearten, die wirklich in dem Anbaugebiet erwachsen sind und den Anspruch auf die Bezeichnung „Landsorte" oder „Landrasse" erheben können. Denn es kann auch hier nicht verschwiegen werden, daß sich da ebenfalls vielfache Mißbräuche in den Saatgutangeboten

eingeschlichen haben, insofern, als oft recht minderwertige
Saaten, die oft gar nicht im Anbaugebiete erwachsen sind,
beziehungsweise erzeugt wurden, oder wenn dort erwachsen,
keineswegs der Kulturform des Landgetreides angehören, der
Stempel der Landsorte dadurch aufgedrückt wird, daß sie von
einer Örtlichkeit im Anbaugebiete in Versand kommen. Dadurch
hat der Ruf so mancher vorzüglichen Landsorte eine wesentliche Einbuße erlitten.

Alle diese Unzukömmlichkeiten wurden im Saatguthandel
als Mangel empfunden und es kann daher mit großer Genug-
tuung begrüßt werden, daß von seiten des Ackerbauministeriums
und der landwirtschaftlichen Hauptkorporationen, welchen die
Pflege der Landeskultur obliegt, Einrichtungen geschaffen
wurden, welche dahin abzielen, einerseits den Saatgutverkehr
zu regeln und die Sortenwahl zu erleichtern und andererseits
den Saatgutzüchtern und rationellen Saatgutbauern und die
von ihnen erzeugten Saatgutprodukte zu schützen und dem
Käufer die größtmöglichsten Sicherheiten beim Bezuge von
Saatgut zu bieten.

Als eine solche Einrichtung ist nun . die Saatgutanerkennung anzusehen, die von Deutschland übernommen, in der
alten Monarchie Österreich in zwei Kronländern und zwar
in Mähren im Jahre 1907 und in Niederösterreich über Vor-
schlag der Samenkontrollstation beim Landeskulturrate im
Jahre 1910 eingeführt wurde.

Während des Krieges wurde durch besondere Leitsätze,
die vom damaligen Ackerbauministerium herausgegeben wurden, die Durchführung der Saatenanerkennung in den Kronländern einheitlich geregelt und organisiert. Auf Grund einer
im Jahre 1924 vorgenommenen Revision dieser Bestimmun-
gen für die Saatenanerkennung kamen vom Bundesministerium für Land- und Forstwirtschaft neue Leitsätze heraus,
die nunmehr für die Republik Österreich bezw. deren Bundesländer Geltung haben. Deren wesentlicher Punkt gipfelt darin,
daß auch ausländischen Sorten nur dann die Originalität zu-
erkannt werden darf, wenn in Österreich Zuchtgärten für diese
Zuchten vorhanden sind, aus deren Auslesesaatgut das Originalsaatgut stammt.

Der Grundgedanke, auf dem sich aber die Saatgutaner-
kennung aufbaut, ist der, daß die äußeren *(morphologischen)*
Eigenschaften und gewisse innere Eigenschaften der
Pflanze, die, wie früher erwähnt, vielfach den Produk-

tionswert bezw. Anbauwert der Sorte bedingen und an einer Probe des Saatgutes nicht beurteilt werden können, durch Besichtigung der Feldbestände, von denen das Saatgut erzielt werden soll, festgestellt werden. Solche Feststellungen vermitteln eine eingehende Kenntnis der Sorten und ermöglichen eine zutreffende Sortenbeschreibung, die wieder eine wichtige Grundlage für die Sortenwahl bietet. (Siehe Kapitel: Saatgutsorte und Sortenwahl).

In Verbindung mit diesen Feldbesichtigungen haben dann, je nachdem es sich um Sorten des gewöhnlichen Saatgutbaues, zum Beispiel von Landsorten handelt — oder nur um den Nachbau von Zuchtsorten, Erhebungen stattzufinden über die Eignung der betreffenden Wirtschaft für den Saatgutbau und über die Vorkehrungen, welche der Erzeugung guter Saatware dienen — oder dort, wo es sich um die Anerkennung von Zuchtsorten handelt, um Feststellungen aller jener züchterischen Maßnahmen und Einrichtungen des Zuchtbetriebes, welche zur Erzeugung der Sorten geführt haben. Um endlich auch eine Gewähr zu erhalten und bieten zu können über die qualitative Beschaffenheit des Saatgutes, hat, gewissermaßen als Ergänzung des Feldbefundes, nach vollzogenem Drusche und Reinigung eine Beurteilung des Saatgutes nach einer Probe stattzufinden, die sich aber nicht nur auf die Feststellung der subjektiven Merkmale zu beschränken hat, sondern auch auf die Qualität nach exakt wissenschaftlichen Untersuchungsmethoden. Eine derart ergänzende Beurteilung nach einer Probe, über deren Zweckmäßigkeit kein Zweifel besteht, da sie in einwandfreier Weise die Feststellung der Eignung des gewonnenen Ernteproduktes für Saatgutzwecke ermöglicht und auf eine entsprechende Qualität des Saatgutes Einfluß genommen werden kann, ist speziell das erstemal in das Saatgutanerkennungsverfahren des Landeskulturrates für Niederösterreich als wesentlicher Bestandteil desselben aufgenommen worden und wurde auch im vollem Umfange in den früher erwähnten Leitsätzen des Ministeriums berücksichtigt.

Diese Probeuntersuchung erweist sich auch aus dem Grunde für notwendig, weil der Fall eintreten kann, daß eine bei der Feldbesichtigung ganz gut abschneidende Sorte in der Qualität nicht entspricht. Es würde aber eine schwere Schädigung der Einrichtung der Saatgutanerkennung bedeuten, wenn mangelhaft qualifiziertes Saatgut in den Handel käme. Es gilt dies vornehmlich bei der Anerkennung von fremdländischen

Sorten, die oftmals trotz des günstigen Standes vor der Ernte in der Qualität nicht befriedigen und deren Verbreitung im Interesse des guten Rufes, welchen unsere Landgetreide-Saatgutsorten wegen ihrer vorzüglichen Qualität genießen, gewiß nicht wünschenswert ist. Weiterhin ist zu bedenken, daß auch in der Zeit zwischen der Feldbesichtigung und der Ernte oder dem Erdrusche noch mancherlei eintreten kann,. (zum Beispiel sehr ungünstiges Erntewetter) wodurch das äußere Aussehen oder die Qualität des Produktes und ihre Eignung für Saatzwecke derart nachteilig beeinträchtigt werden kann, daß eine solche, Saat die empfehlende Bezeichnung „anerkannt" nicht mehr verdient.

Es darf aber die Auslegung der Worte „nachteilig beeinträchtigt" nicht zu Härten führen, wie sie in manchen Fällen schon eingetreten sind, deren Berechtigung aber als nicht zutreffend bezeichnet werden kann. Die bei ungünstigem Erntewetter, trotz sorgfältiger Einbringung der Ernte und sorgfältiger Reinigung und Sortierung auftretende „Mißfärbigkeit" bei bespelzten Früchten, namentlich beim Hafer, kann doch nur als Schönheitsfehler angesehen werden. Wenn zum Beispiel eine Zuchtsorte, die doch unter vielen Aufwand und Arbeit von Seite des Züchters geschaffen wurde, wegen Mißfärbigkeit minder gewertet oder selbst die Anerkennung versagt wird, so liegt hiefür keine Berechtigung vor. Es sollte vielmehr unter besonderen Hinweis auf den Z u c h t w e r t der Sorte, der durch einen solchen äußeren Mangel nicht leidet, aufklärend eingewirkt werden. Gleichfalls sollte selbst bei einer minderen Keimfähigkeit, wenn sie sich als Folge ungünstiger Witterungsverhältnisse einstellt und sich in mäßigen Grenzen von 5 bis 12% bewegt, keine Aberkennung, sondern mit Angabe der bemerkten Mängel eine „b e d i n g t e" Anerkennung stattfinden, wie sie auch Prof. F r u w i r t h in seinem Buche: „Die Saatgutanerkennung", vorschlägt.

Im gegebenen Falle kann zum Beispiel durch Entschädigung der Differenz am Keimfähigkeitsgebrauchswert durch eine kostenlose Mehrlieferung für die erforderliche größere Anbaumenge dem Mangel abgeholfen werden? Durch einen solchen Vorgang wird auch eine Schädigung des Rufes der Sorte hintangehalten und gewiß bei keinem vernünftigen Landwirt ein Zweifel über den Zuchtwert der Sorte aufkommen. Ähnlich kann es bei Sorten aus kontinentalen klimatichen Lagen, insbesondere in sehr trockenen Jahren oder bei

Dürre zur Erntezeit vorkommen, daß trotz sorgfältiger Sortierung das absolute Gewicht geringer ist. Auch in einem solchen Falle ist mit Rücksicht auf den Zuchtwert eine bedingte Anerkennung unter Zugrundelegung einer Entschädigung gewiß am Platze. Das Gleiche gilt bei mäßigem Befall mit Flugbrand etc. Die Überlegung, daß durch einen derartigen Vorgang die Zufuhr einer für die Produktionssteigerung günstigen Sorte nicht unterbunden wird, berechtigt gewiß zu derartigen Ausnahmen.

Die Anerkennung selbst erstreckt sich naturgemäß auf alle Kulturpflanzen, hat aber bisher der Bedeutung der Feldfrüchte entsprechend, die größte Anwendung bei den Getreidearten gefunden.

Was nun die Feldbesichtigung anbelangt, so erstreckt sich dieselbe auf die Feststellung einer Reihe von Eigenschaften, auf die, wie früher schon erwähnt, der Landwirt mit Recht einen großen Wert legt und die erst bei der Entwicklung der Pflanze, also im Feldbestande erhoben werden können. Zunächst betrifft sie die Arten- und Sortenreinheit und Ausgeglichenheit des Feldbestandes. Die Artenreinheit bietet bei den bekannten typischen Unterschieden der Getreidearten, wie sie zwischen Roggen, Weizen, Gerste und Hafer bestehen, wohl keine Schwierigkeiten. Sie kann bei der Vollkommenheit unserer technischen Betriebsmittel mit Recht im hohen Grade gefordert werden. Vollständige Artenreinheit ist beim Originalsaatgut dann zu fordern, wenn es zur Erzeugung von Nachbau-Saatgut (I. Nachbau) dient. Wird nur die Erzeugung von Gebrauchsfrucht beabsichtigt, so kann eine mäßige Artenverunreinigung noch als zulässig erklärt werden, also auch eine bedingte Anerkennung erfolgen.

Wichtig ist die Forderung nach Sortenreinheit, deren Feststellung schon eine größere Vertrautheit der Formen und Sortenkenntnis voraussetzt. Der Maßstab der Beurteilung muß verschieden streng angelegt werden, je nachdem es sich um Anerkennung von Zuchtsorten bei Züchtern selbst, also um sogenanntes Original-Saatgut handelt oder um den Nachbau von Originalsaaten oder endlich um den des gewöhnlichen Saatgutbaues, wie dies zum Beispiel bei den Landsorten der Fall ist.

Es muß jedenfalls bei Zuchtsorten die charakteristische Beschaffenheit des der betreffenden Sorte zugrunde liegenden Ähren- bezw. Rispentypus gefordert werden.

Um weiter der Forderung der Ausgeglichenheit zu genügen, muß eine möglichst gleichmäßige Durchschoßung, eine einheitliche Gestaltung der Pflanzen untereinander, ferner eine gute Ausbildung der Fruchtstände, zum Beispiel keine oder nur sehr geringe Schartigkeit der Ähren, vorhanden sein. Es darf selbstverständlich bei der Pflanzenzüchtung der Formalismus nicht als das Um und Auf der Züchtung angesehen werden. Diesem muß aber bei den Zuchtsorten immerhin insoferne Rechnung getragen werden, als nach den Erfahrungen Pammers eine egale Ausbildung des Fruchtstandes gerade bei den Zuchtsorten vielfach im Zusammenhang steht mit der größeren oder geringeren Leistungsfähigkeit und mit der sehr wichtigen Eigenschaft der gleichmäßigen Reife. Letztere hat wieder auf die Qualität des erzielten Produktes den größten Einfluß.

Hin und wieder vereinzelt vorkommende Abweichungen vom Ährentypus, die bei manchen Zuchtsorten aufzutreten pflegen und auf zufällig auftretende gewisse Variationen zurückzuführen sind, werden noch keinen Grund bilden, die Anerkennung zu verweigern. Besonders wird dies bei Sorten der Fall sein, die im Wege der künstlichen Kreuzung entstanden sind, wo Aufspaltungen und Rückschläge leicht eintreten können.

Bei der Beurteilung des Nachbaues einer Sorte wird der Art und Weise, wie der Nachbau betrieben wird, die größte Beachtung zu schenken sein. Alle Sorten entarten bekantlich bald mehr oder weniger und der Gesamteindruck des Nachbaues, das größere oder geringere Vorkommen von Abänderungsformen wird erweisen, ob der neue Standort der Sorte mehr oder weniger paßt. Bei ungeeigneten Standortsverhältnissen wird man bei der Anerkennung sehr vorsichtig sein müssen und nicht über das erste Absaatjahr hinausgehen, bei zusagenden Standortsverhältnissen hingegen die Anerkennung ohneweiters auf den zweiten Nachbau noch ausdehnen können, obwohl gegenwärtig zumeist nur mehr der erste Nachbau anerkannt wird.

Bei der Beurteilung von Landsorten wird endlich mit Rücksicht darauf, daß dieselben keine einheitlichen Sorten, sondern ein Gemisch von Formen darstellen, die Forderung nach Sortenreinheit lange nicht in dem Maße erhoben werden können, wie bei Zuchtsorten oder beim Nachbau von Originalsorten.

Der Schwerpunkt der Beurteilung wird bei den Landsorten auf die Gleichmäßigkeit im Wuchs der Pflanzen und auf möglichst gleichmäßige Reife gelegt werden, die wieder einen Schluß zulassen auf die größtmöglichste Sortenreinheit bezw. darauf, daß wenigstens bei der Hauptmasse der Pflanzenindividuen der Typus der Landsorte vorherrscht. Weiters wird auf eine mittlere Bestockung zu sehen sein, die als eine sehr wertvolle Eigenschaft unserer Landsorten anzusprechen ist. Endlich spielt auch die größtmöglichste Lagerwiderstandsfähigkeit und die Ausbildung der Fruchtstände eine sehr bedeutende Rolle. Beim Roggen wird man zum Beispiel einen möglichst vierzeiligen Besatz mit sehr geringer Schartigkeit verlangen, bei Gerste nicht allzu lockere Ährchenstellung und bei Weizen die möglichste Fruchtbarkeit der mittleren Blütchen in den Ährchen der unteren Ährchenhälfte. Derartig gute Bestände werden zumeist das Produkt einer guten Bodenbearbeitung, einer zusagenden Fruchtfolge, eines sorgfältigen Anbaues, der Verwendung von schweren und rationell sortierten Saatgutes, nicht zu dichter Saat, zum Teil einer sonnigen freien Lage des Grundstückes — also kurz eines sorgfältigen Saatgutbaues — sein.

Da es bekannt ist, daß ein kräftiger Pflanzenbestand mit gut ausgebildeten Ähren im Nachbau wieder einen kräftigen Bestand liefert, so wird durch eine rationell durchgeführte Saatgutanerkennung im Anbaugebiete der Landsorte dadurch, daß eine engere Wahl unter den Wirtschaften selbst getroffen wird, auf denen die Sorte besser steht und in den einzelnen Wirtschaften selbst wieder unter den verschiedenen Feldschlägen eine einfache züchterische Auswahl betrieben wird, eine schrittweise Verbesserung der Landsorte in einer Gegend erzielt.

Außer der Forderung nach Ausgeglichenheit, Arten- und Sortenreinheit bildet einen weiteren Gegenstand der Feldbesichtigung die Reinheit von Unkräutern und es wird dabei auf jene Unkräuter das Augenmerk zu richten sein, deren Samen beim Drusch in das Saatgut gelangen. Möglichste oder selbst vollständige Unkrautfreiheit wird bei jenen Unkrautsamen gefordert werden müssen, die durch Putzen nur sehr schwer oder gar nicht aus dem Saatgute entfernt werden können. Hieher gehören: Die Roggentrespe (*Bromus secalinus*), Taumelloch (*Lolium temulentum*), der Flughafer (*Avena fatua*), weiters die Kornrade (*Agrostemma Githago*), der Klappertopf *(Rhinantus mayor)*, die rauhhaarige Wicke und viele andere.

Beim Auftreten von Hederich ist darauf zu sehen, ob es sich um den Ackerrettich oder Ackersenf handelt und es wird absolute Unkrautfreiheit nur bei ersterem verlangt werden müssen, weil dessen Fruchtglieder so groß sind, daß sie durch Putzung nicht entfernt werden können. Im allgemeinen wird möglichste Unkrautfreiheit als ein Zeichen einer sorgfältigen Kultur mit Recht gefordert werden. Besonders zu beachten ist auch das geringe Vorkommen von solchen Unkräutern, die die Pflanzen unterdrücken oder späterhin überwuchern, wie zum Beispiel das Flohkraut bei Hafer, ferner das Klebkraut und die Ackerwinde.

Hinsichtlich der Forderung nach Freiheit von Pflanzenkrankheiten kann unter Umständen beim Steinbrand *(Tilletia caries)* absolute Freiheit gefordert werden, da durch Beizen (Siehe Kapitel: Pflege) diese Pilzkrankheit sicher bekämpft werden kann.

Beim Flugbrand wird man bei der Forderung nach Freiheit etwas nachsichtiger sein müssen, immerhin aber auf möglichste Brandfreiheit sein Augenmerk richten und Sorten den Vorzug geben, welche dem Flugbrand weniger unterliegen. Es ist dies besonders bei jenen Sorten der Fall, die rasch abblühen oder deren Befruchtung sich vor dem Öffnen der Blüten vollzieht (manche Gerstensorten) und daher der Blüteninfektion weniger unterliegen.

Rost *(Puccinia)* kann, wenn der Befall stärker ist und zudem durch die wenig freie Lage oder durch geringe Eignung des Grundstückes und durch zu dichte Saat Lagerung bedingt ist, ein Grund sein, die Anerkennung zu verweigern. Ebenso stärkerer Mehltaubefall und Ährenrost, weil das stärkere Auftreten derartiger Pilzkrankheiten bedenkliche Anzeichen sind, daß die Sorte vielleicht für die Verhältnisse weniger paßt und daher Krankheiten leichter unterliegt, mit einem Wort weniger Widerstandsfähigkeit gegen Krankheiten besitzt.

Ein starkes Auftreten von Mutterkorn beim Roggen kann ebenfalls für die Verweigerung der Anerkennung gelten, da dasselbe auf ungleiches Abblühen des Roggens und weiterhin auf ungleiche Reife hinweist. Sehr schlechtes Wetter während der Blütezeit muß s e l b s t v e r s t ä n d l i c h auch hierbei eine Ausnahme machen!

Die Leitsätze des Bundesministeriums für Land- und Forstwirtschaft bestimmen beim Vorkommen besonders gefährlicher Krankheiten, die entweder durch das Saatgut allein oder überwiegend durch dieses verbreitet werden können, das Versagen der Anerkennung. Dies trifft unter allen Umständen beim Weizenflugbrand *(Ustilago tritici)*, beim Gichtkorn *(Tylenchus scandens)* und beim nackten Gerstenbrand *(Ustilago nuda)* zu. Beim Steinbrand *(Tilletia caries)*, gedeckten Gerstenbrand *(Ustilago hordei)*, Haferflugbrand *(Ustilago avena)*, Roggenstenglbrand *(Urocystis occulta)* und bei Mutterkorn dann, wenn der Befall 2% übersteigt.

Rostbefall, starker Meltaubefall, Schwärze und Schneeschimmelverdacht *(Chlorops* und *Thrips)* sind im Besichtigungsprotokoll unter allen Umständen vorzumerken. Bei Feststellung von Schneeschimmel am Saatgut kann die Anerkennung gewährt werden, nur muß der Käufer durch Einlegen eines b l a u e n Zettels im Sack darauf aufmerksam gemacht werden. Bei Brandbefall wird durch Einlegen eines r o t e n Zettels darauf aufmerksam gemacht, daß das Saatgut vor dem Anbau einer Beize zu unterziehen ist.

Der Forderung nach Ausschluß von Fremdbefruchtung ist dadurch Rechnung getragen, daß die Saatgutfelder von anderen Feldern, welche die gleiche Fruchtart tragen (Roggen) möglichst weit, und zwar zirka 400 m davon entfernt liegen oder mit d e m g l e i c h e n v e r e d e l t e n S a a t g u t bebaut sein müssen. Eine weitere wichtige Frage bildet endlich die Benennung der Sorte. Es darf die Bezeichnung „Originalzuchtsorte" nur dann geführt werden, wenn bei der Sorte der züchterische Nachweis erbracht wird. Nach den schon erwähnten Leitsätzen des Bundesministeriums für Land- und Forstwirtschaft, die für uns in Österreich maßgebend sind, ist Originalsaatgut von Zuchtformen die Ernte solcher Bestände, die — bei Individual- (Stammes) Auslese, mit Fortsetzung der Auslese — auf die Samen von Pflanzen zurückzuführen sind, die vom Züchter ausgelesen wurden. (Auslesesaatgut).

Die Vervielfältigung dieses Saatgutes muß entweder auf den eigenen Flächen oder auf vom Züchter überwachten Vermehrungsstellen so weit vorgeschritten sein, daß das zum Verkaufe gelangende Saatgut von dieser Züchtung herstammt. Mit dem Zuchtnachweis sind gleichzeitig Erhebungen über die Dauer des Bestandes des Zuchtbetriebes sowie über die Eignung der Wirtschaft für den Zuchtbetrieb zu pflegen. Weiters sind die erforderlichen Einrichtungen, wie Zuchtgärten, Vermehrungsfelder, Arbeitsräume etc, zu besichtigen und in die Zuchtbücher Einblick zu nehmen. Bei Zuchtsorten, die in das Zuchtbuch der österreichischen Gesellschaft für Pflanzenzüchtung eingetragen sind, beschränkt sich die Saatenanerkennung nur auf die Besichtigung der Saatgutbestände.

Die Zuchtbucheintragung berechtigt den Züchter, die Schutzmarke der österreichischen Gesellschaft für Pflanzenzüchtung in Wien, auf der die richtige Sortenbezeichnung angeführt ist, auf den Säcken als Etikette anzubringen und auch auf Anpreisungen zu führen. (Abb. 13.)

Ein Weiterbau einer Zuchtsorte an einer anderen Stelle, der ohne Kontrolle des Züchters stattfindet, darf nur die Bezeichnung „Nachbau" führen und zwar: erster, zweiter Nachbau, je nachdem, ob ein oder zwei Nachbaujahre vorliegen. Bei Landsorten darf grundsätzlich nur dann die Originalbezeichnung geführt werden, wenn die Sorte in ihrem Anbau-

Abb. 13. Schutzmarke für Sorten, die in das Zuchtbuch der österreichischen Gesellschaft für Pflanzenzüchtung eingetragen sind

gebiete erwachsen ist und wenn sie im Habitus (äußerer Gestalt) und Korncharakter der typischen Kulturform der Landsorte angehört. Beim Weiterbau einer Landsorte außerhalb des Anbaugebietes hat ebenfalls die Zusatzbezeichnung „Nachbau" einzutreten.

Die Besichtigung selbst beginnt mit einem Rundgang um das Feld, der die Lage des Feldes zu anderen Feldern erkennen läßt. Daran schließt sich eine Durchwanderung des Feldes zum Zwecke der vorhin geschilderten Erhebungen. Sodann erfolgt eine Besichtigung der Wirtschaft zur Feststellung aller Vorkehrungen, welche der rationellen Saatguterzeugung dienen. (Schüttboden, Maschinen etc.) Nach vollzogener Ernte und Reinigung findet dann noch eine Beurteilung des Saatgutes nach einer eingesandten Probe statt, bei welcher Gelegenheit auch die Menge des von den anerkannten Feldern erzielten und abzugebenden Verkaufssaatgutes bekannt zu geben ist. Die Beurteilung dieser Probe erstreckt sich auf gewisse subjektive Eigenschaften, wie Farbe, Geruch, Verletzung der Körner, Gesamteindruck, Kornform und Gleichmäßigkeit des Kornes, auf den Gesundheitszustand, ferner auf gewisse objektive Werteigenschaften, wie Hektolitergewicht, absolutes Gewicht, Spelzenanteil, Mehligkeit, Glasigkeit, Verunreinigungen, welche die Qualität der Ware als Konsumware bestimmen und in Untersuchungen auf den Wert der Ware als Saatgut, wie Keimfähigkeit, Keimungsenergie, Art der Verunreinigung, Sortenechtheit, Befall von Pilzkrankheiten etc.

Auf Grund der Erhebungen der Feldbesichtigung, der Wirtschaftseinrichtungen und der Eignung des erzielten Produktes für Saatzwecke kann dann die Anerkennung ausgesprochen werden. Im Zusammenhang mit der Saatgutanerkennung sind endlich noch alle jene Maßnahmen von größter Bedeutung, die dazu dienen, dem anerkannten Saatgut möglichste Verbreitung zu sichern und dem Saatgutzüchter oder Saatgutbauer für seine Bemühungen den wohlverdienten Lohn zu gewährleisten. In diesen Belangen wirkt die niederösterreichische Landes-Landwirtschaftskammer speziell dadurch, daß sie, namentlich in Anbetracht der gegenwärtigen Notlage der Landwirtschaft, zu ermäßigten Preise Saatgut an die bäuerlichen Landwirte in großer Menge abgibt, sehr verdienstvoll. Es kann jedenfalls auch als berechtigt angesehen werden, daß von der Saatgutanerkennungsstelle die anerkannten Sorten mit Angabe der Produktionsstelle in offizieller Weise durch die sogenannten Sortenlisten verlautbart werden. Auch wird dem Saatgutproduzenten das Recht eingeräumt, in seinen Saatgutanpreisungen auf die erfolgte Anerkennung hinzuweisen. Bei Lieferung von Saatgut dient als Grundlage die zur Untersuchung eingesandte Probe. Sie hat demnach mustergetreu zu erfolgen. Zur größeren Sicherung wird die Plombierung solchen anerkannten Saatgutes durchgeführt. In Niederösterreich geschieht dies obligatorisch durch die n.-ö. Landes-Landwirtschaftskammer. Selbstverständlich wird trotz aller

Vorsichtsmaßregeln die Saatgutanerkennung bis zu einem gewissen Grade Vertrauenssache bleiben und es muß daher die Möglichkeit bestehen, den Verkäufer von anerkannten Saatgut auch n ö t i g e n f a l l s durch Zwangsmaßregeln oder selbst auch durch hohe Vertragsstrafen und endlich auch durch zeitweise oder dauernde Ausschließung von der Saatenanerkennung zur Einhaltung seiner übernommenen Pflichten anzuhalten.

Es ist gewiß, daß die Saatenanerkennung in der vorstehend geschilderten Form sowohl dem Saatgutzüchter und Saatgutbauer als auch dem Saatgutkäufer ganz wesentliche Vorteile bietet. Dem ersteren, also dem Produzenten, wird dadurch die Möglichkeit geboten, gewisse Eigenschaften der Sorte, welche ihren hohen Anbauwert für gewisse Verhältnisse bestimmen, einer fachlichen und objektiven Prüfung zu unterziehen. Dem Letzteren aber bietet sie den Vorteil, daß ihm durch eine objektive Stelle die größtmöglichsten Bürgschaften für die Herkunft des Saatgutes sowie für gewisse Eigenschaften des Saatgutes gegeben werden, die den Landwirt besonders interessieren und die den größeren oder geringeren Anbauwert einer Sorte bedingen. Eine gut organisierte Saatgutanerkennung kann aber auch dazu führen, den Sortenrummel, der sich bei uns infolge der vielen Anbaugebiete und der dadurch bedingten Schwierigkeiten bei der Sortenwahl eingestellt hat, zu beheben.

Zahlreiche Landwirte, die ein Verständnis für den Sortenbau haben und den Wert leistungsfähiger Sorten einzuschätzen wissen, erproben ein oder die andere Sorte in ihrer Wirtschaft in der Absicht, die für ihre Verhältnisse passendste Sorte zu finden. Diese Landwirte sind es zumeist, welche neben unseren Züchtern ihre Sorten zur Anerkennug stellen. Die Saatenanerkennung hat es daher jährlich mit einer großen Anzahl von Sorten in jedem Anbaugebiete zu tun. Diese stehen untereinander und vielfach auch noch mit den Landsorten in Konkurrenz. Letztere mit ihren unter dem Einflusse des im Anbaugebiete vorherrschenden Klimas ausgebildeten äußeren *(morphologischen)* Baue und gewissen inneren *(physiologischen)* Eigenschaften, die zusammen ihre vollständige Anpassung verbürgen, bilden nun ein sehr wertvolles Vergleichsobjekt für die Beurteilung der Sorten bei der Saatenanerkennung.

Sie spielen bei dem großen Sortenbau, der sich im Anbaugebiete abwickelt, gewissermaßen dieselbe Rolle, die bei den vergleichenden Anbauversuchen der Standardsorte zukommt. Eine größere oder geringere Abweichung von dem charakteristischen Baue *(Habitus)* und den inneren Eigenschaften der Landsorten werden schon in vielen Fällen die bessere oder mindergute Eignung einer Sorte erweisen und namentlich zur Abkehr von Sorten des Seeklimas und selbst von den meisten deutschen Sorten führen. Wenn dann noch die Beurteilung einer Sorte vom betriebswirtschaftlichen Standpunkte aus, namentlich hinsichtlich der Reifezeit in Beziehung zur Aufeinanderfolge der Ernte der Getreidearten hinzukommt, so werden sich in einer Reihe von Anerkennungsjahren Sorten feststellen lassen, die einen umfassenden Anbauwert haben und sowohl wegen ihrer größeren als auch sicheren Erträge die Grundlagen für den einheitlichen Sortenbau bilden. Hiebei spielen die Ansprüche an Boden und Klima und die Intensität des Betriebes eine bedeutende Rolle. Solche Sorten können dann auch für g a n z b e s t i m m t e andere Anbaugebiete zum S a m e n w e c h s e l empfohlen werden.

Es ist nun selbstverständlich, daß die bei der Saatenanerkennung übliche einmalige Besichtigung eines Getreidebestandes für diesen Zweck nicht ausreicht. Aber es bestünde gewiß die Möglichkeit, daß ein oder das andere Mitglied der Saatgutanerkenungskommission in ihren engeren Bezirken während der Vegetationszeit Erhebungen pflegt und gewisse Beobachtungen (Schoßen, Blütezeit) selbst macht oder die Angaben der Züchter oder Saatgutbauer überprüfen könnte. Wir denken hiebei an die Bezirkskammer-Sekretäre oder Bezirkslandwirte, wie sie bei einzelnen landwirtschaftlichen Hauptkorporationen (Nieder- und Oberösterreich) im Rahmen des landwirtschaftlichen Förderungsdienstes geschaffen wurden und die der Saatgutanerkennungskommission angehören. Es ist auch anzunehmen, daß die Züchter an derartige Feststellungen interessiert sind. Sie sollten dann auch der Saatgutanerkennungskommission jene Landwirte bekannt geben, an die sie ihre Sorte geliefert haben. Bei diesen könnten dann während der Vegetationszeit die Beobachtungen durchgeführt und Erhebungen zur Beurteilung des Sortenwertes und der Sortenbeständigkeit gemacht werden.

Die zweckmäßige Ernte

Hat das Getreide seine Blütezeit vorüber, so rückt mit zunehmender Entwicklung des Kornes die Zeit der Ernte heran und es ergibt sich die Frage, wann der Schnitt vorgenommen werden soll.

Man unterscheidet im allgemeinen vier Reifestadien und zwar die Milchreife, die Gelbreife, die Vollreife und die Totreife.

Zur Zeit der Milchreife sieht das Feld noch grün aus. Das Korn zeigt einen milchig-weißen, fadenziehenden Inhalt und läßt sich leicht zwischen den Fingern zerdrücken. Zu dieser Zeit wandern noch Stoffe aus der Pflanze in das Korn ein. Wird daher das Getreide in diesem Stadium gemäht, so schrumpft es stark ein und liefert ein schmales, ungleiches Korn. Die Milchreife kommt als Erntestadium überhaupt nicht in Betracht.

Bei der Gelbreife zeigt das Feld schon einen gleichmäßigen gelben Farbenton. Das Korn bricht leicht und scharf über den Fingernagel (Nagelprobe). Der Keimling ist in diesem Stadium bereits voll lebenskräftig und das Korn bedarf nur mehr des völligen Austrocknens. Eine Einwanderung von Stoffen aus der Pflanze in das Korn findet nicht mehr statt und das Innere ist jetzt weich wie Wachs. Die Gelbreife ist mit Ausnahme bei Gerste, der geeigneste Zeitpunkt zum Beginn des Schnittes.

Das nächste Reifestadium ist die Vollreife, bei der sich die Körner nicht mehr über dem Fingernagel brechen, sondern nur mehr biegen lassen und sich leicht aus den Spelzen lösen. Der Eindruck des Feldes ist inzwischen ein ausgesprochenes intensives Gelb geworden. Beißt man das Korn mit den Zähnen auseinander, so sieht man, daß das Innere desselben nunmehr vollständig mehlig oder glasig, oder auch beides gemischt worden ist. Da der Schnitt mit der Gelbreife einsetzt, kommt das später gemähte Getreide immer in die Vollreife. Bei Gerste beginnt man absichtlich im Interesse einer raschen Ernte in der Vollreife zu schneiden.

Würde das Getreide dann noch länger auf dem Felde stehen bleiben, so tritt die Frucht in das Stadium der Totreife. Durch Wind, Regen und die Sonne erhält das Stroh dann eine graue, fahle Farbe, das Korn sitzt nur mehr locker in den Spelzen und fällt beim Schnitt sehr leicht aus (Ausreisen).

Ist der richtige Zeitpunkt der Reife des Kornes eingetreten, so setzt man mit dem Schnitt ein. Dieser erfolgt entweder mit der Sichel oder Sense oder mit der Mähmaschine.

Die Handarbeit mit der Sense ist und bleibt für weite Gegenden Österreichs, die wichtigste Mäharbeit.

Beim Sensenschnitt unterscheidet man das Mähen in Schwaden und das Anhauen. Das Schwadenmähen ist bei Gerste und kürzerem Hafer, das Anhauen dagegen bei den Winterungen und auch bei längeren Hafer, sowie Sommerweizen und Sommerroggen gebräuchlich. Beim Schwadenmähen wird das abgeschnittene Getreide zur Linken des Mähers in Schwaden auf den Boden gelegt. Die Sense ist in diesem Falle mit einem eigenen Raffgestell, manchmal auch nur mit einer gebogenen Rute versehen. Erst nach dem vollständigen Abtrocknen werden die Schwaden mit Sicheln aufgehoben, auf Garbenbänder gelegt und gebunden. Beim Anhauen hingegen wird kein Gestell verwendet. Die Mahd wird an das zur Linken des Mähers stehende Getreide angelehnt und von einer nachfolgenden Arbeiterin abgerafft und auf vorher bereitgelegte Garbenbänder aufgelegt.

Die Sichel hat bei uns nur eine beschränkte Anwendung. Die Arbeit mit ihr hat den Vorteil, daß sie auch von schwachen Personen ausgeführt werden kann. Das geschnittene Getreide wird sodann in kleinen Garben abgebunden und gewöhnlich auf Reitern aufgehiefelt. Diese kleinen Garben sind nur in Gegenden mit reichlichen Niederschlägen am Platze, weil größere Garben nicht so rasch austrocknen. Die Sichel ist das Werkzeug des kleinen Bauern im Gebirge, wo der Getreidebau nur einen Nebenzweig der Wirtschaft darstellt. Auch beim Mähen mit der Sense wird das angehauene Getreide meist mit der Sichel weggenommen.

In größeren Wirtschaften kommt das Schneiden mit der Maschine in Verwendung. Bei den heutigen schwierigen Arbeiterverhältnissen wird es in den meisten größeren Wirtschaften angezeigt sein, trotz der hohen Maschinenpreise die Mähmaschinenarbeit in möglichst ausgedehnter Weise heranzuziehen, weil man sich dadurch von den gerade in der Erntezeit so schwer erreichbaren Arbeitskräften unabhängiger macht. Vorbedingung für ihre gute Ausnützung ist allerdings ein verläßlicher, mit der Maschine gut vertrauter Kutscher und eine entsprechende Behandlung der Maschine. Die Maschinenarbeit wird durch eine möglichste Ebenheit und Größe der Felder, sowie durch lagerfeste Getreidesorten sehr begünstigt. Lagert das Getreide, so wird man allerdings oft nur auf einer oder zwei Seiten arbeiten können und zwar entgegengesetzt

der Lagerrichtung. Hat es ein Gewittersturm jedoch ganz und
gar durcheinander gewirbelt, so daß es nach verschiedenen
Richtungen hin zu liegen kommt, dann kann die Maschinenarbeit allerdings nicht zur Anwendung kommen. Bevor man
mit der Maschine zu mähen beginnt, wird rings um das Feld
zuerst ein der Breite der Maschine entsprechender Streifen,
mit der Sense ausgemäht, worauf dann die Maschine der Figur
des Feldes entsprechend herumfährt und die Arbeit bis zum
Niederlegen des letzten Streifen fortsetzt.

In der Wirtschaft sollen immer die notwendigsten Re-
servebestandteile für die Mähmaschine vorhanden sein, damit
in der Arbeit keine größeren Stockungen eintreten. Um die

Abb. 14.* Hutmandeln, Teil eines Edelhofer Saatgutfeldes

Flächenleistung zu steigern, kann man einen Wechsel der Be-
züge einführen, so daß ein Paar Pferde nur halbtägig in der
Maschine geht. Unbedingt erforderlich ist dies bei den gar-
benbindenden Maschinen, die das abgemähte Getreide gleich
durch eine sinnreich konstruierte Vorrichtung zu Garben bin-
det und seitlich ablegt. Sie leisten namentlich bei der Gersten-
ernte vorzügliche Arbeit und wirken sehr arbeitssparend. Da
sie jedoch eine stärkere Zugkraft beanspruchen, werden auch
mitunter drei Pferde gleichzeitig hiezu eingespannt.

Unmittelbar nach dem Garbenbinden findet das Aufstellen derselben für die Nachreife statt. Je nach der Getreideart, der Gegend und der Witterung sind verschiedene Methoden
üblich. Die wichtigsten sind:

Das Hutmandel oder die Getreidepuppe.
Es besteht in der Regel aus neun Garben und einer zehnten

als Hut darüber. Vor dem Aufsetzen des Hutes wird das Garbenband ein wenig gegen das Halmende zurückgeschoben, das Ährenende mit der Hand in zwei Teile auseinandergezogen, auf das stehende Mandel aufgesetzt und zum Schluß um das Mandel herum gleichmäßig verteilt, mitunter auch etwas befestigt. Schon beim Aufstellen der Mandeln wird immer eine besonders schöne und stärkere Garbe als Hut zur Seite gelegt und dieser dann von geübten Leuten aufgesetzt. Die Hutmandeln sind sehr fest, jedoch der Durchlüftung weniger zugänglich, weshalb die Nachreife in diesen etwas langsamer erfolgt; sie dauert gewöhnlich acht bis vierzehn Tage. Der größte Vorteil der Hutmandeln ist, daß sie das Getreide am besten gegen Regen und Hagel schützen und daß bei längerer Verzögerung der Einfuhr das Getreide trotzdem meist ohne besonderen Schaden untergebracht wird. Wenn sie jedoch bei anhaltendem Regen oder bei starkem Gewitterregen durch und durch naß werden, so müssen die Hüte bei Eintritt schönen Wetters herabgenommen werden, weil sonst das Getreide unter dem Hute dunstet und leicht auswächst. Durch starke Stürme, wie solche um diese Zeit beim Aufsteigen von Gewittern nicht selten sind, werden sie oft auseinander geworfen und das Wiederaufrichten erfordert dann eine bedeutende Arbeit und außerdem ist dabei gewöhnlich mit einem Körnerverlust durch Ausfall zu rechnen.

Das ungedeckte Mandel oder die ungedeckte Puppe, auch Deckel genannt.

Es bietet weitaus geringere Sicherheit gegen Regen und besonders gegen Hagel. Bei günstigem Erntewetter erfüllen sie ihren Zweck vollkommen und haben besonders den Vorteil, daß Luft und Licht von allen Seiten zugänglich ist und nach Regen ein rasches Austrocknen erfolgt. Das ungedeckte Mandel besteht gewöhnlich aus neun Garben (Roggen, Hafer).

Die Stiegen, Kapellen oder Zeilen. Sie entstehen dadurch, daß die Garben mit den Ährenenden so gegeneinandergestellt werden, daß das Ganze einem Satteldach gleicht. Am Anfang und am Ende einer Zeile wird je eine starke Garbe als Stütze verwendet. Gewöhnlich wird eine stets gleiche Anzahl von Garben in solche Stiegen zusammengestellt, um die Garbenzahl leichter zählen zu können. Sie sind sehr luftig, aber gegen Sturm und Regen weniger fest. Zur Förderung der Nachreife stellt man sie vorteilhaft in der Richtung von Nord nach Süd auf, damit beide Seiten gleich gut ausreifen und trocknen können. (Hafer, Gerste.)

Eine besondere Art sind die sogenannten gedeckten Stiegen oder gedeckten Zeilen. Sie bestehen aus drei Reihen von Garben, die derart gestellt werden, daß in der Mitte eine Reihe besonders standfester Garben aufgestellt wird, an welche man dachsparrenförmig links und rechts eine andere Garbe anlehnt. Diese Zeilen werden so lange gemacht, als sich beim Aufstellen die Garben leicht zusammentragen lassen. Auf die Zeilen werden dann gegen die herrschende Windrichtung zwei Reihen Garben schräg darauf gelegt, wodurch die unteren

Abb. 15.* Kreuzmandeln im Marchfelde

Garben geschützt sind. In Gegenden, wo gewöhnlich besseres Erntewetter herrscht, haben sie sich namentlich bei Weizen, Hafer und auch bei Gerste gut bewährt. Ein großer Vorteil besteht dabei darin, daß das Einführen bedeutend rascher vonstatten geht, weil das Fahren von einem Mandel zum andern wegfällt; außerdem können gleich nach dem Aufmandeln größere Flächen gestürzt werden.

Das Kreuzmandel. Dieses wird in der Weise aufgestellt, daß man vier Garben mit ihren Enden kreuzweise so übereinanderlegt, daß sich die Ährenenden gegenseitig überdecken. Auf diese vier Grundgarben werden wiederum vier Garben gelegt und zwar abermals mit den Ähren nach innen. Das Kreuzmandel besteht gewöhnlich aus 16 Garben und als Abschluß liegen noch zwei, mitunter auch vier Garben über die Mitte des Kreuzes zur Abdeckung. Auf diese Weise trocknen die Halmenden viel rascher ab, als bei anderen Mandeln, wo diese am Boden aufstehen. Besonders vorteilhaft ist dies dann, wenn das Getreide stark mit Unkraut verwachsen, oder wenn Klee in dasselbe eingesät war. Die Kreuzmandel haben wenig durch Wind zu leiden. Bei anhaltendem Regen sind jedoch die unmittelbar mit dem Boden in Berührung kommenden Ährenenden leichter dem Auswachsen ausgesetzt. In sogenannten Mäusejahren werden die unteren Garben auch stark von Mäusen heimgesucht. Die Nachreife erfolgt durch den Luftdurchzug ziemlich rasch. Kreuzmandel werden in Gegenden mit sicherem Erntewetter meistens bei Roggen, Weizen und auch bei Gerste gemacht (Marchfeld, Wienerboden). (Abb. 15.)

Die Kroatenmandel oder Pyramiden. Sie werden hie und da bei Gerste oder Hafer angewendet und entstehen dadurch, daß je vier Garben mit den Ährenenden so gegeneinander gelegt werden, daß sie sich decken. Es liegen daher vier Garben mit den Ährenenden unmittelbar am Boden. In gleicher Weise werden dann drei, ferner 2 und endlich je eine Garbe daraufgelegt. Ist das Mandel gut gemacht, so bildet es eine schöne Pyramide. Die darunter liegenden Garben sind vor Regen geschützt und außerdem leiden diese Mandeln sehr wenig durch Wind.

Das Nachreifen des Getreides auf Schwaden.

Es findet Anwendung bei den kurzhalmigen Sommerungen, insbesonders bei Hafer und Gerste. Diese Methode ist zwar die billigste und schnellste, setzt aber zu ihrem Gelingen ein beständiges Erntewetter voraus. Tritt schlechtes Wetter ein, so ist einerseits durch das mehrmalige Wenden mit einem entsprechenden Körnerverlust zu rechnen und andererseits ist die Gefahr des Auswachsens und Schwarzwerdens eine große. Auch eintretende Hagelgewitter können großen Schaden verursachen.

Im Gebirge werden die Garben in Handvollengröße abgebunden und auf Hiefeln oder Reitern mit den Ähren nach abwärts aufgehängt. Es wird dadurch in diesen niederschlagsreichen Lagen, wo auch die Taubildung oft bis gegen Mittag anhält, ein rasches Abtrocknen und Nachreifen der Körner ermöglicht.

Nach erfolgtem Aufmandeln muß das Getreidefeld mittels eines großen Handrechens oder auf größeren Flächen mit dem Pferderechen gut abgerecht werden, damit die noch herumliegenden Getreidehalme gesammelt werden können. Der so erhaltene

Rechling wird dann auf Haufen zusammengegabelt und zwar in der Reihe der aufgestellten Mandeln. Er dient dann entweder als Unterlage beim Tristenbau oder er kommt in den unteren Teil des Scheuerpansen. Drängt jedoch das Einführen, so wartet man mit dem Rechling auch häufig bis zum Schluß der Ernte, weil das Einführen desselben ziemlich zeitraubend ist. Das aus dem Rechling gedroschene Getreide darf nicht zum Saatgetreide kommen.

Der richtige Zeitpunkt für das Einführen ist dann gekommen, wenn die Ähren und das Stroh im Innern der Garben sich vollkommen trocken anfühlen. Zur Feststellung dieses Zustandes greift man eine Anzahl von Garben in der Mitte an der Stelle an, wo sie gebunden sind. Das Stroh darf dort nicht mehr zäh sein. Zu beachten ist auch, daß die in den Garben eingeschlossenen Unkräuter trocken sind, weil sonst ein Schimmelig- oder Muffigwerden der Garben in der Scheune die Folge ist. Man wird daher an der Regel festhalten, nicht allzufrüh mit dem Einführen zu beginnen und lieber einige Zeit zuzuwarten. Das Aufbewahren des Getreides im Geströh geschieht in vollständig geschlossenen Scheunen oder in Triesten. Die Scheunen bestehen entweder aus massiven Mauern mit darin angebrachten Seitenschlitzen oder aus Bretterwänden mit blos eingebauten gemauerten Stützpfeilern. Sind die Mauern der Scheune aus Stein, so sind sie ständig feucht und das Getreide wird darinnen leicht dumpfig. In solchen Scheunen darf nur ganz trockenes Getreide gelagert werden, weil darin so gut wie kein Luftzug herrscht. Vom Standpunkte der bestmöglichsten Aufbewahrung, muß den Holzscheunen der Vorzug gegeben werden, da sie die Luft durchziehen lassen und eine trockene Aufbewahrung gewährleisten, ja die Getreidegarben darinnen, wie man sagt, noch ausgezogen werden.

Weniger bekannt sind bei uns die Feldscheunen. Sie bestehen blos aus einem von Rundhölzern oder Eckpfeilern getragenem Dache mit nur einer Bretterwand in der Richtung des ärgsten Wetteranpralles. Sie sind billig und in Gegenden mit sicherem Erntewetter sehr zu empfehlen. Ganz besonders sind sie gegenüber den Tristen für Saatzuchtwirtschaften am Platze.

Eine weitere Aufbewahrung des Getreides ist die in Triesten. Sie bilden die übliche Aufbewahrung des Getreides in manchen Gegenden zum Beispiel im Marchfelde; in anderen Gegenden werden sie nur in sehr guten Erntejahren als Notbehelf herangezogen. Zum Bau von Tristen benötigt man mindestens einen sehr geübten Tristenbauer, damit das Innere der Triste vor eindringenden Regen geschützt bleibt.

Der Drusch. In unseren Verhältnissen hat sich neben dem Handdrusch auch der Drusch mit Handdreschmaschinen und Dreschmaschinen mit Kraftantrieb weitgehend eingeführt. Es ist blos eine betriebswirtschaftliche Frage, zu welcher Art des Drusches man sich entschließt. Der Handdrusch wird heutzutage nur mehr in kleinen Betrieben, wo die eigenen Leute zur Verfügung stehen, angewendet; in größeren Betrieben jedoch nur insoweit als man Schabstroh benötigt. Durch das Überhandnehmen der kleinen Explosionsmotore, sowie durch die stets weiterschreitende Elektrifizierung, nimmt der Flegeldrusch auch in den kleineren Betrieben immer mehr und mehr ab. Bei einer Dreschmaschine ist der eigentlich wirksame Teil, welcher die Körner aus der Ähre ausdrischt, die Trommel. Ihre Einstellung muß so reguliert werden, daß das Korn nicht verletzt wird. Eine Verletzung der Samenschale kann den Wert des Kornes als Saatgut sehr bedeutend herabsetzen, da verletzte Körner bei der Aussaat fast immer schimmeln. Sehr gefährlich können verletzte Gerstenkörner auf der Malztenne werden. Am besten wird der Drusch vorgenommen, wenn das Getreide ausgeschwitzt hat. Der Vorgang des Schwitzens findet seine Erklärung darin, daß das Getreide trotz sehr guter Nachreife noch immer eine gewisse Menge Wasser enthält, welches sich erst nach und nach bei der Einlagerung des Getreides im Geströh verliert. Derartiges Getreide zeigt einen Wassergehalt von 12 bis 14%, hat einen gesunden Geruch, einen lebhaften Glanz, ist von guter Keimfähigkeit und vorzüglicher Backfähigkeit. In Gegenden, wo es auf Tristen gestellt wird, erfolgt der Drusch gleich auf dem Felde.

Sehr arbeitssparend wirkt beim Tristenbauen der Strohelevator, der das Stroh direkt auf die Triste befördert und dessen Höhe und Förderrichtung verschieden eingestellt werden kann. Beim Scheunendrusch ist die Strohpresse sehr zu empfehlen, die gleichzeitig mit der Dreschmaschine verbunden wird und mit einem Ballenzähler versehen ist. Sie erspart Arbeitskräfte und hat den großen Vorteil, daß der Strohvorrat genau festgestellt und man aus einer Anzahl von Ballen leicht das Durchschnittsgewicht eines Ballens ermitteln kann. Auf diese Weise kann auch der Strohverbrauch auf das ganze Jahr entsprechend eingeteilt werden; auch nimmt gepreßtes Stroh einen viel kleineren Raum ein. Nach erfolgtem Drusch muß die Dreschmaschine einer gründlichen Reinigung unterzogen werden.

Der Schüttboden, seine Einrichtung und die Behandlung des Getreides auf demselben

Die Lage des Schüttbodens soll so beschaffen sein, daß er leicht zugänglich ist. Für die Beförderung des gedroschenen Getreides in Säcken sollen Vorrichtungen vorhanden sein, die arbeitssparend wirken und vor allem die schwere Arbeit des Säckeschleppens auf das geringste Maß einschränken. Hiezu gehört in erster Linie, wenn der Schüttboden höher gelegen ist, ein guter einfacher Aufzug, der die Säcke in die Höhe bringt. Sind solche Aufzüge elektrisch einzurichten, dann um so besser. Nach Möglichkeit vermeide man aber das heute noch oft übliche Säcketragen über Stiegen und Treppen. Auf dem Schüttboden selbst werden zur Beförderung der Säcke in wagrechter Richtung zweirädrige Sackrodeln verwendet, welche die Arbeit ganz außerordentlich erleichtern. Der Boden auf dem Schüttboden soll keine Fugen und Ritze zeigen. Das Gleiche gilt auch für die Seitenwände und Pfeiler. Die Wände und Bodenflächen sollen alljährlich einer genauen Untersuchung unterzogen und schadhafte Stellen mit Holzkitt verschlossen werden. Dadurch wird von allem Anfang an den Speicherfeinden der Unterschlupf genommen.

Der Boden des Schüttbodens muß auch vollkommen undurchlässig sein, so daß Dunst von darunter liegenden Stallungen absolut nicht durchdringen kann. Betonböden haben wohl den Vorteil, daß keine Fugen vorhanden sind, dagegen aber den Nachteil, daß solche Böden kalt sind, wodurch eintretende feuchte Luft sehr rasch kondensiert wird und bei älteren Betonböden ist das Abbröckeln von sandigen und steinigen Bestandteilen sehr lästig. Auch ist die Staubentwicklung beim Zusammenkehren auf solchen Böden erheblich größer. Vorhandene Fenster müssen mit Drahtnetze gegen Vögel geschützt werden und gut verschließbar sein. Es handelt sich hiebei hauptsächlich um das Abhalten von Sperlingen, Hänflingen, Ammern und Tauben vom Schüttboden. Diese Vögel sind nicht allein durch das Fressen von Körnerfrüchten schädlich, sondern sie verunreinigen auch die Getreidehaufen ganz bedeutend durch ihren Kot.

Sind keine Abteilungswände vorhanden, so wird das Getreide in schön geformte pyramidenstumpfähnliche Haufen gebracht. Sehr vorteilhaft ist es, in der Mitte dieser Haufen eine Etikette zu stecken, auf welcher die Menge des Getreides geschrieben steht. In Saatgutwirtschaften sind auch noch Bemerkungen verschiedener Art auf diesen Etiketten am Platze, um Verwechslungen zu vermeiden. Der besseren Übersicht halber ist ein Mittelgang immer zweckmäßig, so daß das Getreide nach zwei Seiten aufgeschüttet werden kann. Hat man es mit mehreren Sorten einer Getreideart am Schüttboden zu tun, so sind Bretterwände in einer Höhe von zirka $^3/_4$ m sehr zu empfehlen, weil sie ein leichtes Einsacken und Umschaufeln ermöglichen ohne daß Körner in die Nachbarhaufen gelangen. Der Schüttboden soll auch groß genug sein, um einen entsprechenden Arbeitsraum zu haben. Zu den ständigen Geräten am Schüttboden gehören eine Wage und den dazugehörigen Gewichten, die verschiedenen Reinigungsmaschinen,. Schaufeln, Besen, $^1/_2$-Hektolitergefäß und Säcke. Sehr vorteilhaft sind transportable Holzrutschen zum Beladen von Wagen. Sie werden von einer Türe des Schüttbodens direkt auf den Wagen gelegt und darauf die Säcke hinunterrutschen gelassen. Im großen und ganzen kann man sagen, daß ein sauber und in guter Ordnung gehaltener Schüttboden ein gutes Abbild vom Gesamtzustande der Wirtschaft ist. In dieser Richtung wirken bei uns ganz hervorragend erziehlich die Speicheranlagen der landwirtschaftlichen Genossenschaftslagerhäuser. Der Landwirt sieht dort aus eigener Anschauung heraus alle die arbeitsparenden Behelfe und Maschinen, ebenso wie den wohltuenden Eindruck einer strengen Ordnung.

Der Zweck einer sorgsamen Schüttbodenpflege ist es, jene Maßnahmen zu treffen, welche die Frucht während der Einlagerung gesund und trocken macht und weiterhin auch so erhält.

Auf die Frucht am Schüttboden wirken in erster Linie die Luft und die Temperatur ein. Diese beiden Einflüsse mit dem Getreide sachgemäß in Verbindung zu bringen, ist neben der Fernhaltung der Speicherschädlinge die ganze Kunst der Pflege der Frucht auf dem Schüttboden.

Gelangt das gedroschene Getreide auf den Schüttboden, so findet noch immer etwas Abgabe von Wasser und Kohlensäure statt. Dieser Vorgang zeigt sich unter gleichzeitiger starker Erwärmung an. Es darf daher das Getreide nach dem

Drusch nur flach aufgeschüttet und muß wiederholt umgeschaufelt werden, um es gründlich mit Luft in Berührung zu bringen. Dadurch trocknet es weiter aus, es wird, wie man sagt „lufttrocken" gemacht. Es wird hiedurch am besten der Grund für eine haltbare Ware gelegt, denn ein nicht derartig behandeltes Getreide wird leicht muffig und dumpf und läßt sich dann späterhin schwer und nur unter Aufwand von viel Arbeit und Geld zurecht bringen. Nach einigen Wochen kann die Aufschüttung immer höher und höher vorgenommen werden, jedoch geht man gewöhnlich über eine Höhe von einem Meter nicht hinaus.

Bei der Schüttbodenbehandlung des Getreides muß man sich stets die Tatsache vor Augen halten, daß das Korn ein ruhendes Lebewesen ist, somit atmet, das heißt, es nimmt Sauerstoff aus der Luft auf und scheidet Kohlensäure und Wasserdampf aus. Die zwischen den Körnern stockende, mit Kohlensäure gesättigte Luft, beeinflußt, wenn sie nicht durch eine gute Durchlüftung abgeführt wird, in ungünstiger Weise den Geruch des Kornes.

Als Grundsätze und Richtlinien für die Schüttbodenarbeit, namentlich für das Umschaufeln, gelten:

Ist das Getreide und die Schüttbodenluft kälter als die Aussenluft, so wird man den Eintritt warmer Luft zu verhindern suchen. Man schließt dann an warmen Tagen die Fenster und öffnet sie dagegen an kalten Tagen in der Nacht. Warme Luft ist meistenteils auch feucht und beim Zusammentreffen mit der kalten Schüttbodenluft und dem kalten Getreide tritt Kondensation ein, das heißt, es schlägt sich Wasserdunst auf das Getreide nieder. Es ist somit zweckmäßig, die Fenster des Speichers nur dann zu öffnen und das Getreide umzuschaufeln, wenn die Temperatur und die Luftfeuchtigkeit auf dem Schüttboden höher ist, als draußen.

Alte Vorräte sollen zur Blütezeit des Getreides öfters umgeschaufelt werden, den ein altes Sprichwort sagt schon: „Während das Getreide blüht, wird das vorjährige am Schüttboden dumpf".

Man wird somit im Frühjahre und im Herbst, wo die Temperatur und Feuchtigkeitsdifferenzen besonders groß sind, die Fenster nachts eher offen halten können als beim Tage.

Bei Regen und Nebel sind die Schüttbodenfenster selbstverständlich geschlossen zu halten. Bei bedecktem Himmel am

Tage ist das Öffnen der Fenster und das Umarbeiten des Getreides weniger bedenklich als bei sonnigem Wetter.

Endlich wird man auch gut tun, der Mäuse- und eventuell auch der Rattenplage die notwendige Aufmerksamkeit zu schenken.

In geschlossenen Dörfern ist diese Plage gewöhnlich weniger groß als in Einzelgehöften. Sind viele Mäuse auf dem Schüttboden, so zeigt derselbe direkt einen Mausgeruch, den auch das Getreide annimmt. Sonst schaden die Mäuse durch Fressen von Körnern, Verunreinigung der Frucht, Anfressen von Säcken und Ausarbeiten von Löchern in den Mauern.

Als Bekämpfungsmittel sind zu empfehlen: Vorübergehendes, wiederholtes Einsperren einer guten Mauskatze auf dem Schüttboden, Aufstellen von Mausefallen, Auslegen von Barytpillen und Auflegen von Mäusetyphusbazillen. Letztere sind bei der Bundesanstalt für Pflanzenschutz in Wien, II., Trunnerstraße 1, zu bekommen. Der Sendung ist eine genaue Gebrauchsanweisung beigegeben.

Die Bekämpfung der Schüttbodenschädlinge ist im Kapitel „Pflege und so weiter" Seite 74 behandelt.

Getreidezüchtung und Saatgutgewinnung

Die Ausführungen über Getreidezüchtung verfolgen nicht den Zweck, als Leitfaden für Getreidezüchtung zu dienen, sondern sie stellen sich nur die Aufgabe, durch eine kurze Darstellung der Geschichte der Getreidezüchtung in Österreich und durch Schilderung des Zuchtverfahrens das Verständnis über den Wert und den Zweck der Züchtung zu heben. Hiezu ist es natürlich auch notwendig, eine kurze Schilderung der Züchtungsverfahren und der großen Anforderungen, die an einen Zuchtbetrieb gestellt werden, zu geben.

Als im letzten Viertel des vorigen Jahrhundertes sowohl der deutschen, als auch der schwedischen und englischen Landwirtschaft durch die dort aufs intensivste betriebene Getreidezüchtung ganz erheblich ertragsreiche Sorten an die Hand gegeben wurden, regte sich auch bei uns in Österreich der Wunsch, solche ertragsreiche Sorten zu erhalten. Bei den vielfachen Wechselbeziehungen, welche speziell die österreichische Landwirtschaft mit der deutschen verband, griff man zu dem naheliegenden Mittel und versuchte, die deutschen Sorten bei uns einzuführen in der Hoffnung, einige passende Sorten zu finden, die an Stelle unserer einheimischen Landsorten, mit deren Ertrag man nicht zufrieden war, gesetzt werden sollten. Wie die früher erwähnten Anbauversuche ergaben, konnte jedoch ihre Einbürgerung nicht allgemein empfohlen werden, sondern sie beschränkte sich nur auf die Einbürgerung einzelner Sorten in besonders günstigen Lagen. Es bestand somit nur geringe Möglichkeit, uns die deutsche Pflanzenzüchtung durch Einführung ihrer Sorten nach Österreich in größerem Maße zunutze zu machen. Hingegen fanden unsere Landsorten auf Grund dieser Versuche infolge ihrer Frühreife und Wasserökonomie, die von Dr. v. P r o s k o w e t z als höchst wertvolle Eigenschaften erkannt wurden, ferner wegen ihrer guten Qualität, eine höhere Einschätzung und volle Beachtung.

Im Jahre 1890 traten nun die beiden verdienstvollen österreichischen Forscher Dr. v. P r o s k o w e t z und Prof. Dr. F. S c h i n d l e r beim internationalen Kongreß in ihren vorzüglichen Referaten „Welches Wertverhältnis besteht zwischen Landrassen und den sogenannten Zuchtrassen" für die Landsortenveredlung ein. In der Tat wurde diese von Österreich ausgehende Idee der Landsortenzüchtung zuerst in Österreich verwirklicht. Der Nestor unserer österreichischen Züchter Dr. v. P r o s k o w e t z, erkannte speziell in der Hannagerste eine Landrasse von vorzüglichen Qualitätseigenschaften, großer Frühreife, weitgehender Wasserökonomie und hinsichtlich ihres Anbauwertes einen solchen von sehr umfassendem Charakter.

Er schuf in der Folge die Hanna-Pedrigreegerste, die sich alsbald in Österreich und auch in Deutschland eines großen Rufes erfreute. In Böhmen nahm N o l c die Veredlung der böhmischen Gerste in die Hand und schuf die vorzüglichen Sorten „Nolc Allerfrüheste" „Moravia" und „Bohemia".

Eine weitere Ausgestaltung der Landsortenzüchtung fand aber nicht statt, so wünschenswert dieselbe gerade für uns gewesen wäre, wo die vielen Anbaugebiete mit den dort vorkommenden oft vorzüglichen Landsorten die Grundlage der Produktion bilden. In einem Vortrage, den P a m m e r bei der Generalversammlung der k. k. Landwirtschaftsgesellschaft in Wien im Jahre 1902 hielt, wurde die Frage der Landsortenzüchtung wieder aufgerollt und es kam alsbald in Niederösterreich mit Unterstützung des damaligen k. k. Ackerbauministeriums unter Führung der Abteilung für Getreidezüchtung an der k. k. Samenkontrollstation, mit deren Leitung P a m m e r betraut wurde, zur Errichtung von Getreidezuchtstellen durch die damalige k. k. Landwirtschaftsgesellschaft und später durch den n. ö. Landeskulturrat bezw. der n. ö. Landes-Landwirtschaftskammer. Auch in Oberösterreich, Salzburg, Steiermark, Kärnten, Tirol und Böhmen wurden solche Zuchtstellen errichtet. Daneben entstanden auch einige private Züchtungen, (Loosdorf, Protivin, Postelberg), welchen die Abteilung für Getreidezüchtung durch viele Jahre mit Rat und Tat an die Hand gegangen ist.

An diesen Zuchtstellen wurden nun eine Reihe von Landsorten unserer Getreidearten, die sich im Samenwechsel eines guten Rufes erfreuten, der Züchtung unterworfen. Die Steigerung ihrer Leistungsfähigkeit war der Hauptzweck und er konnte erreicht werden, wenn die Züchtung vor allem die Behebung der auffallendsten Fehler und Mängel der Landsorten, die ihre geringe Leistungsfähigkeit bedingen, ins Auge faßte. Die Möglichkeit hiezu boten unsere Landsorten insoferne, als sie ein Gemisch von Formen, auch elementare Arten oder Linien genannt, darstellen, die sich zum Teil als wirtschaftlich wertvoll, zum Teil infolge ihrer Fehler als wirtschaftlich sehr minderwertig erwiesen.

Die Fehler und Mängel, welche unsere Landsorten aufweisen, sind mannigfacher Art. Ein Hauptfehler ist vor allem die Schwachhalmigkeit und damit im Zusammenhang stehend ihre Neigung zur Lagerung; die Lagerung hat aber zumeist ein gedrücktes und schmales Korn zur Folge und begünstigt außerdem die Ausbreitung von Pflanzenkrankheiten (Rost usw.).

Ein anderer unangenehmer Fehler unserer Landsorten ist ihre ungleiche Reife. Diese hängt damit zusammen, daß sie keinen einheitlichen Ährentypus aufweisen. Bei näherer Betrachtung eines Getreidefeldes treten uns eine Unzahl von Typen entgegen. Bei der Gerste zum Beispiel begegnen wir zweizeilige nickende und aufrechte Ähren (vergl. Abb. 31), bei weiterer Untersuchung die α-, β-, γ-, und δ-Typen nach Atterberg, ferner 4 oder 6 zeilige Typen (vergl. Abb. 32), beim Weizen wieder begrannte (Bart- und Grannenweizen) (vergl. Abb. 29) und unbegrannten Kolbenweizen (vergl. Abb. 30), mit rot- und weißspelzigen Ähren, endlich beim Hafer verschiedene Rispenformen und zwar den Schlaff- (vergl. Abb. 34), Weit- (vergl. Abb. 35) und Steif- (vergl. Abb. 36) rispentypus. Die größte Mannigfaltigkeit hinsichtlich des Ährentypus zeigt aber der Landroggen. Wir finden dort Ähren mit lockerem (vergl. Abb. 27), mit mitteldichtem (vergl. Abb. 26) und mit dichtem Ährenbau (vergl. Abb. 24), dann wieder solche mit mehr offener Kornlage (vergl. Abb. 28) und solche mit geschlossener Kornlage. We n i g e R o g - gen weisen in den Feldbeständen einen vollen, sogenannten vierzeiligen Besatz bei ihren Ähren auf, wie in den vorstehenden zitierten Abbildungen ersichtlich ist; sie sind vielmehr schlecht besetzt, also schartig (vergl. Abb. 20). Mit diesen Formen oder Typen steht oftmals die frühere oder spätere Reife, dann der Korncharakter hinsichtlich Form und

Abb. 16.* Auslegen der Elitekörner nach Stammbuchnummern im Edelhofer Zuchtgarten

Güte und wie P a m m e r bei den Veredlungszüchtungen in Niederösterreich mit Roggen nachgewiesen hat, auch der größere oder mindere Ertrag im Zusammenhang. Eine derartige ungleiche Reife erschwert aber die Bestimmung des Zeitpunktes des Schnittes; schneidet man früh, so erhält man eine schlechte Qualität durch die spätreifen Pflanzen, schneidet man spät, so ergeben sich Verluste durch Samenausfall. Ein solcher Feldbestand zeigt aber auch eine weitere Mannigfaltigkeit, wenn wir eine einzelne Pflanze (das Individuum) in Betracht ziehen. Wir finden in demselben Pflanzen mit steifen und elastischen und schwachen Halmen, ferner Individuen, die von Pflanzenkrankheiten befallen sind und solche, die wider-

standsfähig oder fast immun sind. Endlich gibt es auch solche
unter ihnen, die stark oder schwach bestockt sind, sowie Individuen mit gleichmäßiger Halm- und Ährenentwicklung (vergl.
Abb. 25 u. 33) und solche mit vielen Nachtrieben usw. Diese
Mannigfaltigkeit der Formen bezw. Individuen in einem Feldbestande bildet den Ausgangspunkt für die Züchtung und gibt
die Mittel zur Behebung der Fehler in die Hand. Der Vorgang
der Züchtung besteht nun dem Prinzipe nach darin, daß aus
dem Feldbestande Pflanzen ausgewählt werden, welche diese
Fehler nicht haben, dagegen die gewünschten Eigenschaften

Abb. 17.* Edelhofer Zuchtgarten. Links Individualanzuchten
des Roggens, rechts Individualanzuchten des Hafers
gegen die Reifezeit

aufweisen. Diese Pflanzen sind nun auf die Vererblichkeit
ihrer Eigenschaften zu prüfen. Für diesen Zweck eignet sich
die Individualzüchtung, bei der die Kornmenge einer jeden
Zuchtpflanze, separat auf je einer Parzelle im Zuchtgarten
(siehe Abb. 16), unter gleichem Verband und versehen mit
sogenannte Mantelpflanzen, um Randpflanzen bezw. Stand-
ortsmodifikationen zu vermeiden, angebaut wird. Die Nachkommenschaft einer jeden solchen Pflanze bildet eine sogenannte r e i n e L i n i e und es stehen somit im Zuchtgarten
(siehe Abb. 17) im ersten Jahre ebensoviele Linien in Konkurrenz, als Feldauslesepflanzen vorliegen. Grundsatz bei Beginn der Züchtung soll sein, daß eine möglichst große Zahl

von Feldauslesepflanzen in Anzucht gebracht wird, um ein zutreffendes Bild über den Formenreichtum der betreffenden Landsorte zu erhalten und um auch jene Individuen fassen zu können, die vielleicht im Kampfe ums Dasein nur in der Minderzahl vertreten, aber vielleicht sehr wertvoll sind. Dieser Separatanbau ermöglicht nun die Feststellung der Vererbung von gewissen morphologischen Eigenschaften, wie: Ährentypus, Blatt- und Halmbeschaffenheit etc. der Auslesepflanzen in der erwachsenen Nachkommenschaft (der Linie) und weiterhin die Feststellung gewisser physiologischer Eigenschaften, wie frühe oder späte Schoßung und Reife, Empfänglichkeit für Pflanzenkrankheiten (z. B. Rost) und Kornqualität etc. Diese vergleichende Beobachtung führt schon in der ersten Zuchtgartengeneration von solchen Feldauslesepflanzen zur Ausscheidung von minderwertigen, bezw. minder leistungsfähigen oder wenig geeigneten Linien. Von Wichtigkeit ist es nun, über die weitere Vererbung der Eigenschaften bei jenen Linien, die im ersten Zuchtjahre nicht zur Ausscheidung gelangten, Aufschluß zu erhalten. Diesem Zweck dient die Fortzucht in weiteren Zuchtgartengenerationen. Sie geschieht nach dem Prinzip der Stammbaumzüchtung durch Entnahme von mehreren Auslesepflanzen aus jeder beibehaltenen Nachkommenschaft, die wieder in der üblichen Weise im Zuchtgarten zum Anbau kommen. Auf Grund dieser Nachkommenschaftsbeurteilungen erlangen im Laufe der Jahre bessere Ausgangslinien oder Stämme, wie wir sie auch nennen, das Übergewicht. Sie sind im Zuchtgarten naturgemäß durch eine größere Zahl von Individualanzuchten vertreten, es drängen somit automatisch die besten Linien bezw. Stämme vor, während minderwertige Linien oder Stämme ausscheiden. Selbstverständlich ist zur Feststellung der Vererbungsverhältnisse in den einzelnen aufeinanderfolgenden Jahren die Durchführung eines Abstammungsnachweises notwendig.

Für Zwecke der Landsortenveredlung hat nun P a m m e r ein einfaches Zuchtregister zusammengestellt, das im wesentlichen darin besteht, daß jährlich sogenannte Stammblätter angelegt werden, die eine übersichtliche Zusammenfassung der Zuchtjahre bis zum Ausgangsjahr hinauf gestatten. Die nachfolgende Darstellung soll den Vorgang der Stammbaumbildung bezw. Formentrennung bei der Individualzüchtung veranschaulichen (siehe Abb. 18).

Das erste Jahr stellt die Anzucht von 11 dem Feldbestande entnommenen Pflanzen dar (Feldauslese). Die Nach-

kommen (Linien) der einzelnen Pflanzen I, V, VII, und XI
erwiesen sich als minderleistungsfähig und wurden von der
Nachzucht ausgeschieden.

Das zweite Jahr stellt die Neuanzucht der aus den beibehaltenen Linien II, III, IV, VI, VIII, IX und X entnommen Zuchtpflanzen dar, wobei in unserem Falle vom Stamme
II, III und IV je drei, vom Stamme VI vier, vom Stamme
VIII und X je zwei und vom Stamme IX drei Individualzuchten
angelegt wurden. Es stehen somit in diesen Jahren sowohl die

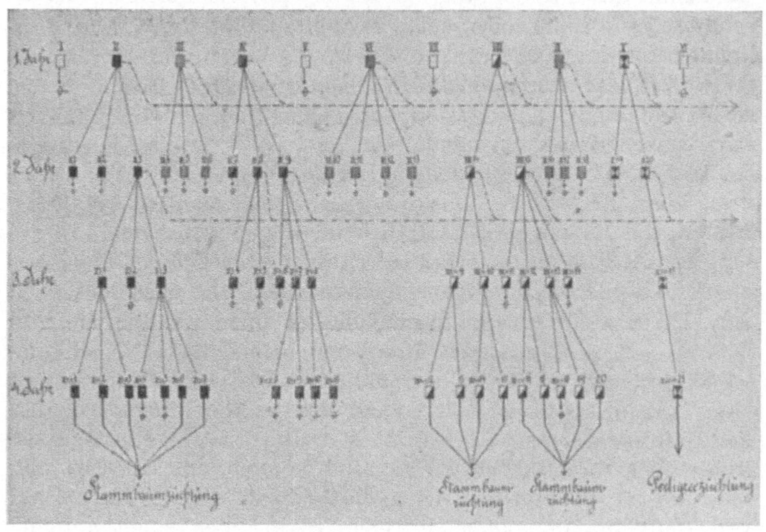

Abb. 18. Schema der Individualzüchtung mit Stammbaumnachweis

Stämme untereinander, als auch innerhalb der Stämme die neuen
Nachkommenschaften (Linien) in Konkurrenz. Dieser Kon-
kurrenzbau bewirkt die vollständige Ausscheidung der Stämme
III, VI und IX wegen geringer Leistung ihrer Linien und
innerhalb der beibehaltenen Stämme wieder die Ausscheidung
von jenen (in Abb. mit 0 bezeichneten) Linien, welche in
ihren Leistungen nicht entsprachen. Es verblieben daher nur
mehr die Linien II_3 $IV_{8,9}$ $VIII_{14,15}$ und X_{20}.

Das dritte Jahr bringt somit nur die Anzucht nach diesen Linien, die vier Stämmen mit Beziehung auf die Ausgangspflanzen angehören (Ausgangslinien).

Das vierte Jahr bewirkt endlich die Ausscheidung des
Stammes IV. Der vierjährige Zuchtbetrieb hatte also zur Folge,

daß von den aus den elf Ausgangspflanzen sich ergebenden Stämmen im ganzen acht von der Nachzucht ausgeschaltet werden mußten und nur mehr die Stämme II, VIII und X zur Weiterzucht beibehalten werden konnten.

Wie aus der schematischen Darstellung hervorgeht, wird vor allem durch die Individualzüchtung die bei der Landsortenzüchtung notwendige Formentrennung, innerhalb der Formen aber eine fortgesetzte Veredlungszüchtung ausgeführt. Dies

Abb. 19. A II-Generation, das ist zweite Feldvermehrung von Orig. Pammer-Ranningers Edelhofer Winterroggen (Zusammengelegte Stämme)

geschieht in der Weise, daß alljährlich aus den besten, das heißt zuchttauglichst befundenen Nachkommenschaften einige Pflanzen mit sehr guten Eigenschaften (Primapflanzen) ausgewählt und wieder im Zuchtgarten zum Anbau gelangen.

Die Ernte von den Nachkommenschaften jedes Stammes — das Auslesesaatgut — kommt dann auf getrennten Parzellen zur Vermehrung, also gewissermaßen zu einem vergleichenden Anbauversuch, der nun eine Beurteilung der Leistungsfähigkeit der Stämme gestattet. (Leistungsprüfung). Für die weitere Vermehrung zur Erzeugung von Saatgut können dann annähernd gleich leistungsfähige Stämme, insoferne sie im Ährentypus, Reifezeit und sonstigen Eigenschaften nicht von einander abweichen, zusammengelegt werden. Man erhält auf

diese Weise nach Fruwirth einen Formenkreis (siehe
Abb. 19). Bedenken wir, daß der Wert unserer Landsorten,
abgesehen von ihrer Frühreife, in einer gewissen Sicherheit
der Erträge besteht und diese Sicherheit der Erträge gerade
dem Umstande zuzuschreiben ist, daß sich in dem Gemisch
von Formen oder Linien, welches sie darstellen, immer mehrere
finden werden, die je nach dem herrschenden Witterungs-
charakter des Jahres günstige Entwicklungsbedingungen vor-
finden und dadurch die Sicherheit der Erträge verbürgen, so
können sie unter gar keinen Umständen Mißernten zur Folge
haben.

Es wird daher eine Sorte, die sich auf einen Formenkreis mit den darin enthaltenen wertvollen Formen aufbaut,
einen höheren und sichereren Ertrag geben und einen umfas-
senderen Anbauwert aufweisen. Es kann aber auch ein oder
der andere Stamm in aufeinanderfolgenden Feldgenerationen
zur Vermehrung gelangen. Entsprechend der Vervielfältigung
des Saatgutes geschieht diese selbstverständlich von Jahr zu
Jahr auf einer größeren Fläche. In diesem Falle spricht man
von Reinzucht. Solche Reinzuchten haben gewiß in der Lokalität der Zuchtörtlichkeit die höchste Leistung, in Örtlichkeiten
mit etwas abweichenden Verhältnissen ist dies meist schon
nicht mehr der Fall. Reinzuchten dürften jedenfalls einen
weniger umfassenden Anbauwert haben und Zuchtwirtschaften, die sich mit Reinzuchten befassen, arbeiten immer mit
einem sehr großen Risiko. Auch trägt die Reinzucht nur dazu
bei, das Sortenangebot oder den Sortenrummel, der ohnedies
in der Praxis der Landwirtschaft groß genug ist, noch zu
erhöhen.

Die Landsortenzüchtung fußt, wie aus den Ausführungen hervorgeht, auf zwei Züchtungsarten (nach Fruwirth)
und zwar der Züchtung durch Formentrennung (Neuzüch-
tung) und innerhalb der Formenkreise der fortgesetzten Auslese (Veredlungszüchtung). Das vollständige Einhalten des
Ausleseverfahrens, also fortgesetzte Auslese, wie sie in der früher erwähnten schematischen Darstellung zur Anschauung gebracht wurde, ist nur bei Fremdbefruchtern, wie beim Roggen,
notwendig. Es ist dies deshalb erforderlich, weil durch die
alljährlich immer wieder auftretende gegenseitige geschlecht-
liche Beeinflußung Abänderungen (Variationen) und Aufspaltungen auftreten. Durch ein strenges Zuchtziel, namentlich
durch Erfassung des richtigen Ährentypus in Verbindung mit
der Kornform kann bald eine Ausgeglichenheit der Zucht er-

reicht werden. Bei den Selbstbefruchtern (Weizen, Gerste, Hafer) kann von einer jährlichen Auswahl abgesehen werden. Es werden dann die Nachkommenschaften (Linien) der Pflanzen, die sich als gut erweisen, auf getrennte Parzellen im nächsten Jahre und auch den folgenden Jahren vermehrt. Es vollzieht sich also gleichsam ein mehrere Jahre durchlaufender vergleichender Anbauversuch, der zum Schluß zu jenen Linien führt, die am besten sind und zur Saatgutgewinnung kommen.

Nachdem aber gerade bei den Linien von Landsorten das Auftreten von auffallenden Abänderungen (spontane Variationen), die erblichen Charakter haben, beobachtet wurde, so empfiehlt es sich in dem einen oder anderem Jahre von jeder Linie eine Anzucht durch einige ausgewählte Pflanzen vorzunehmen, die dann wieder den Ausgangspunkt für neue Linien oder Stämme zur Feldvermehrung bilden. Auftretende Zweifel über die Konstanz der Linien gaben übrigens in den letzten Jahren häufig Anlaß, auch bei Selbstbefruchtern das gleiche Ausleseverfahren anzuwenden, wie beim Roggen.

Bei der großen Bedeutung, die speziell der R o g g e n - b a u in Ö s t e r r e i c h hat und der Erfahrungstatsache, daß das Gedeihen des Roggens mehr als bei anderen Getreidearten von örtlichen Einflüssen abhängig ist und wie später ausgeführt werden soll, selbst einfache züchterische Maßnahmen von außerordentlicher Bedeutung sind, möge einiges über die Landroggenzüchtung noch in Kürze folgen.

Die Ertragshöhe bei unserem Landroggen wird vor allem dadurch ungünstig beeinflußt, daß derselbe nur wenige Ähren mit vollem Besatz, hingegen überwiegend schartige oder mangelhaft ausgebildete Ähren aufweist. Die Roggenähre besteht bekanntlich aus einzelnen Ährchen, die auf beiden Seiten der Ährenspindel auf je einem Spindelabsatze abwechselnd angeordnet sind. Jedes solche Ährchen hat die Anlage zur Zweiblütigkeit, in seltenen Fällen zur Mehrblütigkeit und sollte unter normalen Verhältnissen je zwei Körner liefern, so daß sich dadurch auf beiden Kornseiten der Ähre zwei vollbesetzte Reihen ergeben und die Ähre eine vierkantige Gestalt erhält. Aus der Zahl der Spindelabsätze kann man beurteilen, wie viel Ährchen an der Roggenähre hervorgebracht werden können. Der Besatz der Ähre wird voll oder rein genannt, wenn die Gesamtzahl der Körner doppelt so groß ist, als die Zahl der Spindelabsätze. Der Besatz des Roggens läßt sich in Prozenten einfach ausdrücken, indem die doppelte Anzahl der

Spindelabsätze in Relation zu der festgestellten Kornzahl pro Ähre gestellt wird.

Angenommen, eine Ähre hat 30 Spindelabsätze, so müßten darauf 30 Ährchen sitzen, die nach dem Gesagten mit ihren 60 Blüten bezw. Fruchtanlagen, auch 60 Körner liefern soll-

1   2   3   4   5   6 7

Abb. 20. Entartungsformen des Roggens

ten. Zum Beispiel 60 Fruchtanlagen : 60 Körner $= 100 : x$. Besatz $x = 100\%$, das ist voller Besatz. Ähren mit vollem Besatz, wie er mit Recht bei Zuchtsorten des Roggens gefordert werden kann, zeigen beispielsweise die im speziellen Teil beim Roggen gebrachten Abbildungen 24 bis 28. Wird bei der Untersuchung nur eine Kornzahl von 45 Körnern pro Ähre festgestellt, so ergibt sich folgende Proportion: $60:45 = 100 : x$, mithin ein Besatz von $x = 75\%$; bei nur 30 Körnern, wie dies bei unseren unveredelten Landsorten meistens zu beobachten ist, ein Besatz von 50% und bei weniger Körner ein noch geringerer Prozentanteil.

Diese ungünstigen Besatzverhältnisse sind wieder in der umstehenden Abbildung (Nr. 20), welche die Entartungsformen (Degenerationsformen) des Roggens zur Anschauung bringt, zu ersehen.

Sehr stark kommt diese Entartung bei den sogenannten perlschnurartig besetzten Ähren (Figur 1 und 2, links) zum Ausdruck; sie sind auffallend weitspindelig (locker) gegliedert und auf jedem Spindel- oder Ährenabsatz sitzt nur ein ausgebildetes Korn. Es hat also jedes Ährchen statt der normalen zwei Körner nur ein Korn erzeugt und es hat mithin je eine Fruchtanlage fehlgeschlagen. Die pro Ähre produzierte Kornzahl ist aber um die Hälfte geringer, als nach der Ährchenzahl zu erwarten war.

Der Besatz ist somit höchstens 50% vom normalen. Das Charakteristische dieser Ähren ist ferner, daß sie zur Zeit der Reife die Grannen abwerfen. Dadurch wird das Korn stark bloßgelegt und fällt leicht aus. Es „reist" aus, was als eine der unangenehmsten Eigenschaften der Landsorten des Roggens gilt.

Die Abbildungen 3 und 5 zeigen schartige Ähren mit lückigem Besatz, der dadurch entsteht, daß einzelne Ährchen überhaupt keine Körner ansetzen; wieder andere nur je ein Korn oder zwei Körner produzieren, so daß die Gesamtzahl der erzeugten Körner um die Hälfte zurückbleibt und der Besatz unter mittel und selbst weniger betragen kann. Noch schlechter sind die Verhältnisse bei den Ähren 6 und 7, die fast taub sind und einen Besatz von ganz wenigen Prozenten haben.

Durch Züchtungsversuche wurde nun von dem bekannten Züchter des Petkuser-Roggens v. L o c h o w die interessante Tatsache festgestellt, daß sich der volle Besatz in bedeutendem Maße vererbt. Es geben somit beim Roggen vollbesetzte Ähren in der Nachzucht überwiegend vollbesetzte Ähren; hingegen schartige und lückige Ähren überwiegend schartige Ähren. Die allgemein herrschende Ansicht, daß ungünstige Witterungsverhältnisse zur Zeit der Blüte des Roggens allein die Lückigkeit bezw. Schartigkeit bewirken, bedarf daher einer wesentlichen Einschränkung. Ungünstige Verhältnisse haben gewiß einen Einfluß und zur Folge, daß einzelne Körner fehlschlagen können, aber die Zahl der dadurch fehlschlagenden Fruchtanlagen ist nicht so groß, als gemeinhin angenommen wird.

Als Beweis dafür können unsere eigenen Beobachtungen bei der Züchtung angeführt werden und auch der von L o c h o w auf vollen Besatz gezüchteten Petkuser Roggen zeigt auch bei vielen Versuchen bei schlechter Witterung fast reinen Besatz. Der weit größere Anteil an Schartigkeit bei Roggen wird demnach durch die Erblichkeit des lückigen Besatzes bewirkt. Dieser lückige Besatz wird nun durch die Art der Saatgutsortierung vielfach begünstigt, ja geradezu herangezogen. Die mangelhaft eingekörnten, schartigen Ähren haben in der Regel besser ausgebildete und vor allem größere Körner, die vollbesetzten hingegen mittelgroße aber gleichmäßige Körner. Größere Körner in schartigen Ähren entstehen dadurch, daß weniger Körner vorhanden sind und diesen daher mehr Nährstoffe zur Verfügung stehen. Halten wir uns nun den Vorgang bei der Saatgutsortierung vor Augen, so müssen wir ohne weiteres zugeben, daß bei Roggensorten, die zur Schartigkeit neigen, das mit mechanischen Hilfsmitteln (Trieur) aus der Saatgutmasse ausgelesene Kornsortiment der größten Körner dem Hauptanteile nach von schartigen Ähren stammt. Da aber die Lückenhaftigkeit des Besatzes im hohen Grade erblich ist, so ist anzunehmen, daß ein Feldbestand, der mit solchen Körnern bestellt wird, im Nachbau schartige Ähren gibt und daß trotz Zunahme der Korngröße die Ertragsfähigkeit der Sorte herabgedrückt wird. Die Sortierung soll daher beim Roggen folgerichtig, um das Überhandnehmen der Schartigkeit hintanzuhalten, darauf hinausgehen, die großen Körner überhaupt auszuschalten und nur die Körner mit mittlerer und etwas darüber hinausgehender Korngröße zu gewinnen, die dann noch einer Trennung nach der Schwere des Kornes unterworfen werden. Diese Art der Sortierung ist dazu berufen, bei den einfachen Methoden der Saatgutgewinnung ganz besondere Dienste zu leisten. Sie wird auch bei der Züchtung einer Sorte ein wertvolles Hilfsmittel sein.

Eine zweite Züchtungsart ist die K r e u z u n g s z ü c h t u n g (Bastardierung). Die Befruchtung der Pflanzenindividuen untereinander wird hiebei nach dem Willen des Menschen vorgenommen und zwar in der Absicht, Pflanzen mit gewissen Eigenschaften zu erzeugen, die den Ausgangspunkt neuer Sorten bilden. Die Kreuzungszüchtung bedient sich bei der weiteren züchterischen Bearbeitung der Nachkommenschaften dieser Pflanzen auch der Individualauslese mit Stammnachweis. Kreuzungszucht ist schon im vorigen Jahrhundert betrieben

worden; es spielte aber dabei das Glück oder der Zufall die
Hauptrolle. Erst als die Wiederentdeckung der Mendel'schen
Vererbungsgesetze durch E. Tschermak, C. Correns
und H. de Vries im Jahre 1900 ganz unabhängig voneinander stattfand, konnte die Kreuzungszüchtung auf eine
wissenschaftliche Grundlage gestellt werden. Von diesem
Zeitpunkte an wurde die Kreuzungszucht in Österreich
von Prof.. Tschermak am Pflanzenzuchtinstitut der
Hochschule für Bodenkultur in großem Umfange betrieben und von ihm eine Reihe von Sorten (Kreuzungen
von Landsorten mit deutschen oder ausgesprochenen
kontinentalen Sorten) geschaffen, die sich eines hohen

Abb. 21. Tschermaks Hanna Kargyngerste (Saatgutfeld der
Gutspachtung Dr. Hofeneder in Obersiebenbrunn)

Rufes erfreuen (siehe Abb. 21). Auch die Bundesanstalt für
Pflanzenbau und Samenprüfung hat bald nach Beginn
der im großen durchgeführten Landsortenveredelungen, Kreuzungen im kleinem Umfange ausgeführt. Seit dem Jahre 1923
wurde sie durch entsprechende Einrichtung in die Lage versetzt,
die Kreuzungszüchtung nunmehr in größerem Umfange aufzunehmen. Die bisher in Österreich durch Kreuzungszucht als
auch durch Veredlungszucht geschaffenen Sorten werden im
speziellen Teil bei den einzelnen Getreidearten genauer be-
schrieben. Züchtung im eigentlichen Sinne wird, wie aus der
Einleitung dieses Abschnittes hervorgeht, in den Ländern, die

unserer Republik angehören, erst mit Beginn dieses Jahrhunderts betrieben. Sorgfältige Methoden der Saatgutgewinnung wie: „Massenauslese" und „Auswahl der besten Feldbestände" wurden allerdings schon im vorigen Jahrhundert gehandhabt. Da die Anwendung dieser Methoden in der großen landwirtschaftlichen Praxis keine Schwierigkeiten macht, der Erfolg aber immerhin, namentlich was die Bekämpfung der Schartigkeit beim Roggen anbelangt, recht gut ist, sollen diese Methoden kurz erläutert werden.

Massenauslese

Die Massenauslese besteht darin, daß aus dem Feldbestande typische Ähren und zwar etwa 400 bis 1000 mit dem Sortencharakter ausgewählt werden. Diese Auslese muß aus dem normalen Feldbestande geschehen, nicht aus Fehlstellen oder von den Feldrändern. Am besten ist es, der Landwirt geht während des Mähens hinter der Sense her und schneidet Ähren oder Rispen mit ganzer Halmlänge ab. Die gesammelten Ähren läßt man an einem vogelsicheren Ort nachreifen, entkörnt sie dann und sät die Kornmenge von allen Ähren zusammen auf ein Beet, dem sogenannten Zuchtbeet, aus. Im nächsten Jahre nimmt man nun aus den Zuchtbeeten wieder die besten und vorzüglichsten Ähren heraus, baut diese wieder in der gleichen Weise in einem Zuchtbeet an, während alles übrige von der Ernte des Zuchtbeetes sorgfältig geputzt und in der Wirtschaft vermehrt wird. Diese einfache Zuchtmethode soll stets bei Zuchtsorten in Verwendung kommen, welche in der Örtlichkeit eingeführt wurden. Man erhält dadurch die Sorten in ihrer Leistung und wirkt der Degeneration entgegen. Hat man eine gute einheimische Sorte, so soll man die Ährenausschnitte ebenfalls vornehmen, weil man auf diese Weise die Ertragsfähigkeit der Sorten steigern kann.

Auswahl des Saatgutfeldes

Bei der Auswahl des Feldes, dessen Getreidebestand zur Saatgutgewinnung verwendet werden soll, ist zu beachten, daß der Boden der betreffenden Getreideart zusagen soll und der Acker sonnig gelegen, genügende Feuchtigkeit für das Gedeihen der Getreideart hat und nicht unter Trockenheit leidet. Beim Roggen speziell sollen Lagen gewählt werden, die dem Winde nicht zu stark ausgesetzt sind, also einen natürlichen Windschutz und außerdem Morgensonne haben, weil dann zur Zeit der Blüte eine intensive Bestäubung und eine vollkommenere Befruchtung zu erwarten ist. Schon zur Zeit der Reife treffe man dann eine genaue Auswahl unter den Getreidebeständen, wo der Stand der Pflanzen gleichmäßig entwickelt ist, die Ähren vollkommen ausgereift und die Pflanzen gut bestockt sind, keine Lagerung, kein Brand oder tierische Schädlinge festgestellt werden. Auch auf möglichste Unkrautfreiheit ist zu sehen und es sollen nur solche Unkräuter als zulässig betrachtet werden, deren Samen leicht durch Reinigungsmaschinen entfernt werden können. Findet man keinen Feldbestand, der diesen Anforderungen entspricht, so beschränke man sich auf geeignete Stellen im Acker, die dann auszustecken sind. Auf diesen Getreidefeldern oder Feldstellen, welche für die Saatgutgewinnung bestimmt sind, lasse man das Getreide ganz ausreifen und zwar entweder zur Gelbreife oder Vollreife, die für die Saatgutgewinnung die besten Reifestadien sind. Die Gelbreife erkennt man daran, daß die Halme gelb werden und das Korn, wenn es über den Fingernagel gebogen wird, bricht (Nagelprobe); die Vollreife daran, daß das Korn über dem Fingernagel nicht mehr bricht, mithin schon hart ist. Im ersteren Falle ist der Inhalt des Kornes wachsähnlich, im letzteren Falle schon mehlig oder glasig.

Die Ernte muß natürlich mit aller Vorsicht geschehen, um Samenausfall zu vermeiden. Von besonderem Vorteil ist es, unter den Getreidegarben eine Auswahl zu treffen in der Richtung, daß zum Saatgutausdrusch nur solche bestimmt werden, bei welchen die Ähren am besten entwickelt, gleichmäßig reif und voll besetzt sind. Die Getreidegarben werden vorsichtig aufgemandelt oder noch besser in Kapellen gestellt. Nach erfolgtem Abtrocknen sollen die Saatgarben nicht sofort ausgedroschen werden, sondern an einem vollkommen trockenen Ort, am besten in der Scheune im oberen Bodenbelag unter dem Dache aufbewahrt werden.

Dieses Einlagern des Getreides im Geströh ist von besonderem Vorteil, weil es gut nachreift (schwitzt), rasch die Lagerreife und somit auch die volle Keimfähigkeit und Keimungsenergie erreicht. Landwirten, welchen es um trockenes Saatgut zu tun ist, sollen diese kleine Mühe nicht scheuen; sie erzielen dadurch ein dem äußeren Ansehen nach, besonders ein in der Farbe tadelloses Saatgut.

Zum Ausdreschen der Garben empfiehlt sich der Flegeldrusch, der es ermöglicht, den Drusch auf die voll ausgeschoßten Halme zu beschränken und Nachtriebähren auszuschalten.

Eine entsprechende Reinigung und Sortierung muß selbstverständlich durchgeführt werden.

Vor der Verwendung des sogenannten Tennenausfalles als Saatgut muß jedoch nachdrücklichst gewarnt werden. Er darf weder für sich allein verwendet, noch dem anderen Saatgut beigemengt werden, weil sonst dem Getreide die Eigenschaft des leichten Ausfallens direkt angezüchtet wird, was dann mit schweren Nachteilen in Verbindung steht.

Die Verbesserung, welche durch diese Art der Feldauswahl erzielt wird, besonders wenn man sie jährlich durchführt, ist eine ganz namhafte. Manche Wirtschaft, ja ganze Gegenden, deren Saatgut sehr begehrt ist, verdanken ihren Ruf dieser Art der Saatgutgewinnung.

Anhang zum Allgemeinen Teil

Das Behacken des Getreides

Bekannt ist, daß im großen Feldbau die Hackarbeit bei den Hackfrüchten, zum Beispiel den Rüben und Kartoffeln, sobald ihnen ein weiterer Standraum und entsprechend reicher Boden geboten wird, zu einer besseren Entwicklung der Pflanzen und damit zusammenhängend zu auffallend höheren Erträgen führt. Beim Behacken von Getreide können nun, wenn auch nicht auffallende, aber immerhin erheblich höhere Erträge gegenüber dem nicht behackten aus dem Grunde erzielt werden, weil die Durchführung der Behackung eine größere Reihenentfernung notwendig macht und dadurch der Getreidepflanze ein größerer Standraum geboten wird. Ein größerer Standraum führt an und für sich schon zu einer Zunahme der Bestockung, die durch eine Behackung noch namhaft gefördert wird. Getreidepflanzen, bei welchen die Bestockung auf solche Weise vergrößert wird, werden aber spätreifer und massenwüchsiger, erfordern eine längere Vegetationszeit und zeigen auch viel höhere Wasseransprüche.

Sichere Erfolge der Hackarbeit werden daher nur in Klimalagen zu erwarten sein, die eine längere Vegetationszeit bieten. Diesem Umstande ist es auch zuzuschreiben, daß in den Westländern, namentlich auch in Mittel- und Westdeutschland das Behacken des Getreides allgemein üblich ist. Anders liegen aber die Verhältnisse im östlichen Deutschland, sowie den uns näher gelegenen südlichen Deutschland, besonders in Bayern und endlich bei uns selbst. Die Vegetationszeit ist bei uns verhältnismäßig kurz und wird nach Osten fortschreitend immer kürzer und es darf sich daher der Bestockungszuwachs nur in sehr mäßigen Grenzen bewegen, um die Reifezeit nicht zu sehr zu verlängern.

Es werden Reihenweiten von 25 bis 35 cm und Kornentfernungen von 5 : 5 cm, die in Deutschland angewendet werden und der einzelnen Pflanze einen Standraum von 100 cm² oder selbst von über 200 cm² einräumen, bei uns nicht am Platze sein; er muß sich vielmehr bei uns unter der Hälfte bis höchstens der Hälfte des vorher angegebenen bewegen.

Unsere in der landwirtschaftlichen Praxis in Verwendung stehenden Säemaschinen geben bei normaler Saat, je nach dem System, Reihenentfernungen von 9, 10, 11 und 12 cm. Um nun die für die Zwecke der Behackung notwendige größere Reihenentfernung zu erhalten, können zwei verschiedene Saatmethoden angewendet werden.

1. Die Reihenweitsaat: Sie wird dadurch erreicht, daß bei der Maschine der 2., 4., 6. usw. Säetrichter ausgeschaltet wird und somit nur der 1., 3., 5. usw. Trichter säet. Je nach dem Säemaschinensystem ergeben sich sodann Reihenentfernungen bezw. Behackungszwischenräume von 18, 20, 22 und 24 *cm*.

2. Die Bandsaat: Sie besteht darin, daß je zwei Reihen normal gebaut und die folgende Dritte ausgeschaltet wird. Es wird also bei der Säemaschine der 3., 6., 9., usw. Säetrichter abgestellt, während der 1. und 2., 4. und 5., 7 und 8 usw. säet. Je zwei Reihen bilden somit ein Band und die Entfernung zwischen den Bändern ist wieder je nach der Säemaschine 18, 20, 22 oder 24 cm.

Von besonderer Wichtigkeit für den Erfolg der Behackung ist die Regulierung der Mehrbestockung. Es ist eine feststehende Tatsache, daß sich die Mehrbestockung hauptsächlich nach der Richtung hin vollzieht, wo mehr Raum und mehr Licht vorhanden ist. Diese Erfahrung macht man ganz allgemein bei den Randpflanzen. Bei der Reihenweitsaat ist nun dieser Raum zu beiden Seiten der Reihe, bei der Bandsaat hingegen einseitig gegen den Bandzwischenraum, der ebenso wie der erstere behackt wird.

Nun soll aber, wie schon früher einmal erwähnt wurde, die Bestockung in unseren klimatischen Verhältnissen nur eine mäßige sein und sich rasch und gleichmäßig vollziehen. Es genügt hiezu eine Vergrößerung des Standraumes gegenüber normal gebautem Getreide in trockenen Lagen um ein Drittel und in Übergangslagen um die Hälfte. Der Standraum kann nun in entsprechender Weise durch die richtige Saatdichte innerhalb der Reihe reguliert werden.

Zur Erläuterung möge folgendes Beispiel dienen. Der normale Standraum beträgt zum Beispiel 40 cm². Bei einer Reihenentfernung von 20 cm soll ein Standraum von 60 cm², also um ein Drittel mehr gegenüber der Normalsaat gegeben werden. Auf beiden Seiten der Reihe hat die Pflanze 10 cm, mithin zusammen 20 cm zur Verfügung. Um 60 cm² zu bieten, müssen daher die Körner $60 : 20 = 3$, also auf 3 cm in der Reihe zu liegen kommen. Die Saat in der Reihe ist daher ziemlich dicht. Eine stärkere Bestockung wird daher in der Reihe wegen der dichteren Saat nicht stattfinden. Sie wird vielmehr nach beiden Seiten der Reihe in gewünschter Weise in den behackten, freien Raum gedrängt, wodurch ein glattes Durchschoßen der Halme bewirkt und Nachtriebe vermieden werden. Um die Bestockung rasch und sicher zu fördern, muß das Behacken zum richtigen Zeitpunkte vorgenommen und zweckmäßig durchgeführt werden. Der richtige Zeitpunkt ist dann gekommen, wenn bei den Winterungen (Weizen, Roggen) das vierte bis fünfte Blatt, bei den Sommerungen dagegen das dritte bis vierte Blatt erschienen ist. Als zweckmäßig kann sie dann bezeichnet werden, wenn die Getreidepflanzen mit der aus dem Behackungsraum herangezogenen, feinkrümmeligen Erde etwas überdeckt, also behäufelt werden und nur die obersten Teile des Blattes herausragen. Eine zweite Hacke muß bei Winterungen zeitlich im Frühjahre beim Erwachen der Vegetation erfolgen. Sie dient bei schweren Boden zur Lockerung desselben und zur Unkrautbekämpfung. Zugleich erfolgt dann meist auch eine Kopfdüngung mit einem geeigneten Stickstoffdünger. In trockenen Lagen und auf leichteren Böden dient sie hauptsächlich zur Erhaltung der Bodenfeuchtigkeit. Bei den Sommerungen findet die zweite Hacke zirka vierzehn Tage nach der ersten Hacke statt. Lassen ungünstige Witterungsverhältnisse eine Herbsthacke bei Roggen nicht zu, soll die Hacke frühzeitig im Frühjahre ausgeführt werden. In diesem Falle empfiehlt es sich, zunächst den Roggen fest abzuwalzen und erst dann zu behacken.

Beim Weizen, der sich im Frühjahre noch bestockt, soll dagegen die Hackarbeit so ausgeführt werden, wie sie im

Herbste vermeint war, nur kann vorheriges, scharfes Abeggen nicht genug empfohlen werden. Eine wichtige Voraussetzung für die gewünschte gleichmäßige Bestockung bildet die Verwendung von vorzüglichem Saatgut. Es kommt dabei vor allem Zuchtsaatgut in Betracht, das sich an und für sich schon durch eine bessere Bestockung auszeichnet. Bei der Behackung des Getreides wird als besonderer Vorteil die Saatgutersparnis angeführt, die dadurch zustande kommt, daß bei der Reihenweitsaat nur die Hälfte, bei der Bandsaat Zweidrittel der Bodenfläche bebaut wird. Da aber in unseren Verhältnissen den Pflanzen nur ein verhältnismäßig kleiner Standraum zugewiesen werden darf, so dürfte im allgemeinen bei der Reihenweitsaat Zweidrittel, bei der Bandsaat Dreiviertel von der normalen Saatmenge zutreffend sein.

Als wesentliche Vorteile der Getreidehackkultur gelten:

a) Eine Ertragssteigerung an Korn und Stroh.

b) Die schon oben erwähnte Saatgutersparnis.

c) Eine Sicherheit der Erträge dadurch, daß das Behacken den Wasserhaushalt des Bodens günstig beeinflußt und Verluste an Bodenfeuchtigkeit hintanhält.

d) Stärkere Bestockung und Belichtung und damit im Zusammenhange eine größere Lagerwiderstandsfähigkeit.

e) Eine Unkrautvernichtung bezw. eine Vorbeugung gegen Verunkrautung.

Diesen Vorteilen gegenüber können aber auch in manchen Fällen oder in manchen Gegenden schwere Nachteile auftreten und zwar:

a) Ist der Betrieb von einer solchen Größe, daß die Hackarbeit mit der Hand ausgeführt werden muß, so werden die Kosten der Mehrarbeit sehr häufig nicht gedeckt erscheinen.

b) Handelt es sich um niederschlagsreiche, zum Unkrautwuchs neigende Gebiete, so wird der Verunkrautung, trotz des Behackens, noch mehr Vorschub geleistet. Die Gefahr der Verqueckung solcher Felder wird erhöht!

c) In trockenen, windigen Lagen ist ein starkes Austrocknen zu befürchten, ebenso das häufige Auftreten von Einzelkornstruktur nach Gewitterregen und die damit verbundenen Schäden.

d) Das Behacken mit der Maschine erfordert gerade die Zugtiere dann, wenn sie sowieso in der Wirtschaft zu sehr dringenden Arbeiten benötigt werden, zum Beispiel im Herbste

zur normalen Herbstackerung, Hackfruchternte etc, im Frühjahre dagegen zum Frühjahrsanbau. Ob ferner die Mehrarbeit
an Gespannstagen und die Auslagen der Hackmaschine (Ver-
zinsung, Amortisation, Reparaturen, Versicherung und eventuell Gebäudemiete) durch den Mehrertrag gedeckt erscheinen,
ist eine besondere Frage.

e) Für Gerste kommt sie weniger in Betracht und
zwar wegen der leicht eintretenden ungleichen Reife und der
damit zusammenhängenden Qualitätsverschlechterung.

f) Zur Dünnsaat, und eine solche steht hiebei ja in Frage,
äußerst sich der bekannte deutsche Pflanzenbauer Prof. Doktor
R ü m k e r selbst über deutsche Verhältnisse w ö r t l i c h in
der Jubiläumsnummer der Deutschen landw. Presse, 52. Jahrg.,
Nr. 48 unter „Neuzeitlicher Ackerbau": „Es wäre aber verfehlt,
wollte man sagen, man soll mit der Roggenaussaatmenge überall auf 25 Pfd, mit dem Weizen überall auf 35 bis 40 Pfd
herab- und mit der Reihenweite überall auf 30 bis 60 cm und
mehr hinaufgehen. Ein solches Schema würde zu großen Ernte-
ausfällen führen. Es wird eine der nächsten Hauptaufgaben
der Versuchsringe sein, dieses gegenseitige Verhältnis der
Fruchtart, Sorte, Düngung und Aussaatmenge durch Anpassung an die Saatzeit und die örtlichen Boden- und Klimaver-
hältnisse herauszufinden. Eine große, allgemeine Gesetzmäßigkeit wird sich dann vielleicht später, wenn tausende solcher
Einzeluntersuchungen vorliegen werden, ableiten lassen, sie
jetzt aber aufstellen zu wollen, wäre ein u n v e r a n t w o r t -
l i c h e r L e i c h t s i n n. Ob sich die Dünnsaat für größere
Feldbestände bis zur Einzelkornsaat wird ausbilden lassen, ist
heute noch nicht zu sagen. Wahrscheinlich wird dazu nicht
nur eine wesentliche Vervollkommnung, Vereinfachung und
Verbilligung der bisher für Einzelkornsaat gebauten Maschinen
und eine erhebliche Steigerung des Kulturzustandes unserer
Böden erforderlich sein, um mit so dünnen Beständen hohe Erträge erzielen zu können.

Quecke, Distel, Senf, Hederich und andere Massenunkräu-
ter darf und wird es dann nicht mehr auf unseren Feldern
geben, aber das große Heer tierischer Schädlinge, vom Drahtwurm, der Blumenfliege, der Fritfliege, der grauen Raupe an
bis zu den Mäusen, Hamstern, den Kaninchen und Hasen
hinauf, wird immer eine große Gefahr neben den klimatischen
Einflüssen bleiben für alle Dünnsaaten, welche die Grenze des
lokal Möglichen überschreiten. Es ist einleuchtend, daß bei

extremer Dünnsaat der Ausfall jeder Einzelpflanze desto mehr den Ertrag schädigt, je mehr sich die Aussaatmenge dem lokal möglichen Minimum nähert. Wir haben früher bei den Saatmethoden nach *Demtschinsky* oder *Zehetmayr* unter anderem gesehen, daß auch diese Methoden, so richtig ihr Prinzip im allgemeinen auch war, doch keine Revolution in der allgemeinen Saatbestellung hervorrufen konnten, weil ihre Anwendbarkeit an gewisse Vorbedingungen geknüpft blieb, die man in der ersten Begeisterung nicht erkannt hatte." Diese Ausführungen R ü m k e r's, die sich also auf reichsdeutsche Verhältnisse beziehen, haben für unsere österreichischen Verhältnisse in v i e l   h ö h e r e m   M a ß e   G e l t u n g und dürfen k e i n e s - w e g s übersehen werden.

g) In unseren, vielfach zur Trockenheit neigenden Lagen (Marchfeld, Wienerboden usw.) wird die Bildung von Nachtrieben und ungleiche Reife mit verminderter Kornqualität nicht immer zu vermeiden sein. Dies gilt besonders dann, wenn nach längerer Trockenheit wieder stärkere Regenfälle auftreten.

h) Auf scholligen oder gar steinigen Böden (Waldviertel, Steinfeld usw.) ist die Methode des Behackens von vornherein schon unmöglich. Jedenfalls wird es vom großen Vorteil sein, wenn sich der Landwirt, der die Hackkultur einzuführen gedenkt, durch k l e i n e r e   m e h r j ä h r i g durchgeführte Versuche auf seiner Wirtschaft davon überzeugt, ob sie für seine Verhältnisse zweckmäßig erscheint oder nicht. Nur dadurch kann er vor übereilten und größeren Schaden bewahrt bleiben.

Die Frage, ob Reihenweitsaat oder Bandsaat angewendet werden soll, wird von den klimatischen und Bodenverhältnissen abhängig sein. In klimatisch günstigeren Lagen mit besseren, nicht an Trockenheit leidenden Böden, die bei Normalsaat eine geringere Aussaatmenge erfordern, ist die Reihenweitsaat am Platze. Sie sichert den Pflanzen infolge des größeren Standraumes eine größere Bestockungszuwachsmöglichkeit. In zur Trockenheit neigenden Lagen mit leichten Böden, die bei Normalsaat ein großes Aussaatquantum erfordern, ist die Bandsaat, die bei engerem Standraum nur die erwünschte, geringe Bestockungszuwachsmöglichkeit bietet, geeigneter. Bei den Winterungen ist bei Weizen und Wintergerste die Reihenweitsaat besser, bei Roggen hingegen die Bandsaat.

Das feldmässige Behacken des Getreides ist nicht mit der Ackerbeetkultur zu verwechseln. Hieher gehört die sogenannte chinesische Ackerbeetkultur, die durch das tiefere Umsetzen der

Pflanzen in einen weiten Bestand eine enorme Bestockung zur Folge hat, ferner die verschiedenen Varianten dieser Methode mit Umsetzen der Pflanzen oder direkter Einzelsaat der Körner in einem Verbande von 300 bis 400 cm². Der Aufwand an Arbeitskräften ist bei diesen Methoden sehr groß, die Kulturarbeiten sehr umständlich, so daß ihre Durchführung nur auf sehr kleinen Flächen möglich ist und zwar vorteilhaft in Verbindung mit künstlicher Bewässerung, also in Schrebergärten und Zwergwirtschaften, auf gartenmäßig vorbereiteten, gut gedüngtem Boden. Für bäuerliche Wirtschaften oder auf dem Großbesitz ist sie nicht geeignet, weil sich diese solcher Methoden bedienen müßen, die unter den gegebenen klimatischen Verhältnissen durchführbar sind und außerdem eine Rentabilität zu sichern vermögen.

In vielen Fällen bietet ja nicht einmal die Methode der feldmäßigen Behackung eine Rentabilität, weshalb auch ihre Anwendung in Österreich nur eine beschränkte ist und allem Anscheine nach auch bleiben dürfte.

B. Spezieller Teil

Der Roggen (Secale cereale)

Als Stammform des Roggens gilt *Secale montanum*, zu deutsch Bergroggen, der sich durch seine brüchige Spindel kennzeichnet und ausdauernd ist. Durch Kultur hat der Bergroggen diese Eigenschaft verloren und sich zur Kulturform unseres jetzigen Roggens, der einjährig ist, umgewandelt. Auch die Brüchigkeit der Spindel hat er hiebei verloren. In Rußland, im Gebiete der donischen Kosaken, findet man eine Kulturform, die unserem Roggen ähnlich, aber mehrjährig ist. Einen Maßstab über den Kulturwert dieser Roggenarten gibt das Korngewicht, welches von N o w a c k i bei einem vergleichenden Versuch festgestellt wurde. Darnach betrug das Gewicht von 100 Körnern

beim einjährigen Kulturroggen . . . . . . 3·85 Gramm
beim mehrjährigen russischen Roggen . . 1·95   „
beim Bergroggen . . . . 0·97   „

Es war somit das Gewicht beim mehrjährigen Roggen gut doppelt, beim einjährigen fast viermal so groß als das des Bergroggens. *Secale montanum* kommt heute noch unter anderem in Kleinasien, (Kaukasus) und den Balkanländern (Serbien) wildwachsend vor und es kann wohl angenommen werden, daß der Roggen aus diesen Ländern oder auf dem Umwege über Rußland nach Mitteleuropa und damit auch zu uns gekommen ist.

Er wird bei uns auch sehr häufig Korn genannt, weil er die Hauptbrotfrucht im Lande ist.

Das Ährchen des Roggens ist dreiblütig, jedoch sind nur die beiden äußeren Blütchen fruchtbar, das mittlere hingegen zumeist unfruchtbar (steril). Der Roggen ist auf Fremdbefruchtung angewiesen, die durch den Wind erfolgt. Sind beide Blütchen befruchtet, so zeigt die Roggenähre vier Reihen von Körnern. Bilden eine Anzahl von Blütchen keine Körner aus, so wird die Ähre lückig und man nennt diese Erscheinung „Schartigkeit". Die Schartigkeit ist nun in erster Linie eine vererbbare Eigenschaft und wird erst in zweiter Linie durch schlechtes Wetter während der Blütezeit bedingt. Der Einfluß, den schlechtes Wetter zur Zeit der Blüte ausübt, wird in der Praxis viel zu viel überschätzt. Eine Ausnahme macht natürlich ein länger andauerndes regnerisches Wetter, weil dann die Befruchtung mangelhaft ist und außerdem durch die lange Blütezeit die Verbreitung des Mutterkornes sehr begünstigt wird (zum Beispiel im Jahre 1926).

Erbliche Schartigkeit ist leicht daran zu erkennen, daß die ganze Pflanze schartig und der Prozentsatz bei jeder Ähre annäherd gleich ist. In den schartigen Ähren steht den Körnern eine größere Nährstoffmenge und auch ein größerer Raum zur Verfügung, weshalb sie sich auch infolge ihrer geringeren Zahl zu größeren Exemplaren entwickeln. Gelangen nun solche Körner zur Aussaat, so geben sie wieder schartige Pflanzen. Aus diesem Grunde sollen als Roggensaatgut stets nur die mittelgroßen Körner verwendet werden, die großen dagegen, die sich beim Trieuren ergeben, zum Mahlgetreide kommen. Man nimmt nähmlich mit Recht an, daß die größten Körner zum überwiegenden Teile aus schartigen Ähren stammen. Durch vorstehende Maßnahmen kann man die Schartigkeit sehr stark bekämpfen. Die Zuchtsorten haben meist vollständigen Besatz, das heißt, sie weisen keine oder fast keine Schartigkeit auf. Da aber der Roggen ein Fremdbefruchter ist und der Blütenstaub in Form ganzer Staubwolken ziemlich weit getragen wird, staubt natürlich auch der Blütenstaub von minderwertigen Sorten, wenn solche in der Nähe sind, in den Zuchtroggen hinein. Durch die bei uns noch sehr verbreitete Gemenglage der Felder wird die Fremdbefruchtung leider sehr begünstigt; die Folge ist, daß ein verhältnismäßig rascher Abbau des Zuchtroggens eintritt, der schon nach drei bis längstens fünf Jahren unbedingt einen Samenwechsel notwendig macht. Es wäre daher sehr zu begrüßen, wenn sich im Interesse einer länger andauernden Ertragsleistung g a n z e G e m e i n d e n g e i c h z e i t i g zum Bezuge von veredelten Roggensaatgut entschliessen könnten.

Für den Nichtsaatgutbauer, also den Landwirt, der nur Konsum-Getreide baut, kann auch zum Anbau ein Gemisch von zwei passenden und gleichzeitig blühenden Roggensorten empfohlen werden. Das daraus entstandene Bastardierungsprodukt 1. Generation luxuriert, das heißt es zeichnet sich durch ein besseres Wachstum und im Endeffekt durch eine Ertragssteigerung aus; man nennt diese Erscheinung „Heterosis". Dieser Vorgang ist beim Roggen als Fremdbefruchter ohneweiters feldmäßig durchführbar und wird in manchen Gegenden Österreichs — namentlich in Steiermark — noch geübt; es kann das Gemisch auch noch als erster Nachbau für Konsumzwecke gebaut werden, worauf diese natürliche Bastardierung mit zwei neubezogenen Sorten von vorne beginnen muß. In Zuchtbetrieben wird Heterosis mit Erfolg bereits bei Mais angewendet, bei der Roggen - Landsorten - Veredlungszüchtung verwendet sie P a m m e r im Zuchtgartenbetrieb dadurch, daß die besten

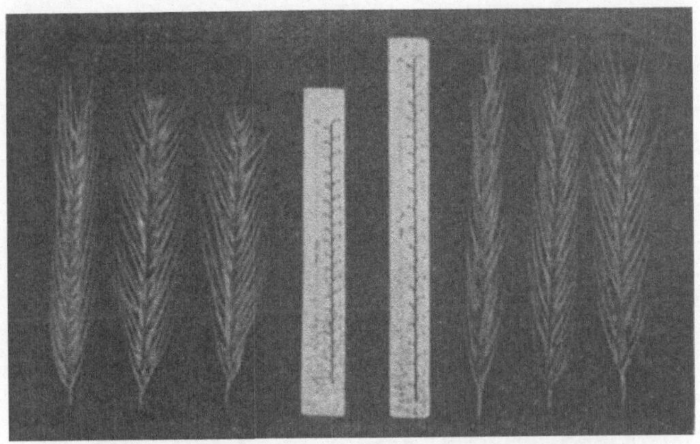

Abb. 22. Zuchttypen des niederösterreichischen Landroggens

Links: A-Typus von der Spindel- und Kornseite. Spindellänge 10:8 cm; Spindelabsätze: 39; Dichte = rund 36 auf 100 mm. — Rechts: B-Typus von der Spindel- und Kornseite. Spindellänge 13:8 cm: Spindelabsätze 37; Dichte = rund 27 auf 100 mm. Übergangsformen ergeben sich von A in B (A/B) bezw. von B in A (B/A) mit einer Dichte von rund 33 bezw. rund 30

Linien (Stämme) so gebaut werden, daß sie sich untereinander befruchten, wodurch unter anderem der erwünschte, bessere Besatz erzielt wurde.

Obwohl der Roggen als Fremdbestäuber für den Botaniker nur als eine Art in Betracht kommt, so konnte P a m m e r doch gewisse Differenzierungen im Ährenbau der Landsorten feststellen, die im Zuchtgarten, wo die Bestäubung der Auslesepflanzen unter sich stattfand, schärfer zutage traten und selbst Rassewert gewannen. Es kam zur Aufstellung von zwei Haupttypen, die von P a m m e r und seinem damaligen Mitarbeiter F r e u d l, nunmehr Professor an der landwirtschaftlichen Hochschule Tetschen-Liebwerd, A- und B-Typus genannt wurden und sich folgendermaßen charakterisieren (s. Abb. 22):

A-Typus: Dichter Ährenbau, mit durchschnittlicher Dichte von rund 36 (das ist Anzahl der Spindelabsätze beziehungsweise Ährchen nach F r u w i r t h auf 100 mm Spindellänge) von unten breit aufbauend, mit der größten Breite im ersten Drittel der Ähre, weiter oben sich verjüngend, mit rechteckigem Querschnitte.

B-Typus: Lockerer Ährenbau, mit durchschnittlicher Dichte von 27 (das ist Anzahl der Ährenabsätze beziehungs-

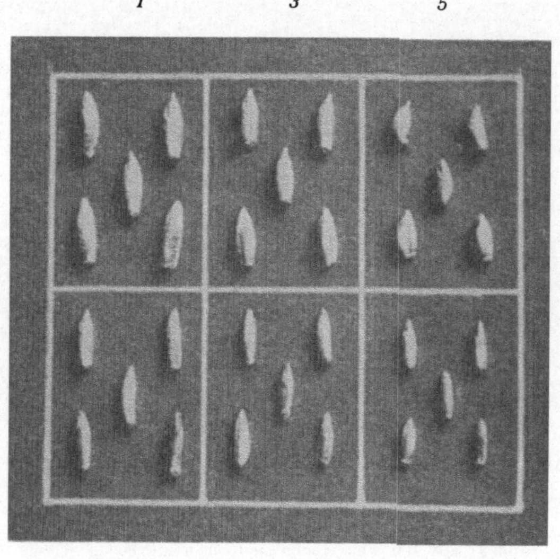

Abb. 23. Kornformen des Roggens nach Pammer

weise Ährchen nach F r u w i r t h auf 100 mm Spindellänge) gleichmäßig dicke und breite Form der Ähren, nach oben sich nur wenig verjüngend, demnach mit quadratischem Querschnitt.

Innerhalb dieser zwei Haupttypen konnte noch eine Untertypierung vorgenommen werden, bedingt durch die Lage, bezw. den Sitz des Kornes insoferne, als entweder die Körner von den Spelzen nicht vollständig umfaßt werden, so daß die obere Kornhälfte deutlich sichtbar wird oder fast ganz umfaßt werden, so daß das Korn entweder gar nicht oder nur ganz wenig sichtbar wird. Die zwei Haupttypen zerfallen demnach wieder in Typen mit mehr offener und Typen mit mehr geschlossener Kornlage. Es ergeben sich daher Typen und zwar:

A_o = (ehemals Aa) Typus: Mit dichter Ährenstellung und offener Kornlage.

A_g = (ehemals Ab) Typus: Mit dichter Ährenstellung und mehr geschlossener Kornlage.

B_o = (ehemals Ba) Typus: Mit lockerer Ährenstellung und offener Kornlage.

B_g = (ehemals Bb) Typus: Mit lockerer Ährenstellung und mehr geschlossener Kornlage.

Ganz interessant waren ferner die Untersuchungen dieser Typen in Beziehung zur Form des Kornes, kurzweg zur Kornform, für die beim Roggen nachstehende schematische Klassifizierung vorgenommen wurde (Abb. 23).

Kornform 1: bauchig und lang.
Kornform 3: bauchig und mittellang.
Kornform 5: bauchig und kurz.
Kornform 2: schmächtig und lang.
Kornform 4: schmächtig und mittellang.
Kornform 6: schmächtig und kurz.

Es zeigte sich da eine gewisse Gesetzmäßigkeit zwischen Ährentypus und Kornform, insoferne als beim:

A_o-Typus die Körner überwiegend (bis 70%) die Kornform 1 und etwas 3, also im allgemeinen langes und bauchiges Korn zeigten,

A_g-Typus die Körner überwiegend Kornform 2 und etwas 4, im allgemeinen also mehr langes schmächtiges Korn,

B_o-Typus die Körner überwiegend Kornform 3 etwas 1 und 5, also hauptsächlich mittellanges bauchiges Korn enthielten,

B_g-Typus die Körner hauptsächlich Kornform 4 und 5, das ist mittellanges, schmächtiges bis kurzes Korn aufwiesen.

P a m m e r und F r e u d l faßten nun diese Ährentypen als Anpassungsformen auf. Sie nehmen an, daß diese Typen unter dem Einflusse der äußeren Faktoren, hauptsächlich der klimatischen entstanden sind und glaubten dies mit um so größerer Berechtigung annehmen zu können, als die Untersuchungen ergaben, daß die Formen in ihrer zweifachen Beziehung — als Ährentypus und Kornform — in verschiedenem Ausmaße in den Landsorten, je nach der klimatischen Lage des Anbauortes, vertreten sind und gewisse Beziehungen zu dieser Lage erkennen lassen und zwar insoferne als:

1. in mehr warmen und trockenen Lagen, die aber zeitweise reichliche Niederschläge haben, die Landsorte durch das

Überwiegen des A_0-Typus charakterisiert ist mit langem bauchigen Korn.

2. In Gegenden mit ausschließlichen Trockenlagen und geringen Niederschlägen durch den A_g-Typus mit mehr langem und schmächtigen Korn.

3. In Gegenden mit Waldklima, rauher Lage und reichlichen Niederschlägen durch den B_0-Typus mit mehr mittellangem, bauchigen Korn.

4. In Gegenden mit Höhenlagen durch den B_g-Typus und das Überwiegen der mittellangen bis kurzen schmächtigen Kornform.

Vom züchterischen Standpunkte aus war die Kenntnis dieses Verhaltens der Kornform und Ährenform vom großen Wert, denn je nach dem Vorwiegen des Korncharakters der Landsorten im Druschkorn und des Ährentypus im Feldbestande wurde dann bei der Veredlungszüchtung der zugehörige Ährentypus bei der Auslese als Grundlage genommen. Hiedurch konnte am raschesten die größtmöglichste Konstanz in der Erzielung eines in den engsten Grenzen der Variabilität sich bewegenden Typus der Landrasse erwartet werden und wurde auch erzielt.

Ausnahmen haben sich allerdings nach P a m m e r auf Grund seiner langjährigen züchterischen Erfahrungen und Beobachtungen gezeigt. So konnte er feststellen, daß speziell in alpinen Standorten oft beim Landroggen ein dichtähriger A-Typus vorherrscht, hingegen in kontinentalen ein lockerähriger B-Typus. Es scheint somit in Alpenklimaten und in kontinentalen Klimaten, die hinsichtlich ihrer Extreme an Hitze und Kälte sehr ähnlich sind, der Standort von ausschlaggebender Bedeutung zu sein. Die Entscheidung, welcher Ährentypus zugrunde gelegt werden soll, kann erst durch parallel ausgeführte Züchtungsversuche erbracht werden. Daß in ein und demselben Klima Sorten mit abweichenden Typus ihre Berechtigung haben, beweist das Vorkommen von zwei verbreiteten Roggensorten im Marchfelde und Wienerbecken. Es sind dies T s c h e r m a k s Marchfelder Roggen und P a m m e r s Tyrnauer Roggen, von welchen der erstere etwas locker gebaute Ähren, der letztere hingegen dicht gebaute Ähren hat. Beide Sorten eignen sich für kontinentale Trockenlagen, beide sind sehr frühreif und sparsam in der Wasserwirtschaft. Der Tyrnauer Roggen ist deshalb besonders wertvoll, weil er ein kurzes Stroh hat und daher leicht mit der Maschine gemäht werden kann.

Interessant ist nun, daß sich der Tyrnauer Roggen, mit dem Pammer in den letzten Jahren Anbauversuche im höchstgelegenen Getreidebaugebiete Österreichs, im Lungau-Tamsweg, in einer Meereshöhe von 1000 bis 1200 m ausgeführt hat, sehr gut gezeigt hat. Der Tyrnauer Roggen stammt nun von einer Züchtung in Bruck a. d. L., die Pammer im Jahre 1903 über Veranlassung des damaligen Zentralausschusses der k. k. Landwirtschaftsgesellschaft in Wien, Gutsdirektor Strienz der Harrach'schen Herrschaft mit dem dort bezeichneten Montagner Roggen eingeleitet hat. Das günstige Verhalten des Tyrnauer Roggens im Lungau spricht aber für die Annahme, daß es tatsächlich Montagner Roggen war, eine Sorte, die auch Körnicke und Werner in ihrem Handbuch des Getreidebaues als „bodenständig" im südwestlichen Alpenblock anführen. Die Bezeichnung Montagner-Roggen wurde auch in Bruck a. d. L. bis zum Jahre 1913 von Pammer beibehalten. Als sich dann in Ermangelung von geeigneten Feldern auf der österreichischen Seite der Herrschaft auch die Heranziehung von bäuerlichen Feldern zur Vermehrung wegen der großen Fremdbestäubungsgefahr als aussichtslos erwies, wurde die Züchtung an andere Örtlichkeiten und zwar nach Fischamend (Schwarzott), Petronell (Sutter) und späterhin nach Guntramsdorf (Herz) übertragen. Die Ähnlichkeit des in Petronell vorgefundenen und im Wege des Samenwechsels eingeführten Tyrnauer Roggens mit dem Montagner-Roggen-Typus, veranlaßte Pammer, die Zuchtsorte in Petronell „Tyrnauer Roggen" zu benennen. Die Bezeichnung Montagner-Roggen wird aber in Hinkunft an jenen Zuchtstellen, die unter Pammers Leitung diese Sorte weiterzüchten, wieder verwendet.

Sorten des Winterroggens

I. Inländische Züchtungen

1. Niederösterreich (geordnet nach Reifezeit)

a) Original Montagner, auch Tyrnauer-Roggen. Züchtung von Hofrat Pammer nach der in der Brucker Gegend bodenständig gewordenen alpinen Landsorte des Montagner-Roggens. Veredlungszüchtung durch Individualauslese und Formentrennung (s. Abb. 24).

Die Ähre ist kurz mit gedrängtem, dichten Ährenbau (A-Typus) mit etwas offener Kornlage und gutem, vierzeiligen

Besatz. Der Montagner-(Tyrnauer)-Roggen ist mit einer Reifezeit von Ende Juni bis anfangs Juli die f r ü h r e i f s t e Sorte
Österreichs. Der Halm ist mittellang, fein, elastisch, lagerwiderstandsfähig. Die Bestockung ist gut und die Pflanzen winterfest. Das Korn ist mittellang, bauchig, sehr feinschalig und von
bester Qualität. Er verträgt selbst späten Anbau. Die Sorte
zeigt ausgesprochen kontinentalen Charakter (zart im Blatt,
fein im Halm, reiches Faserwurzelsystem) und überwindet daher
Trockenperioden ausnahmslos. Wegen des kurzen Strohes
eignet sich die Sorte besonders für Maschinenschnitt.

Abb. 24. Orig.. Montagner, auch Tyrnauer Roggen (Dichter Ährenbau
A-Typus)

Verbreitungsgebiet: Wienerbecken und Marchfeld in Niederösterreich — auch für die leichten Böden geeignet — und
zum Samenwechsel in die Lagen mit kontinentalem Klima des
Burgenlandes, dann für die Trockenlagen Südsteiermarks, Ost-
kärntens und für die meisten Weinbaulagen und nach den
neuesten Erfahrungen für Alpenlagen,

Bezugsquellen: Pammer's Montagner-Roggen: Saatgutzüchtung der Dr. Hofenederschen Gutspachtung in Ober-Siebenbrunn, in Zucht befindlich noch an der Saatgutzüchtung Brüder Strakosch Hohenau, Gutsinhabung Dr. M a i w a l d in
Fischamend, Gutsinhabung des Ing. L. P e c i n a in Maria
Ellend bei Fischamend, sämtliche unter der Zuchtleitung des
Hofrates P a m m e r.

a$_1$) Orig. Petroneller Tyrnauer-Roggen. Züchtung seit 1913 aus beigestelltem Stammsaatgut des Montagner Roggens vom Zuchtgarten Bruck a. d. L. Bis 1925 unter Zuchtleitung von Hofrat P a m m e r, von da ab durch die Bundesanstalt für Pflanzenbau und Samenprüfung. Sortenbeschreibung, Verbreitungsgebiet, wie vorstehend beim Montagner Roggen (a).

Bezugsquelle: Saatgutzüchtung Ökonomierat F. S u t t e r in Petronell, Niederösterreich.

b) Orig Tschermaks Marchfelder Roggen, eingetragen in das Zuchtbuch der Gesellschaft für Pflanzenzüchtung (Z) in Wien. Züchtung von Hofrat Prof. T s c h e r m a k, aus der Landsorte des Marchfelder Roggens seit 1909 durch jährlich fortgesetzte Individualauslese, mit Prüfung der Nachkommenschaften, gewonnen. Anspruchslos, sehr winterhart, außerordentlich frühreif, lang im Stroh, lange lockere Ähren, volles, feines, von den Müllern besonders bevorzugtes Korn. In erster Linie für die trockenen Lagen des kontinentalen Klimas und für leichtere Böden wie nicht sobald ein anderer Roggen geeignet. Auch für Höhenlagen mit kurzer Vegetationszeit passend.

Bezugsquelle: Pflanzenzuchtstation der Hochschule für Bodenkultur in Groß-Enzersdorf und Wirtschaftsbesitzer G e n o c h in Stadlau.

c) Original Hohenauer-Roggen (s. Abb. 25). Züchtung von Hofrat P a m m e r aus dem in den Hohenauer Zuckerfabriksökonomien akklimatisierten Melker Roggen, der in der klimatischen Lage von Hohenau (Trockenlage mit fast kontinentalem Klima unter 500 mm Niederschläge) wesentlich frühreifer wurde und im äußeren Bau den Charakter von kontinentalen Getreidesorten angenommen hat. Die vollbesetzte Ähre ist mittellang mit ziemlich gedrängtem Ährenbau (A-Typus in etwas B-Typus übergehend) und nickend zur Zeit der Reife. Der Halm ist lang, ziemlich stark, aber doch fein, elastisch und lagerfest. Die Sorte ist frühreif, (erste Juliwoche) zeigt mittlere Bestockung und ist sehr winterfest und sparsam im Wasserhaushalt. Das Korn ist lang und bauchig, feinschalig und von sehr guter Mehlausbeute.

Verbreitungsgebiet: Obere Marchfeldlage. Zum Samenwechsel geeignet in die ebenen Lagen mit kontinentalem Klima auf besseren Böden auch in das Burgenland und für die Trokkenlagen und Übergangslagen des Hügellandes.

Bezugsquelle: Saatgutzüchtung der Zuckerfabrik Brüder Strakosch in Hohenau a. d. N. (Niederösterreich).

d) Original Marienhofer Roggen. Züchtung von Hofrat P a m m e r nach einem Spezialtypus (St. 23 mit mehr gedrängtem Ährenbau) aus der Melker Landsorte. Dieser Typus hat sich gegenüber dem Melkerroggen etwas frühreifer und seinem Habitus nach für die trockenen Lagen der St. Pöltner und Herzogen-

Abb. 25. Orig. Hohenauer Roggen. Züchtung aus dem Melker Roggen in der kontinentalen Lage von Hohenau. Charakteristisches Nicken der Ähren zur Zeit der Reife

burger Gegend besonders geeignet erwiesen. Dieses Gebiet (St. Pöltner Steinfeld) hat vielfach leichte steinige Böden. Dieser Roggen hat eine mittellange voll besetzte Ähre, einen kräftigen, aber doch feinen elastischen und lagerfesten Halm und ein lichtgraues volles, langes Korn. Die Bestockung ist mittelstark, die Pflanzen winterfest.

Verbreitungsgebiet: Das Gebiet von St. Pölten und Herzogenburg. Zum Samenwechsel eignet er sich für das Tullner- und Kremserfeld, — in die Weinbaulagen, — dann auf bessere Böden des Marchfeldes, des Wienerbeckens, des Burgenlandes und für die dortigen Weinbaulagen.

Abb. 26. Orig. Melker Roggen (Mitteldichter Ährenbau (A/B-Typus)

Bezugsquelle: Saatgutzüchtung Oskar O s e r, Marienhof bei St. Pölten.

e) Original Stift Melker **Roggen** (s. Abb. 26). Züchtung von Hofrat P a m m e r (von 1902 bis 1925), sodann Weiterzüchtung durch die Bundesanstalt für Pflanzenbau und Samenprüfung in Wien.

Der Melker Roggen ist ein Abkömmling und eine Akklimatisationsform des Wolfsbacher Roggens in der Lokalität Melk, die als eine Übergangslage von dem östlichen, niederschlagsärmeren, in das westliche, niederschlagsreichere Gebiet des Vier-

tels ober dem Wienerwald aufzufassen ist. In dieser Übergangslage hat sich der Übergangstypus A/B mit einer mittellangen
Ähre und mitteldichten Ährenbau bei offener Kornlage als der
Zuchttauglichste erwiesen. Das Stroh ist lang, kräftig, elastisch
und lagerfest, die Bestockung mittelstark und die Reifezeit
mittelfrüh. (Zweite Woche im Juli.) Entsprechend der örtlichen
Lage der Zuchtstelle eignet sich dieser Roggen ganz besonders
für das Übergangsgebiet von St. Pölten westwärts bis Amstetten
und ostwärts bis Neulengbach. Zum Samenwechsel geeignet
für die ebenen Lagen Oberösterreichs und Salzburgs, sodann
für die niederschlagsreicheren Gebiete des Manhartsberges und
für die besseren Böden des Wienerbeckens und des Marchfeldes.

Bezugsquelle: Saatgutzüchtung der Stiftsökonomie Melk
an der Donau.

f) Original Tschermaks Edelroggen, eingetragen in das
Zuchtbuch der Gesellschaft für Pflanzenzüchtung. (Z) Züchtung von Hofrat Prof. T s c h e r m a k. Dieser Roggen ist ein
Bastardierungsprodukt zwischen Petkuser- und Prof. Heinrich-
roggen. Er ist mittelfrüh reifend, hat ziemlich langes Stroh und
mittellange, breitere, dicht besetzte Ähren und volles, großes,
grünliches Kron.

Die Sorte ist frühreifer als der Petkuser, für leichtere
Böden noch geeignet — besser jedoch für etwas schwerere
Böden mit etwas Niederschlägen.

Bezugsquelle: Gesellschaft für landwirtschaftliche Betriebe
in Staatz.

g) Original Wieselburger-Wienerwald-Roggen. Eine Züchtung des Stolberger Roggens aus dem Schöpfelgebiet im Wienerwald von Hofrat P a m m e r. Seit 1925 Weiterzüchtung durch
die Bundesanstalt für Pflanzenbau und Samenprüfung in Wien.
Er wird auf den dort zumeist schwereren Böden massiger im
Stroh mit schöner mittellanger und mitteldichter besetzter Ähre.
Er eignet sich besonders für mittelschwere bis schwere Böden
in niederschlagsreichen Lagen. Reifezeit mittelfrüh.

Bezugsquelle: Saatgutzüchtung der Wirtschaftsverwaltung des Bundesgestütes Wieselburg an der Erlauf.

h) Original Wieselburger-Melker-Roggen. Ebenfalls eine
Weiterzüchtung des Melker Roggens in der etwas niederschlags-
reicheren Voralpenlage. Eignung in Gebieten, ähnlich wie
Melker Roggen.

Bezugsquelle: Saatgutzüchtung der Wirtschaftsverwaltung des Bundesgestütes Wieselburg an der Erlauf.

i) An dieser Saatgutzüchtung kommt auch im Jahre 1928 eine R o g g e n - N e u z ü c h t u n g zur Saatgutabgabe, die an der Bundesanstalt für Pflanzenbau und Samenprüfung von Dr. D r a h o r a d durch eine Kreuzung von P a m m e r s Melker-Roggen mit P a m m e r s Tyrnauer erhalten wurde.

Abb. 27. Orig. Aschbacher-Wolfsbacher Roggen. Ausgangssorte des Melker Roggens und seiner Nachzuchten (Ziemlich lockerer Ährenbau nach B/A-Typus)

k) Original Loosdorfer Reform-Roggen, eingetragen in das Zuchtbuch der Gesellschaft für Pflanzenzüchtung (Z). Züchtung von Gutsdirektor S c h r e y v o g e l. Dieser aus dem vor etwa 25 Jahren in Loosdorf eingeführten Petkuser Roggen durch Erfassung frühreifster Typen gezüchtete Roggen, zeichnet sich durch wesentlich größere Frühreife als der Petkuser aus, weshalb er auch dem Petkuser Roggen weitaus vorzuziehen ist. Die Ähre ist dicht, lanzettförmig, der Halm kräftig und sehr lagerwiderstandsfähig. Durch die Lage seiner Zuchtstelle in

Loosdorf ist er sehr geeignet für die besseren Böden der Hügellandslagen und selbst der ebenen Lagen. Da er auch sehr winterfest ist, eignet er sich auch für die besseren Böden in Gebirgslagen, wenn eine genügend lange Vegetationszeit vorliegt.
Sein Korn ist voll, gleichmäßig und von guter Qualität.

Bezugsquelle: Piattische Saatgutzüchtung Loosdorf bei
Mistelbach.

l) Original Aschbacher-Wolfsbacher Roggen. (Abb. 27).
Züchtung von Hofrat P a m m e r aus der zum Samenwechsel
geschätzten Landsorte des Wolfsbacher Roggens in seinem Ent-
stehungsgebiete. Im Gegensatze zu dem etwas lockeren Ährenbau, welche die Landsorte aufweist, wurde durch Individualauslese und Formentrennung eine wesentlich verbesserte, gut
besetzte Ähre mit etwas dichterem Ährenbau herangezüchtet,
wodurch die Erträge namhaft gesteigert wurden. Die Bestockung ist gut, der Halm ziemlich fein, elastisch und doch
lagerfest. Die Sorte hat eine große Winterfestigkeit und die
einer Landsorte noch eigentümliche Anspruchslosigkeit. Aus
diesem Grunde wird er in weniger intensiv bewirtschafteten
Betrieben weit über sein Entstehungsgebiet zum Samenwechsel
benützt, namentlich auch nach Oberösterreich, in das Voralpen-
gelände und in das Ennstal.

Bezugsquelle: Saatgutzüchtung der landw. Genossen-
schaft Aschbach bei Amstetten.

m) Original Pammer-Ranningers Edelhofer Winterroggen,
eingetragen in das Zuchtbuch der Gesellschaft für Pflanzenzüchtung (Z). Züchtung von Hofrat P a m m e r und Dir. Ing.
R a n n i n g e r aus dem vor etwa 25 Jahren an der Schulwirt-
schaft eingeführten und dort akklimatisierten Champagner-
Roggen. Dieser für die rauhen Lagen des oberen Waldviertels
sehr bewährte Roggen wurde im Jahre 1908 in Veredlungszüchtung durch Individualauslese und Formentrennung genommen. Im Zuchtverlauf erwies sich ein mittellanger Ährentypus (B/A-Typus) mit mäßig dichter Spindelung und offener
Kornlage mit jedoch festsitzendem Korn als der Zuchttauglichste. Der Halm ist lang, mäßig stark, sehr elastisch und
lagerfest, die Bestockung mittelstark, das Korn lang, voll, von
grüner Farbe und feinschalig (Abb. 28).

In der im Waldviertel gebotenen kurzen Vegetationszeit
(später Frühjahrbeginn), erweist sich diese Sorte trotzdem als
sehr frühreif. (Reifezeit in der vorletzten Juliwoche). Dadurch

ist es möglich, noch für den frühzeitigen Herbstanbau (Anfang bis Mitte September) lagerreifes Saatgut zu liefern. Von seiner Zuchtstelle aus, die in einer Seehöhe von 600 m liegt und allen Stürmen ausgesetzt ist, verbreitete sich dieser Roggen über das ganze Waldviertel, wo er infolge seiner Winterfestigkeit die

Abb. 28.* Orig. Pammer-Ranningers Edelhofer Winterroggen,
B/A-Typus mit offener Kornlage

Grundlage der Produktion bildet. Ganz vorzüglich eignet er sich aber auch infolge seiner Frühreife in allen Lagen mit kurzer Vegetationszeit, so namentlich für die Voralpenlagen Niederösterreichs (Ybbstal etc.), ferner nach Gutenstein, Puchberg am Schneeberg, sowie in manchen Alpenlagen Steiermarks, zum Beispiel für das Murtalgebiet.

Bezugsquelle: Saatgutzüchtung der n. ö. landw. Landeslehranstalt Edelhof, Post Zwettl.

n) Original Steinfelder Roggen. Veredelte Landsorte. Züchtung der Bundesanstalt für Pflanzenbau (Dr. D r a h o r a d). Eignung für die Wiener-Neustädter Steinfeldlage.

Bezugsquelle: Wirtschaftsverwaltung des Akademiegutes in Wr. Neustadt.

2. In Oberösterreich

a) Original Stift Schlägl-Roggen. Züchtung von Hofrat **P a m m e r** aus der Landsorte des Mühlviertler Roggens. (Oberes Mühlviertel.)

Diese in einer Meereshöhe von 590 m gezüchtete, den rauhen Böhmerwaldwinden ausgesetzte Sorte, hat eine mittellange, vierzeilig besetzte Ähre mit mäßig dichtem Ährenbau und ziemlich offener Kornlage. Der Halm zeigt den Charakter der typischen Landsorte, lang, fein, elastisch und doch lagerfest. Die Ähren sind zur Zeit der Reife hineinnickend. Die Bestockung ist mittelstark, die Winterfestigkeit vorzüglich und die Sorte trotz der kurzen Vegetationszeit sehr frühreif. Reifezeit Ende Juli. Leztere bildet die Gewähr für die notwendige Lagerreife des Kornes für den frühzeitigen Herbstanbau im Anfang September. Das Korn ist mittellang, ziemlich kräftig und von sehr guter Mehlausbeute. Das Verbreitungsgebiet dieses Roggens ist das obere Mühlviertel, wo er namentlich wegen seiner Anspruchslosigkeit die Grundlage der Produktion bildet. Er eignet sich für alle Höhenlagen mit kurzer Vegetationszeit und ist sehr bevorzugt zum Samenwechsel nach Tirol und Salzburg (Pinzgau) und für die hohen Voralpenlagen. Besonders gerühmt wird seine Fähigkeit, unter hoher lang andauernder Schneedecke gut zu überwintern, die ihn besonders für die Alpenlagen — wie Pflanzenbau-Oberinspektor Hofrat **S c h u b e r t** berichtet — zu einer der wertvollsten Sorte macht.

Bezugsquelle: Saatgutzüchtung der Stiftsökonomie Schlägl, Post Aigen.

b) Original Otterbacher Roggen. Züchtung von Hofrat **P a m m e r** aus einer natürlichen Kreuzung der Innviertler Landsorte mit Schweden-Roggen. Weiterzüchtung ab 1920 von der landw. Winterschule in Otterbach. Die Sorte hat eine vollbesetzte, kräftige Ähre mit mitteldichtem Ährenbau, ist mittelspät (3 bis 5 Tage später als die Landsorte) hat kräftigen, lagerfesten Halm, gute Bestockung und große Winterfestigkeit.

Sie ist vorzüglich geeignet für das Innviertel und auf besseren Böden der ebenen und Hügellandslagen Oberösterreichs.

Bezugsquelle: Saatgutzüchtung des Landesgutes Otterbach bei Schärding.

c) Original Achleitner Staudenroggen. Züchtung von Hofrat P a m m e r aus dem auf dem Gute Achleiten akklimatisierten Wolfsbacher Roggen und zwar durch fortgesetzte Auslese von stark bestockenden und massig in Blatt und Halm gebauten Pflanzen. Achleiten besitzt schwere Weizenböden. Das Stroh- und Kornverhältnis dieses Roggens ist entsprechend dem massigen Bau ziemlich weit. Trotz des hohen Strohertrages ist aber der Kornertrag noch sehr befriedigend. Staudenroggen soll, um die erwartete starke Strohwüchsigkeit zu geben, sehr früh, möglichst ab Mitte August — in einen weiteren Verband — gebaut werden.

Bezugsquelle: Saatgutzüchtung der Gutsverwaltung Achleiten, Post Rohr.

3. In Steiermark

a) Original Grottenhofer Roggen. Züchtung von W i t z a n y an der Landesackerbauschule Grottenhof aus einer Landsorte Steiermarks. Die Weiterzüchtung dieser für Steiermark wertvollen Sorte wird im Einvernehmen mit dem Pflanzenbauinspektorate Graz (Hofrat S c h u b e r t) durch die Bundesanstalt für Pflanzenbau und Samenprüfung in Wien in Aussicht genommen. Er besitzt mittellange Ähren, die voll besetzt sind, mitteldichten Ährenbau, langen, feinen, elastischen, ziemlich lagerfesten Halm, gute Bestockung und ist sehr winterfest. Er ist sehr geeignet für die besseren Lagen Steiermarks und ganz besonders auch für das Ennstal.

Bezugsquelle: Saatgutzüchtung der steiermärkischen Landesackerbauschule Grottenhof bei Graz.

4. In Kärnten

a) Original Gurktaler-Roggen. Dieser in der Vorkriegszeit durch die Bundesanstalt für Pflanzenbau und Samenprüfung (Hofrat P a m m e r) im Einvernehmen mit dem Landeskulturrate in Klagenfurt und der landw. Lehranstalt in Klagenfurt gezüchtete Roggen, wird nunmehr vom Landeskulturrate (Pflanzenbauinspektor Ing. F r a n k) weitergezüchtet.

Dieser aus der Landsorte durch fortgesetzte Individualauslese gewonnene Roggen hat eine gut besetzte Ähre, ist lager- und winterfest und weitaus weniger rostempfänglich als der ehemalige Landroggen.

5. In Tirol

a) Der Original Jaufentaler Roggen. Züchtung des Pflanzenbauinspektors Ing. M a r c h a l der Landesackerbauschule

Rotholz aus der dortigen Landsorte. Die Ähre ist mittellang bis lang mit mitteldichtem Ährenbau und offener Kornlage. Der Halm ist lang, fein, elastisch, lagerfest und fast rostfrei. Die Sorte an und für sich ist anspruchslos, winterfest und frühreif.

Bezugsquelle: Saatgutzüchtung der Landesackerbauschule Rotholz bei Jenbach.

6. In Salzburg

a) Der Original Lungauer-Roggen. Lungau ist innerhalb der Tauernlage ein Gebiet in einer Meereshöhe von 1000 m bis 1200 m, welches verhältnismäßig wenig Niederschläge hat und auf dem ein ausgedehnter Getreidebau, der sich vornehmlich auf Winterroggen und Sommergerste erstreckt, betrieben wird. Der Umstand, daß Lungauer Roggen- und Gerste von jeher mit Vorliebe zum Samenwechsel im ‚Pongau und Pinzgau benützt wurde, veranlaßte den Landeskulturrat für Salzburg diese Sorten der Veredlungszüchtung, unter der Zuchtleitung von Hofrat P a m m e r, zu unterziehen. Sie ist derzeit soweit vorgeschritten, daß die Zuchtwirtschaften fast ganz mit Edelroggen bestellt sind. Geplant ist dann die Wirtschaften im Lungau mit Edelroggen zu versorgen und hierauf den Samenwechsel für Salzburg in die Wege zu leiten.

II. Fremdländische Winterroggensorten

1. Der Petkuser Roggen. Er ist spätreif, anspruchsvoll und hat eine lange Frühjahrsentwicklung, wodurch das Unkraut leicht überhand nimmt. In rauhen Lagen ist er wenig winterfest (Waldviertel) und schneeschimmelanfällig. Durch die geschlossene Kornlage ist auch der Drusch erschwert. Seine Bestockung geht im Nachbau rasch zurück.

2. Jägers Champagner Roggen. Gut geeignet für Übergangslagen und milde Waldlagen.

3. Proskowetz Hanna Padigree-Roggen, eingetragen in das Zuchtbuch der Gesellschaft für Pflanzenzüchtung (Z) in Wien. Geeignet für Übergangs- und Trockenlagen.

4. Steinitzer Winterroggen. Saatgutzüchtung E. Seidl, Zuckerfabriksökonomie Steinitz, Tschechoslowakei.

5. Kirsches Stahlroggen. Geeignet für Übergangslagen und auf guten Böden in Trockenlagen. Stahlroggen ist ein Kreuzungsprodukt aus Schlanstädter und Probsteier Roggen. Er ist kurz im Stroh, dichtährig, aber etwas spätreif.

Sorten des Sommerroggens

a) Inländische Sorten

1. Der Waldviertler Sommerroggen, eine unveredelte Landsorte in den Bezirken Gr. Gerungs und Weitra im oberen Waldviertel.

2. St. Lambrechter Sommerroggen, eine gute Landsorte aus dem steirischen Murtal mit schöner, langer Ähre und langem Halm. Sehr geeignet zum Samenwechsel für das Waldviertel und die Voralpenlagen in Niederösterreich.

b) Fremdländische Sorten

1. Petkuser Sommerroggen.

2. Jägers Champagner Sommerroggen.

Kennzeichen der jungen Roggenpflanze

Der im Saatkorn befindliche Keimling bildet vier Keimwurzeln aus und die junge Pflanze geht rötlich auf. Die rötliche Färbung hält je nach der herrschenden Witterung 4 bis 8 Tage an und an ihre Stelle tritt dann nach und nach eine Grünfärbung. Doch gibt es Roggensorten, deren untere Blätter auch späterhin noch rötlich angehaucht bleiben. Das junge Pflänzchen hat kein Blatthäutchen, dagegen wesentlich kleinere Blattröhrchen als der Weizen (vgl. Abb. 1).

Ansprüche an Boden und Klima

Der Roggen ist eine kontinentale Pflanze und als solche zeigt er auch eine dem kontinentalen Klima angepaßte Gestaltung (Habitus). Seine Blätter sind schmal und zart, das Wurzelsystem fein und zäh, das sich besonders für leichtere Bodenarten eignet. Der Bau der Halme ist sparsamer und wenig massig. Dieser Aufbau befähigt die Roggenpflanze, Trockenperioden besser zu überwinden und mit wenig Niederschlägen auszukommen, weiterhin aber auch seine Nährstoffaufnahme aus dem Boden schon vorzeitig abzuschließen und ihm mit der Eigenschaft der Frühreife auszustatten. In seinen Ansprüchen an den Boden ist der Roggen sehr genügsam. Er wächst und gedeiht am besten auf leichteren Bodenarten, wie Sandboden, sandigen Lehm, lehmigen Sand und Kalkmergelboden, sandigen Moorboden und selbst auf Heideboden. Die Frühreife, die Widerstandsfähigkeit gegen Trockenheit und die geringen Bodenansprüche machen ihr für viele Lagen in Österreich, die unter Trockenheit leiden, zu einer unentbehrlichen Getreidepflanze und tatsächlich wird auch in Österreich von der Gesamtackerbaufläche rund 20% mit Roggen bebaut. Die größte

Verbreitung hat der Roggen naturgemäß in den Flach- und Hügellandslagen, wo unter dem Einflusse des kontinentalen Charakters unseres Klimas schon Ende Juni oder Anfang Juli sommerliche Hitze eintritt, die einen schnittreifen Roggen verlangt, wenn nicht Notreife eintreten soll. Dort bewähren sich auch im höchsten Maße unsere frühreifen Landsorten und die daraus gezüchteten veredelten Sorten, was bei spätreifen Sorten, zu welchen die ausländischen Sorten zählen, nicht der Fall ist.

Aus ähnlichen Gründen erweisen sich aber auch in den Gebirgslagen die obengekennzeichneten frühreifen Sorten als notwendig. Wenn auch die Niederschläge dort größer sind, so sind doch wieder die Extreme an Kälte und Hitze vorhanden. Auch macht sich in diesen Lagen die Trockenheit fühlbar. Gerade der für den Roggenbau im Gebirge in Betracht kommende Boden ist leicht und locker, der Lage nach meist auf der Sonnseite und im Gehänge gelegen. Die Ackerkrumme ist dort seicht und das überschüssige Wasser hat einen natürlichen Abfluß, so daß schon nach wenigen heißen Tagen Trockenheit eintritt. Spätreife Sorten finden hingegen mit ihren großen Ansprüchen an die Kultur dort nur wenig zusagende Verhältnisse. Sie werden notreif oder es fällt in kühleren Jahren die Ernte mit der einer anderen Kulturpflanze zusammen, was betriebswirtschaftlich ein schwerer Nachteil ist. Infolge ihres starken Halmes und der breiteren Blätter werden sie auch leicht vom Rost befallen. Ihre langsame Frühjahrsentwicklung hat ein Überhandnehmen der Unkräuter in den ohnehin unkrautwüchsigen Gebirgslagen zur Folge. Sie entwachsen nämlich nicht so leicht, wie die schnellwüchsigen frühreifen Sorten, dem Unkraut.

Vollständig zu vermeiden ist aber der Anbau von Roggen im Talgrund, wo der Boden zumeist schwer ist und an Nässe leidet. Ein in die Nässe gebauter Roggen, wenn er, wie man sagt, hineingeschmiert wird, geht ungleich auf. Tritt dann noch frühzeitiger Schneefall ein und hält die Schneedecke lange an, so erstickt der Roggen durch den Luftabschluß, den die Schneedecke bewirkt hat. Diese Umstände werden im Gebirge gerade beim Roggenbau viel zu wenig beachtet, weshalb häufig Mißerfolge eintreten.

Ansprüche an Kultur und Düngung

Der Roggen verlangt einen lockeren und mürben Boden. Er soll daher mäßig tief geackert werden, aber nach Möglichkeit schon ein bis zwei Wochen vor der Saat, damit er sich gesetzt hat. Der Anbau soll nicht zu spät erfolgen. Im allgemeinen ist die beste Zeit Mitte September bis in die erste Woche Oktober.

Im Gebirge erfolgt jedoch der Anbau mitunter auch schon Ende August oder Anfang September. Je früher der Roggen gebaut wird, desto besser bestockt er sich. Bei uns ist nur eine Bestockung von drei bis fünf Halmen erwünscht. Eine größere Bestockung verzögert die Reife und hat auch einen größeren Wasserverbrauch zur Folge. Besonders zu beachten ist beim Roggen, daß er in trockenen Boden kommt. Für gewöhnlich verwendet man als Saatgut die Ernte desselben Jahres. In Gebirgslagen jedoch und auch in einigen Teilen des niederösterreichischen Waldviertels, wo die Ernte oft spät (Anfang bis Mitte oder sogar Ende August) stattfindet und der Anbau wieder sehr früh (Ende August bis Anfang September) vorgenommen werden muß, wird oft überjähriges Saatgut verwendet. Es liegt dazu eine gewisse Berechtigung vor, weil dort von der Ernte bis zum Anbau eine so kurze Spanne Zeit zur Verfügung steht, daß sie nicht ausreicht, einen lagerreifen Roggen zu erhalten. Nichtlagerreifer Roggen wäre aber unzweckmäßig zu verwenden, denn er entwickelt nicht so kräftige Pflanzen und hat auch meist eine geringere Keimfähigkeit. Auch kann er ungünstige Witterungsverhältnisse nicht so gut überwinden. Aus diesen Gründen hat sich in solchen Lagen daher überjähriges Saatgut, wenn es luftig während des Jahres aufbewahrt wird, viel besser bewährt.

Als Vorfrüchte sagen dem Roggen vor allem Klee, Mischlinge, Hülsenfrüchte und Raps zu. Weniger gut sind Kartoffel und noch weniger Rüben, weil diese Pflanzen das Feld sehr spät räumen. Beim sogenannten Kartoffelkorn muß die Kartoffelsorte frühreif sein, damit noch genügend Zeit zur Bodenvorbereitung übrig bleibt.

Unter allen Umständen soll sich der Roggen noch im Herbste bestocken, weil er dann viel kräftiger in den Winter kommt und viel widerstandsfähiger ist.

Stallmist kommt für Roggen ebensowenig in Betracht als für die anderen Getreidearten. Durch die verhältnismäßig frühe Reife des Getreides, die schon in den Sommermonaten erfolgt, noch mehr aber dadurch, daß es die Nährstoffaufnahme schon viel früher abschließt, kann der Stallmist nicht gut ausgenützt werden. Nimmt es doch schon bis zur Zeit des Schoßens (Mai) 90% aller benötigten Nährstoffe aus dem Boden auf.

Auch Gründüngung zu Roggen wird nicht empfohlen, doch hat sich auf Grund eigener Erfahrung eine Gründüngung zu Roggen in der Weise vorzüglich bewährt, daß der vorherige Klee hand- bis spannhoch nachwachsen gelassen und so unterpflügt wurde. Trotz unseres leichten Bodens konnte dadurch ein Auswintern des Roggens niemals beobachtet werden.

An stickstoffhältigen Düngemitteln wird man zu Roggen im allgemeinen sparen und nur dann solche geben, wenn es unbedingt nötig ist. In Edelhof wird zu Roggen nie Kunstdünger gegeben, sondern dieser immer den Vorfrüchten verabreicht, zum Beispiel Thomasmehl oder Rhenaniaphosphat zu Mischling. Im Frühjahre kann sich eine Kopfdüngung mit Chilisalpeter, Kalk- oder Leunasalpeter als notwendig erweisen, wenn der Roggen schwach steht. Auch erweist sich eine solche im Herbste dann als unerläßlich, wenn knapp vor dem Anbau längere und stärkere Regengüsse gefallen sind. Dadurch sind die Nitrate aus dem Boden gewaschen und es würde dann infolge Stickstoffmangel nur eine schwache Bestockung die Folge sein.

Von den phosphorsäurehältigen Düngemitteln kommt Thomasmehl und Rhenaniaphosphat für die leichten und Superphosphat für die schwereren Böden in Betracht. Auf kalireichen Verwitterungsböden, zum Beispiel im n. ö. Waldviertel, ist eine Kalidüngung nicht erforderlich, dagegen auf den kaliarmen Böden, zum Beispiel im Marchfelde und zwar meist zu den Vorfrüchten. Roggen ist mit sich selbst sehr verträglich und kann selbst jahrelang nacheinander auf ein und demselben Felde gebaut werden, ohne daß die Erträge zurückgehen. Selbstverständlich ist hiebei entsprechende Düngung vorausgesetzt und daß ein solches Vorgehen die Pflanzenfeinde (Getreidelaufkäfer usw.) zulassen. Der Anbau des Roggens geschieht bei uns noch häufig durch Handsaat (Breitsaat). Dabei wird der Roggen mit einem Eggenstrich untergebracht. Das Einackern des Saatgutes ist nicht nur bei Roggen, sondern auch bei den übrigen Getreidearten vornehmlich aus dem Grunde zu vermeiden, weil das Korn zu tief und ungleich tief in den Boden kommt. Roggen soll überhaupt seicht gesät werden, er will, wie man sagt, den Himmel sehen. Seine gewöhnliche Saattiefe beträgt 3 cm. Weitaus besser ist selbstverständlich die Reihensaat, wodurch der Roggen gleichmäßig tief untergebracht und außerdem eine namhafte Saatgutersparnis erzielt wird.

An Aussaatmenge werden bei der Breitsaat je nach der Lage bezw. den klimatischen Verhältnissen 170 bis 220 kg verwendet. In Gebirgslagen kommen hingegen oft 250 kg und noch mehr zur Aussaat. Bei Drillsaat benötigt man etwa 120 bis 180 kg pro 1 ha bei einer Reihenweite von 8 bis 12 oder selbst 15 cm. Je ungünstiger die Verhältnisse sind, desto enger soll die Reihenweite sein.

Zu erwähnen wäre bei dieser Gelegenheit der sogenannte Staudenroggen oder auch Johannisroggen. Es ist dies ein Roggen, welcher durch weiten Standraum, also durch dünne Saat und frühzeitigen Anbau, der schon im Juli stattfinden muß, erzielt wird. Hiezu eignen sich Roggensorten, die an und für sich zu größerer Bestockung und größerer Strohwüchsigkeit neigen, also solche aus niederschlagsreichen Gegenden. Bei fortgesetztem Anbau in der geschilderten Weise, wird die Neigung zur Bestockung befestigt, die sich aber bald verliert, wenn ein engerer Standraum gegeben und der Anbau später vorgenommen wird. Staudenroggen wird zu Wintermischlinge im Gemenge mit Winterwicke (*Vicia villosa*) gebaut, weil dieses Gemenge im Frühjahre ein frühzeitiges Grünfutter liefert, was für Milchwirtschaften eine große Bedeutung hat.

Roggen wird zumeist als Winterroggen gebaut.

In den höheren Gebirgs- und Waldlagen, wo die Vegetationszeit verhältnismäßig kurz ist, verwendet man den Sommerroggen. Sein Anbau muß schon frühzeitig geschehen, am besten noch im März, womöglich noch vor dem Haferbau, aber immerhin zu einer Zeit, wo der Boden schon abgetrocknet ist und die notwendige Wärme hat.

Ein gutes Roggensaatgut soll eine Reinheit von 99% und eine Keimfähigkeit von 98% aufweisen.

Pflege

Roggen, der durch Winterfrost gelitten hat, sogenannte aufgezogene Saat, wird durch Anwalzen an den Boden angedrückt und eventuell durch eine nachfolgende leichte Kopfdüngung mit Chilisalpeter gekräftigt. Pro 1 ha genügen zirka 50 bis 60 kg. Der gleichmäßigeren Verteilung wegen wird der Chilisalpeter vorher gut mit Erde gemischt.

Ist der Roggen zu üppig, so wird er übereggt. Zweckmäßig erweist sich in einem solchen Falle auch ein Überweiden mit Schafen im Herbste oder Frühjahre, nur muß man beachten, daß sich die Tiere nicht zu lange an einer Stelle aufhalten. Liegt die Gefahr des Ausfaulens bezw. Erstickens durch eine starke und langanhaltende Schneedecke vor, so kann man den Roggen retten, wenn man Luftlöcher macht, wodurch den Saaten Luft (besonders im Umkreis dieser Löcher) zugeführt wird. Je näher diese Luftlöcher zueinander liegen, umso intensiver ist die Wirkung der Luftzufuhr.

Ernte

Die Ernte des Roggens soll unbedingt in der Gelbreife vorgenommen werden, wenn sich also das Korn über den Fingernagel brechen läßt. Früher geschnittenes Korn gibt Ernteverluste durch zu starkes Eintrocknen des Kornes und die Mehlausbeute ist dann auch entsprechend geringer. So mahlt zum Beispiel die Genossenschaftsmühle in Zwettl mit Recht je nach der Qualität des Roggens von je 100 kg aus.

Roggen I
25 kg Vorschuß, 41 kg Brotmehl, 12 kg Futtermehl und 19 kg Kleie

Roggen II
22 kg Vorschuß, 43 kg Brotmehl, 13 kg Futtermehl und 19 kg Kleie

Roggen III
20 kg Vorschuß, 40 kg Brotmehl, 15 kg Futtermehl und 22 kg Kleie

Auch der Preis eines solchen minderen Kornes ist ein niedriger. In der Voll- oder gar in der Totreife geerntetes Getreide fällt jedoch stark aus.

Winterroggen liefert im Mittel einen Ertrag von 20 q Körner pro 1 ha mit einem mittleren Hektolitergewicht von 72 kg (66 bis 78 kg). Das Verhältnis von Korn zu Stroh schwankt zwischen 1 : 1·6 bis 1 : 2·8. Er hat das schönste und längste Stroh, das auch zu Decken und Flechtwarenerzeugung verwendet wird. Im Wirtschaftsbetriebe wird es wegen des großen Aufsaugvermögens hauptsächlich als Einstreumittel und zur Erzeugung von Pferdehäcksel verwendet.

Sommerroggen liefert entsprechend geringere Erträge an Körner und an Stroh. Auch sind die Körner wesentlich kleiner.

Roggen eignet sich nebst der Wintergerste von allen Getreidearten am besten zur Einsaat von Klee. Nach dem Roggenschnitt liefert der Klee im Anbaujahre, ausgenommen höhere Gebirgs- und Waldlagen (über 600 m) noch einen Stoppelschnitt, der fast einem vollen Kleeschnitt gleichkommt, wodurch eine Verlängerung der Grünfütterung möglich ist.

Der Weizen (Triticum sativum)

Der Weizen ist als Kulturpflanze uralt. Schon im dritten Jahrtausend v. Chr. wurde er in China und im zweiten Jahrtausend v. Chr. in Ägypten gebaut. Seine Abstammung und

Abb. 29. Orig. Marienhofer roter Bartweizen

ebenso der Weg, auf den er zu uns gekommen ist, sind vollständig unbekannt.

Man unterscheidet beim Weizen zwei Hauptarten:

1. Den Nackt-Weizen,
2. Den Spelzweizen.

Der Nacktweizen hat eine zähe Ährenspindel und beim Dreschen fallen die Körner aus den Spelzen heraus, sind also nackt. Die Spindel des Spelzweizens dagegen ist brüchig und zerfällt beim Dreschen in so viele Teile, als Ährchen vorhanden sind. Die Körner bleiben auch von den Spelzen umgeben. Am meisten verbreitet ist der Nacktweizen, der in nachstehende Unterarten zerfällt:

In den Glas- oder Gersten-Weizen *(Triticum sativum durum)*,

Abb. 30. Orig. Achleitner roter Kolben-Winterweizen

den bauchigen oder strotzenden Weizen *(Triticum sativum turgidum)*, die für unsere Verhältnisse kaum in Betracht kommen und

den gemeinen Weizen *(Triticum sativum vulgare)*, der in unseren klimatischen Verhältnissen allgemein gebaut wird. Vom gemeinen Weizen gibt es wiederum zahlreiche Spielarten, so zum Beispiel den Kolben-Weizen, den Bart- oder Grannen-Weizen und den sogenannten Igel- oder Binkel-Weizen. Für uns in Österreich kommt eigentlich nur der Bart- und Kolbenweizen in Betracht, von welchen wir wieder eine beträchtliche Zahl guter Zuchtsorten haben. B a r t - oder Grannenweizen-Typus zeigt beispielsweise die Abb. 29, Kolbenweizen-Typus die Abb. 30. Ebenso gibt es sowohl vom Kolben- als auch vom Bartweizen wieder Winter- und Sommerweizen. Eine ganz besondere Spielart des Weizens ist der sogenannte Wechselweizen, der aber bei uns nicht gebaut wird. Am bekanntesten hievon ist der sogenannte böhmische Wechselweizen.

Der Grannenweizen, der sich, wie der Name schon sagt, durch lange Grannen auszeichnet, eignet sich ganz besonders für unser kontinentales Klima. Er verträgt rauhere Lagen und weniger günstigen Boden und überdauert auch Trockenperioden verhältnismäßig gut. Die Grannen wirken federnd, wodurch ein Ausschlagen von Körnern durch Wind kaum stattfindet. Auch ist der Grannenweizen dem Vogelfraß nicht so stark unterworfen.

Nach der Farbe der Ähre unterscheidet man einen weißen und roten Grannenweizen. Für schwerere Böden soll sich der rotährige Weizen besser eignen, er gilt als der kräftigere und der widerstandsfähigere.

Beim Kolbenweizen fehlen die Grannen, er stellt etwas höhere Ansprüche an das Bodenwasser und eignet sich vornehmlich für schwere Böden. Auch beim Kolbenweizen unterscheidet man weiß- und rotährige Formen, er hat aber unter Vogelfraß mehr zu leiden und ist auch spätreifer.

Das Korn des Weizens soll einen möglichst hohen Prozentsatz von glasiger Beschaffenheit aufweisen. Glasigkeit hängt nämlich mit hohem Klebergehalt zusammen und Weizen mit hohem Klebergehalt weisen auch eine vorzügliche Backfähigkeit auf. Weizen, die unter dem Einflusse des Seeklimas gewachsen sind, zeichnen sich wohl durch höhere Erträge aus, jedoch haben sie mehlige Körner und eine schlechte Backfähigkeit. Zum Teil läßt sich die Qualität des Weizens schon an der Farbe erkennen. Erstklassige Weizen haben eine feurigrote Färbung, dagegen weist gelblicher, bräunlicher oder grauer Weizen auf mindere Qualität hin.

Weizen ist ein Selbstbefruchter, doch ist auch Fremdbefruchtung möglich. Letztere wird durch trockenes Wetter begünstigt und kann dann bis zu $1^1/_2\%$ betragen.

Winterweizen-Sorten (Triticum sativum vulgare)

I. Inländische Sorten

1. In Niederösterreich und Burgenland

a) Original Tschermaks weißer Moravia Winter Weizen, eingetragen in das Zuchtbuch der Gesellschaft für Pflanzenzüchtung (Z) in Wien. Bastardierungszüchtung von Hofrat Prof. Tschermak. Der Weizen hat eine begrannte, lockere und lange gleichmäßig breite Ähre, ziemlich glasiges Korn und ist ertragsicher und frühreif. Das Stroh ist lang und lagerwiderstandsfähig und rostsicher. Er eignet sich sowohl für mehr trockene als auch für etwas feuchtere Lagen.

Bezugsquelle: Gesellschaft für landwirtschaftliche Betriebe in Staatz, Nieder-Österreich.

b) Original Tschermaks brauner Moravia Winter-Weizen. Er ist ähnlich dem vorstehenden, nur braunspelzig, mit härterem Stroh und hat festschließendere Ährchen. Er eignet sich für die gleichen Lagen wie der weiße Moraviaweizen.

Bezugsquelle: Gesellschaft für landwirtschaftliche Betriebe in Staatz, Nieder-Österreich.

c) Original Tschermaks Non plus ultra Weizen, eingetragen in das Zuchtbuch der Gesellschaft für Pflanzenzüchtung (Z) Wien. Bastardierungszüchtung von Svalöfs Grenadier mit Banater Weizen, begrannt, winterhart, ertragreich, lagerfest, für bessere Böden besonders geeignet, doch auch für trockene Lagen und schwächere Böden passend, frühreif, mittlere Bestockung, mittellange gleichmäßig dichte Ähre, volles, rotes, glasiges Korn, besonders gute Backfähigkeit.

Bezugsquelle: Gesellschaft für landwirtschaftliche Betriebe in Staatz, Niederösterreich.

d) Original Marienhofer roter Bartweizen, (vergleiche Abb. 29). Züchtung von Hofrat P a m m e r. Er ist frühreif, hat mitteldichte Ährchen, die meist dreikörnig sind und ist sehr lagerfest. Der Halm ist fein und elastisch, das Korn länglich voll und von guter Backfähigkeit. Er ist für gute bis leichtere Weizenböden geeignet und ebenso auch für bessere Gebirgslagen.

Bezugsquelle: Saatgutzüchtung Oser, Marienhof bei St. Pölten.

e) Original Melker Manker Kolbenweizen. Zucht von Hofrat P a m m e r, seit 1925 Weiterzucht durch die Bundesanstalt für Pflanzenbau und Samenprüfung in Wien. Er ist ziemlich frühreif und hat mittellange, kräftige, braune Ähren. Er ist lager- und winterfest und hat einen elastischen Halm. Das Korn ist von feiner Qualität und hoher Backfähigkeit. Er eignet sich für mittlere bis bessere Weizenböden, (Brucker Gebiet) sowie für die Voralpen und Manhartsberglagen.

Bezugsquelle: Saatgutzüchtung der Stiftsökonomie Melk an der Donau.

f) Original Marienhofer Manker Kolbenweizen. Züchtung von Hofrat P a m m e r. Er ist ziemlich frühreif, hat eine

mittellange kräftige Ähre, ist lagerfest und rostwiderstandsfähig. Das Stroh ist fein, elastisch, das Korn rot, bauchig und
von guter Qualität. Er eignet sich für mittelgute bis bessere
Weizenböden in Hügellandslagen, für das Voralpengebiet und
für die Manhartsberglagen.

Bezugsquelle: Saatgutzüchtung Oser, Marienhof bei
St. Pölten.

g) Original Loosdorfer Piattiweizen, eingetragen in das
Zuchtbuch der Gesellschaft für Pflanzenzüchtung (Z) Wien. Aus
einer im Jahre 1904 von Hofrat P a m m e r und Prof. F r e u d l
durchgeführten Kreuzung zwischen rotem Banater und Beseler
Squarehead stammend. Piatti-Weizen ist ein verhältnismäßig
früher, winterfester Weizen, dessen lockere, sich verjüngende
Ähre ein längliches Korn von bester Qualität liefert. Er bestockt sich im allgemeinen nicht so stark wie Hainisch, steht
demselben auf weniger guten Böden im Ertrag jedoch nicht
nach, bei guter Kultur leistet er hervorragendes.

Bezugsquelle: Saatgutzüchtung der Piattischen Gutsverwaltung, Loosdorf bei Mistelbach.

h) Original Loosdorfer Präsident Hainisch Weizen, ist
ein weißer verhältnismäßig kurzstrohiger Bartweizen, dessen
mittellange gedrungene Ähre sich nach oben keulenförmig
verdichtet. Hervorgegangen aus einer Kreuzung von braun-
ährigem Theiß mit weißem Teverson zeichnet er sich durch
Frühreife bei zugleich guter Bestockungsfähigkeit und durch
rundes, volles Korn bei guter Qualität aus. Winter- und
durchaus lagersicher eignet er sich vor allem für kräftige
Böden hervorragend, befriedigt aber auch auf mittleren Böden
und in minderen Jahren vollkommen.

Bezugsquelle: Saatgutzüchtung der Piattischen Gutsverwaltung, Loosdorf bei Mistelbach.

i) Original Wieselburger Voralpen-Bartweizen. Eine
Züchtung von Hofrat P a m m e r. Weiterzüchtung durch die
Bundesanstalt für Pflanzenbau und Samenprüfung seit 1925. Er
ist frühreif, lager- und winterfest, das Stroh fein und elastisch.
Er eignet sich für Übergangslagen und auch auf zur Trocken-
heit neigenden Böden.

Bezugsquelle: Saatgutzüchtung der Wirtschaftsverwaltung des Bundesgestütes Wieselburg an der Erlauf.

k) Original Wieselburger Manker Kolbenweizen, Züchtung wie vorstehend. Dieser Weizen ist ziemlich frühreif, lager-

und winterfest und rostwiderstandsfähig. Er eignet sich besonders gut auf besseren Weizenböden.

Bezugsquelle: Saatgutzüchtung der Wirtschaftsverwaltung des Bundesgestütes Wieselburg an der Erlauf.

An dieser Saatgutzüchtung kommen auch vom Jahre 1928 an folgende Weizen-Neuzüchtungen von Dr. F. D r a h o r a d der Bundesanstalt für Pflanzenbau und Samenprüfung zur Abgabe:

α) Kreuzung von Marchfelder Weizen (Landsorte) mit Pammers Voralpenbartweizen,

β) Kreuzung von Marchfelder Weizen (Landsorte) mit Pammers Wieselburger Kolbenweizen,

γ) Pammer's Otterbacher Bartweizen mit Pammer's Voralpenweizen,

δ) Italienischer Weizen mit Pammer's Voralpenweizen.

l) Original Kadolzer Weizen ist ein begrannter, sehr raschwüchsiger, winterfester und frühreifer Weizen. Schon im Herbst entwickelt er sich äußerst kräftig und übersteht selbst sehr kalte und ungünstige Winter, ohne Schaden zu nehmen. Im Frühjahr ist er dann mit seinem wohlausgebildeten Wurzelsystem in der Lage, die Winterfeuchtigkeit rechtzeitig auszunützen. Auch sein weiteres Wachstum geht rasch von statten, er schoßt zeitlich und die Halmfliege *(Chlorops)*, die bei späteren Weizen oft unermeßlichen Schaden anrichtet, kann ihm nichts anhaben. Er wird in den ersten Julitagen reif. Die trockene Sommerhitze, die meist anfangs Juli einsetzt, schädigt ihn nicht mehr. Er ist überhaupt gegen Trockenheit außerordentlich widerstandsfähig. Auch an die Bodennährstoffe stellt er sehr geringe Ansprüche und gedeiht auf den meisten Roggenböden. Alle diese Eigenschaften haben nicht nur außerordentlich hohe Erträge zur Folge, sie bedingen vielmehr auch eine große Ertragssicherheit. Original Kadolzer Winterweizen eignet sich daher ebenso für gute Weizenböden, wie auch für leichtere Böden, wo er an Stelle des Roggens treten kann.

Bezugsquelle: Saatgutzüchtung der Gutsverwaltung Löw in Angern an der Nordbahn.

m) Kirsche's Ungarweizen, ein Bartweizen, abstammend vom Banaterweizen, sehr winterfest, frühreif mit glasigem Korn von sehr guter Backfähigkeit. Eignung für trockene Lagen, selbst auf leichteren Weizenböden.

Bezugsquelle: Vertretung der Saatgutzüchtung Kirsche, Wien, VII. Neustiftgasse 15.

2. In Oberösterreich

a) Original Achleitner roter Kolben Winter-Weizen (vgl. Abb. 30). Züchtung von Hofrat Pammer aus der Landsorte des in Österreich zum Samenwechsel hochgeschätzten Sibpachzeller Landweizens. Die seit dem Jahre 1908 fortgesetzte Individualauslese mit Formentrennung führte zur Züchtung der Stammform Nr. 6, die der Züchtung nunmehr zugrunde gelegt wurde. Diese Reinzucht hat eine mittellange, von unten kräftig aufbauende und nach oben sich mäßig verjüngende Ähre und zwar mit Dreikörnigkeit im unteren Ährenteil. Der Halm ist fein, elastisch und blau bereift. Die Sorte hat eine große Lager- und Winterfestigkeit, sowie ein vorzügliches Qualitätskorn (sehr glasig). Sie ist mittelfrüh und eignet sich für alle besseren Weizenböden Oberösterreichs. Sehr bewährt hat sie sich zum Samenwechsel für die Ennstallagen und selbst höher gelegenen Gebirgslagen Steiermarks.

Bezugsquelle: Saatgutzüchtung der Gutsverwaltung Achleiten, Post Rohr.

b) Original Otterbacher roter Bartweizen. Züchtung von Hofrat Pammer von 1908 bis 1920, von da ab Weiterzüchtung durch die landw. Winterschule in Otterbach. Der Otterbacher Weizen ist durch fortgesetzte Veredlungsauslese (Individualzucht mit Stammbaumnachweis und Formentrennung) aus der Landsorte des Innviertler roten Bartweizens hervorgegangen. Die Ähre ist mittellang, etwas locker, die Sorte an und für sich anspruchslos, ziemlich lagerfest und bei guter Bodenbearbeitung und Düngung sind die Erträge sehr befriedigend.

Bezugsquelle: Saatgutzüchtung Landesgut Otterbach bei Schärding.

c) Original Ritzelhofer roter Kolben Winterweizen. Züchtung von Hofrat Pammer von 1908 bis 1920, von da ab Weiterzüchtung durch die Ackerbauschule Ritzelhof. Er ist ebenfalls eine aus dem Sibpachzeller roten Kolben ausgelesene rote Kolbenform. Der Ritzelhofer Weizen eignet sich namentlich zum Samenwechsel in das Salzkammergut und für die Lagen gegen die niederösterreichische Grenze.

Bezugsquelle: Saatgutzüchtung der Landesackerbauschule Ritzelhof.

II. Landsorten des Winterweizens

1. Roter Manker Kolbenweizen, in der Voralpenlage von Niederösterreich (Umgebung von Mank).

2. Roter Bartweizen, in den Hügellandgebieten des Viertels unter dem Manhartsberg (Oberhollabrunn, Laa a. d. Th.).

3. Hornerboden Landweizen, ein stark bestockender Winterweizen im Hornerbecken des Waldviertels, der allem Anscheine nach dem Bau der Ähre aus einem böhmischen Wechselweizen stammt, der in diesem Gebiet nur als Winterweizen weitergebaut wurde.

4. Sibpachzeller roter Kolbenweizen, im Gebiete von Kremsmünster in Oberösterreich.

III. Fremdländische Sorten

Im allgemeinen haben sich die Square-head-Weizen (Dickkopfweizen) wenig bewährt. In jüngster Zeit sind allerdings mit einigen Sorten süddeutscher Herkunft (Bayern) bessere Erfahrungen gemacht worden. Wir nennen vor allem:

1. Bayernkönig und

2. Mauerner Dickkopfweizen, von denen sich ganz besonders der erstere in den letzten Jahren in Kärnten und auch in Steiermark gut bewährt haben soll. Sie stellen jedoch hohe Ansprüche an Boden und Kultur.

Eine andere fremdländische Sorte aus Frankreich, die sich in Trocken- und Übergangslagen gut bewährt hat, ist

3. der Bonfermier Winterweizen. Er verlangt gute Böden und ist im Nachbau winterfester. Gute Nachbausorten erzeugt die Zuckerfabriksökonomie Brüder Strakosch in Hohenau und die Deutsche Ackerbaugesellschaft in Probstdorf im Marchfelde. Die Sorte ist auch bereits in Hohenau und Probstdorf in Zucht genommen. Bemerkt wird, daß zum guten Gedeihen dieses Weizens frühzeitiger Anbau notwendig ist.

Sorten aus der Tschechoslowakei:

4. Dregers Sommer- und Winterweizen von der Saatgutzüchtung Nolč-Dreger in Chlumetz.

5. Postelberger Winter-, Sommer- und Wechselweizen von der Saatgutzüchtung der Aussiger Zuckerraffinerie-Ökonomie-Pachtung Postelberg.

Über den Anbauwert dieser Sorten, die erst in den letzten Jahren versuchsweise gebaut wurden, liegen noch nicht genügende Erfahrungen vor, um ein abschließendes Urteil fällen zu können.

Sommerweizensorten

1. Original Wieselburger weißer Kolben Sommerweizen. Züchtung von Hofrat Pammer aus einer Landsorte der Voralpenlage bei Wolfpassing-Wieselburg.

Weiterzüchtung seit 1925 durch die Bundesanstalt für Pflanzenbau und Samenprüfung in Wien. Die Ähre ist kurz, prismatisch, nach oben zu sich verjüngend, zum Teil dreikörnig. Das Stroh ist fein und elastisch, das Korn kurz, bauchig und von vorzüglicher Qualität.

Bezugsquelle: Saatgutzüchtung der Wirtschaftsverwaltung des Bundesgestütes Wieselburg a. d. Erlauf.

2. Hirmer Sommerglasweizen. Delgefö-Saatgutstelle.

Bezugsquelle: Delgefö, Wien II., Ober Donaustraße 47.

Kennzeichen der jungen Pflanze

Der Keimling bildet drei Würzelchen aus und die junge Pflanze geht grün auf. Sie hat ziemlich große Blattöhrchen, die jedoch den Stengel nicht umgreifen (vgl. Abb. 1).

Ansprüche an Boden und Klima

Von den vier Hauptgetreidearten hat der Weizen im Weltgetreidebau die größte Verbreitung. Bei uns in Österreich steht er als Winterung an zweiter Stelle. Von der Gesamtackerfläche werden rund 10·5% mit Weizen bebaut, während auf Roggen 20% von dieser Fläche entfallen. Seine Hauptverbreitung hat er bei uns im Marchfelde, im Wiener Becken und Tullnerfeld, ferner im Oberhollabrunner- und Laaer-Gebiet, jedoch wird auch in den Alpenländern Weizen gebaut, und zwar geht er in Kärnten an südlichen Hängen bis zu 1200 m Seehöhe und desgleichen in den südlichen Tauerntälern.

Der Weizen macht größere Ansprüche an Wärme und er wird daher vorwiegend in den Ebenen, den Hügellands- und in den milden Vorgebirgslagen gebaut. In den höheren Lagen kommt nur noch vereinzelt der Binkel- oder Igelweizen vor. Die Ansprüche des Weizens an die Feuchtigkeit sind bedeutend größer als die des Roggens. Auch seine Bodenansprüche sind bedeutend größere. Er fordert einen bindigeren Boden und gedeiht besonders gut auf kalkhaltigen, humosen Ton- und Lehmböden. Solche Böden bezeichnet man direkt als Weizenböden erster Klasse. Weniger gut sind die kalten, zähen Tonböden und die leichten Lehm- und lehmigen Sandböden. Doch ist immerhin bemerkenswert, daß einige unserer einheimischen Sorten selbst auf den verhältnismäßig leichten Böden des Marchfeldes bis zu 28 q Ertrag pro 1 ha geben, und zwar bei vorzüglicher Qualität. In unserem Klima werden an den Weizen große Ansprüche in bezug auf Winterfestigkeit gestellt. Er ist am meisten empfindlich gegen starke

Fröste ohne Schnee und gegen die austrocknenden kalten Ostwinde. Aus diesen Gründen eignen sich daher für uns nicht die westländischen, englischen und deutschen Sorten, die an ein mildes Klima gewöhnt, auch eine geringere Winterfestigkeit haben und spätreif sind. Der in Mitteldeutschland überwiegend gebaute Dickkopfweizen *(Square head)* hat sich bei uns gleichfalls gar nicht bewährt und ebenso nicht die meisten deutschen Zuchtsorten.

Vorfrüchte

Die beste Vorfrucht wäre für Weizen die Brache, doch kann dadurch der Ausfall einer Jahresernte nicht wettgemacht werden. In erster Linie kommen daher dieselben Vorfrüchte wie für Roggen,, also Klee, Mischling, Raps und Hülsenfrüchte, außerdem auch Lein in Betracht. Da aber Weizen noch bedeutend später gebaut werden kann, sind auch Kartoffel und selbst Mais, Rüben und Pferdebohnen ganz gute Vorfrüchte. Als schlechteste Vorfrucht gilt Getreide. Es sollen sich aber nach den jüngsten Erfahrungen manche Weizensorten in Bezug auf Vorfrucht sehr verschieden verhalten und selbst nach Getreide (Gerste) sehr gut bewähren. Auch in Bezug auf das Düngebedürfnis sind große Verschiedenheiten, die vielleicht darauf zurückzuführen sind, daß manche Weizensorten, besonders die kontinentalen Sorten, vermöge ihres zarten Halm- und Blattbaues und ihrer reichlicheren Bewurzelung, genügsamer sind. Versuche in dieser Richtung können gewiß als sehr aktuell bezeichnet werden und sind für uns insoferne von Wichtigkeit, als sie vielleicht die Grundlagen schaffen können für einen erweiterten Weizenbau in Österreich. (S. auch „Sortenwahl" — „Vorzügliche Qualität des Kornes" — S. 48.)

Düngung

Hinsichtlich der Düngung beansprucht der Weizen einen in guter Kraft stehenden Boden. Er verlangt nämlich leicht aufnehmbare Nährstoffe. War die Vorfrucht ein Stickstoffsammler, so kann man sich die Stickstoffdüngung ersparen, sonst ist eine solche nicht zu umgehen, schon zum Teil schon darum, weil hiedurch der Klebergehalt des Weizens gesteigert und die Glasigkeit und damit die Backfähigkeit begünstigt wird. Die Stickstoffdüngung wird in Form von Chilisalpeter, Kalk- oder Leunasalpeter verabreicht und zwar gewöhnlich im Frühjahre in einer Menge von 80 bis 100 kg pro

1 ha. Für die Phosphorsäuredüngung gilt das gleiche wie für den Roggen. Weizen ist auch für eine Kalidüngung gewöhnlich sehr dankbar, weil er sich das Bodenkali weniger gut aneignen kann. Man verwendet daher 40%iges Kalisalz, und zwar gibt man davon etwa 150 bis 200 kg pro 1 ha.

Anbau

Für den Anbau braucht der Boden nicht so gesetzt zu sein wie beim Roggen, im Gegenteil hat es Weizen sogar gerne, wenn er sich gleichzeitig mit dem Boden setzen kann. Sein Anbau in mäßiger Bodenfeuchtigkeit ist am besten, doch kann es auch bei vorgeschrittener Jahreszeit und auf schweren Böden leicht notwendig werden, ihn selbst bei größerer Bodenfeuchtigkeit hineinzubringen, was er immerhin noch ganz gut verträgt. In der Anbauzeit folgt er gewöhnlich nach dem Roggen und er kann ganz gut noch in der zweiten Hälfte Oktober und mitunter sogar noch später mit Erfolg gebaut werden. Sehr spät gebauter Weizen kann noch unter der Schneedecke keimen und da er sich im Herbst nicht so wie der Roggen unbedingt bestockt haben muß, sondern im Frühjahr noch nachbestockt, kann selbst noch so spät gebauter Weizen vorzügliche Erträge liefern. Freilich ist im allgemeinen ein solcher Vorgang nicht empfehlenswert, weil es immerhin besser ist, wenn er gut bestockt in den Winter kommt, wodurch er denselben auch besser überdauert. Die Aussaat geschieht entweder mit der Hand breitwürfig oder mit der Maschine in Reihen. Die Reihensaat ist unter allen Umständen vorzuziehen, schon deshalb, weil sie das Behacken des Weizens möglich macht, für welches der Weizen mehr als jede andere Getreideart dankbar ist. Nur ist bei unseren klimatischen Verhältnissen darauf zu sehen, daß die Behackung nur leicht vorgenommen wird, um nicht eine übermäßige Bestockung zu erzielen, die sich durch zu starke Nachtriebe und ungleichmäßige Reife äußert und auch ein Hinausschieben der Ernte zur Folge haben kann.

Die Saattiefe soll etwa 4 cm betragen. An Saatmenge rechnet man bei Breitsaat 180 bis 200 kg und bei Maschinsaat 150 bis 170 kg pro 1 ha. Gutes Saatgut soll eine Reinheit von 99% und eine Keimfähigkeit von 98% aufweisen.

Pflege des Weizens

Zeigt vor Beginn der Vegetation im Frühjahre der Weizen einen schwachen Stand und ist das Feld genügend

abgetrocknet, so soll er unter allen Umständen mit der Saat-
egge womöglich kreuz und quer abgeeggt werden. Die hiebei
entstandenen Verletzungen haben ein Austreiben von Adven-
tivknospen zur Folge und auf diese Weise können Weizen-
felder, die schon zum Umackern verurteilt waren, noch zu
einem normalen Ertrag gebracht werden. Diese Erscheinung
beruht darauf, daß der Weizen zu den Quecken gehört und
daher um so kräftiger wächst und um so mehr Triebe bildet,
je mehr er durch Abeggen zerrissen bezw. verletzt wird. Stellt
sich bald nach dem Eggen Regen ein, so ist der Erfolg um so
vollkommener und sicherer.

Ernte

Die Ernte des Weizens erfolgt in der Gelbreife. Er
ist weniger stark dem Körnerausfall ausgesetzt. Da das Stroh
auch eine geringere wasseraufsaugende Kraft besitzt, trocknet
er auch leichter und rascher und bedarf auch einer weniger
langen Nachreife am Felde. Frisch gedroschener Weizen
liefert ein weniger backfähiges Mehl als solcher, der längere
Zeit am Schüttboden gelegen ist. Der durchschnittliche Ertrag
von Winterweizen kann mit 20 bis 25 q pro 1 ha und einem
Verhältnis von Korn zu Stroh wie 1 : 2 angenommen werden.
Der Winterweizen hat von allen Getreidearten das höchste
Hektolitergewicht, welches zwischen 75 und 84 kg schwankt.
Das Stroh eignet sich sehr gut als Pferdehäcksel.

Der Sommerweizen

In den höheren Lagen der Alpengebiete, wo der Winterweizen wegen der längeren Dauer der Schneedecke nicht mehr
gedeiht, wird der Sommerweizen gebaut. In Winterweizen-
lagen wird Sommerweizen nur dann gebaut, wenn der Winterweizen sehr schlecht überwintert hat und umgebrochen werden muß. Die Körner des Sommerweizens sind kleiner als
die des Winterweizens, dafür aber klebereicher, weshalb er
eine ausgezeichnete Backfähigkeit besitzt.

Die besten Vorfrüchte sind Hackfrüchte; sehr gut bewährt sich auch Klee als Vorfrucht. Der Ertrag des Sommerweizens steht dann dem des Winterweizens kaum nach. Er
stellt etwas geringere Ansprüche an den Boden als der Winterweizen, jedoch verlangt er leicht aufnehmbare Nährstoffe,
weshalb man von den Düngemitteln vorteilhaft die leicht aufnehmbaren Stickstoffdünger und Superphosphat anwendet.
Wird Sommerweizen nach zugrundegegangenem Winterweizen

gebaut, so muß ersterer seicht gestürzt werden, damit man das erforderliche Saatbeet bekommt. Sonst wird jede Frühjahrsackerung vermieden. Der Anbau erfolgt so früh als möglich. Er wird enger gedrillt als Winterweizen, weil er sich nicht so gut bestockt. Trotz der kleineren Körner ist es gut, das Saatquantum etwas größer als beim Winterweizen zu nehmen. Häufig leidet er sehr unter Krustenbildung, Hederich und der Weizenhalmfliege. Sommerweizen darf nicht zu spät geschnitten werden, weil er mehr als Winterweizen dem Körnerausfall ausgesetzt ist. Die Erträge an Körner und Stroh sind entsprechend geringer als beim Winterweizen.

Der Spelz oder Dinkel (Triticum spelta)

Der Spelz ist die ältere Kulturform des Weizens. Der Anbau desselben beschränkt sich in Österreich auf Tirol und Vorarlberg, und zwar auf Lagen, wo der Weizen infolge der leichteren Böden nicht mehr so gut gedeiht. Das Festhalten an den Spelz dürfte aber auch in den Gebirgslagen auf seine große Lagerfestigkeit, seiner großen Widerstandsfähigkeit gegen Rost- und Brandbefall und den Umstand, daß er in den feuchten Gebirgslagen sofort nach dem Schnitt das Einführen gestattet, zurückzuführen sein. Beim Spelz unterscheidet man einen Winter- und einen Sommerspelz. Vorwiegend wird jedoch der Winterspelz gebaut.

An Sorten werden gebaut:

Der rote und weiße Winterspelz, dann der rote Tiroler Spelz, ein frühreifender Winterkolbenspelz, der als der ertragreichste gilt, endlich der weißährige Winterschlegeldinkel und der weiße begrannte Sommerspelz.

Die Saatzeit soll nach alter Bauernregel für den Winterspelz um Michaelis (29. September) stattfinden; um diese Zeit sind auch Schädigungen durch Frostlagen geringer als bei zu früher Saat. Sommerspelz fällt der Saatzeit nach mit den übrigen Sommergetreidearten zusammen. Die Aussaatmenge beträgt bei Breitsaat etwa 220 bis 240 kg, bei Drillsaat 120 bis 180 kg Vesen pro 1 ha. Das Aussäen von Vesen ist dem der Kerne vorzuziehen, weil die Keimlinge auf den Gerbgängen der Mühlen sehr leicht leiden.

Beim Drusch erhält man eigentlich die von der Spindel abspringenden Ährchen, Vesen genannt, die das dreikantige Korn enthalten. Vor dem Vermahlen müssen die Vesen erst gegerbt werden, um die Körner von den Spelzen zu befreien, wofür die Mühlen, welche Spelz vermahlen, eingerichtet sind. Aus den Vesen erhält man etwa 65 bis 70% reine Körner

Abb. 31. Links: Typus der zweizeiligen nickenden Gerste Tschermaks Hanna-Kargyn. — Rechts: Typus der zweizeiligen aufrechten Gerste. Tiroler Achentalergerste

oder Vesenkerne. Der Spelz liefert ein weniger schmackhaftes Brot als der Weizen.

Andere Spelzweizen sind noch der Emmer oder auch Zweikorn genannt und das Einkorn, wovon der erstere hauptsächlich Sommerfrucht, der letztere hingegen überwiegend Winterfrucht ist. Ihr Anbau ist aber für uns ohne Bedeutung.

Die Gerste (Hordeum sativum)

Die Gerste wird für die älteste Kulturpflanze der Welt gehalten. Als ihre Heimat gilt Persien, Mesopotamien, Kaukasien, Arabien und neuestens auch Nordamerika. Sie stammt von der Wildgerste *(Hordeum spontaneum)* ab, deren Spindel gebrechlich ist. Sicher gilt sie als die Stammpflanze der zweizeiligen nickenden Gerste.

Für unsere Verhältnisse kommen von den Kulturgersten folgende Arten in Betracht:

a) Die nickende zweizeilige Gerste *(Hordeum distichum nutans)*.

b) Die aufrechte zweizeilige Gerste *(Hordeum distichum erectum)*.

c) Die gemeine oder vierzeilige Gerste *Hordeum vulgare* oder *tetrastichum)*.

d) die sechszeilige Gerste *(Hordeum hexastichum)*.

Den Typus der nickenden Gerste (zu 1) und der aufrechten Gerste (zu 2), dann der vierzeiligen Gerste, zeigen die Abbildungen 31 und 32.

Die Gerste wird bei uns hauptsächlich als Sommerfrucht gebaut und zwar in erster Linie die nickende, auch Nutansgerste genannt, die sich durch eine lange, gleichmäßig breite, lockere Ähre auszeichnet, welche zur Zeit der Reife gegen den Boden zu nickt.

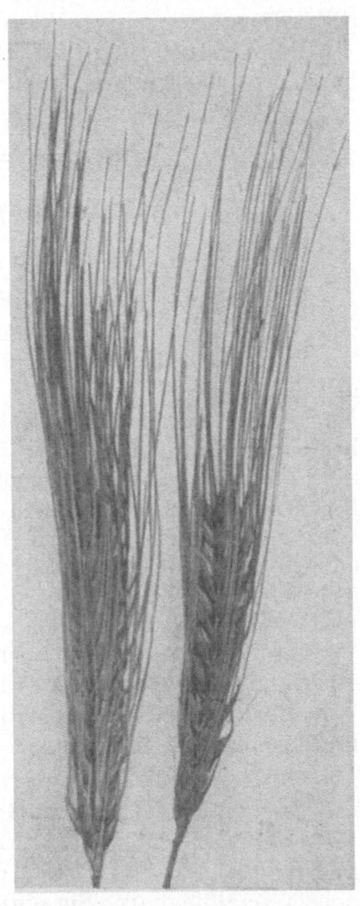

Abb. 32. ' Typus der vierzeiligen Gerste. Tauerngerste der Guttmannschen Alpwirtschaft Strechhof-Rottenmann

Weniger häufig wird die aufrechte oder Imperialgerste gebaut, die eine dichtere, auch zur Zeit der Reife, aufrechtstehende Ähre und im allgemeinen ein lagerfesteres Stroh besitzt. Diese Imperialgerste stellt jedoch höhere Ansprüche an den Wassergehalt des Bodens.

Als Sommer- und Wintergerste wird auch die gemeine oder vierzeilige Gerste gebaut, während die sechszeilige Gerste ausschließlich als Wintergerste in Frage kommt.

Außerdem wird auch in neuerer Zeit die durch Züchtung geschaffene zweizeilige Wintergerste gebaut.

Bei Gerste erfolgt die Befruchtung durch Selbstbestäubung, Fremdbestäubung kommt nur selten vor.

Sommergersten-Sorten

I. Inländische Züchtungen

1. In Niederösterreich:

a) Original Hanna Pedigreegerste, eingetragen in das Zuchtbuch der Gesellschaft für Pflanzenzüchtung (Z) in Wien (s. Abb. 33). Züchtung von Dr. v. Proskowetz an der österr. Zuchtstelle der Zuckerfabriksökonomie in Dürnkrut. Aus der mährischen Landsorte der Hannagerste hervorgegangen, ist sie sehr frühreif, nickend mit mittellanger Ähre, feinem aber etwas leicht lagernden Halm. Sie eignet sich für sehr gute Gerstenlagen (Zuckerrübenböden), liefert ein vorzügliches Qualitätskorn für Brauzwecke. Besonders geeignet zum Samenwechsel für Braugerstelagen in Niederösterreich. Diese Gerste bildet zumeist die Ausgangssorte von niederösterreichischen Zuchtsorten (zum Beispiel, Loosdorfer Gersten) und auch eine wichtige Sorte für viele Kreuzungszuchten von Prof. Tschermak.

Bezugsquelle: Saatgutzüchtung der Dürnkruter Zuckerfabriksökonomie in Dürnkrut N.-Österr.

b) Tschermaks Hanna mal Kargyngerste, eingetragen in das Zuchtbuch der österr. Gesellschaft für Pflanzenzüchtung (Z), vgl. Abb. 21 und 31. Sie ist eine frühreife, nickende, sehr lagerfeste Gerste mit kräftigen Ähren und vorzüglichem Qualitätskorn. Sie eignet sich für die meisten Gerstenlagen, selbst für die leichteren Gerstenböden und liefert eine ausgezeichnete Brauware.

c) Original Tschermaks Hanna mal Hannchengerste, eine Qualitätsgerste für gute Gerstenböden.

d) Original Tschermaks Hanna mal Chevalliergerste, gleichfalls eine Qualitätsgerste für gute Gerstenlagen.

Bezugsquelle: Für die Sorten b, c, d: Deutsche Ackerbaugesellschaft in Probstdorf (Marchfeld).

e) Original Loosdorfer Frühgerste „Zaya", eingetragen
in das Zuchtbuch der Gesellschaft für Pflanzenzüchtung (Z). Züchtung vom Gutsdirektor S c h r e y v o g e l aus der Hannagerste. Sie eignet sich für alle guten Gerstenböden, bestockt sich gut, bildet elastische Halme und eine gleich breite, mittellange Ähre mit sperrig stehenden, rundlichen Körnern, die eine feine gekräuselte Spelze und eine zarte Granne ausbilden. Nach dem Schossen, das normalerweise Anfang Juni erfolgt, · erscheint die Granne dunkelviolett. Die Gerste nickt erst in der Vollreife und ist gegen Staubbrand durch frühzeitiges Blühen während des Ausschossens geschützt. Das Korn, sehr stickstoffarm und stärkemehlreich, liefert eine ausgezeichnete Brauware.

Abb. 33. Orig. Proskowetz Hanna Pedigreegerste
(Gleichmäßige Halm- und Ährenentwicklung)

Bezugsquelle: Saatgutzüchtung der Piattischen Gutsverwaltung in Loosdorf bei Mistelbach.

f) Original Loosdorfer Frühgerste „Laa". Sie hat eine
robustere Form als die Zaya, besitzt größere Widerstands-

fähigkeit gegen ungünstige Witterungseinflüsse und macht geringere Ansprüche an den Boden. Sie eignet sich ganz besonders für die leichteren Gerstenböden und ist gleichfalls eine vorzügliche Braugerste.

Bezugsquelle: Saatgutzüchtung der Piattischen Gutsverwaltung Loosdorf bei Mistelbach.

g) Original Pammer's Vollkorngerste. Züchtung von Hofrat P a m m e r aus der Kneifelgerste. Eine frühreife, ziemlich kurze, kräftige, nickende, lagerfeste Gerste mit vollem, aber etwas grobspelzigem Korn. Diese Gerste eignet sich in erster Linie als Futtergerste in Übergangslagen und selbst in Wald- und Gebirgslagen. Sie bewährt sich auch in Gebirgslagen als Überfrucht wegen ihrer Lagerfestigkeit bei Anlage von Wechselwiesen und kann in einen solchen Falle wegen ihrer Frühreife selbst zur Körnergewinnung verwendet werden.

Bezugsquellen: Gut Oser bei St. Pölten, Saatgutzüchtung Zuckerfabrik Brüder Strakosch in Hohenau, (Vermehrungsstelle Gutsverwaltung Raffelhof bei Wullersdorf) und Wächtersche Gutsinhabung in Leopoldsdorf bei Hennersdorf.

h) Original Immendorfer Carolus-Gerste. Weiterzüchtung aus Pammers' Vollkorngerste durch die Bundesanstalt für Pflanzenbau und Samenprüfung. Eigenschaften und Eignung wie bei g).

Bezugsquelle: Saatgutzüchtung Freudenthal'sche Gutsinhabung Immendorf, Bezirk Oberhollabrunn.

2. In Oberösterreich

a) Original Otterbacher Gerste. Züchtung von Hofrat P a m m e r. Von 1920 an Weiterzucht durch die landwirtschaftliche Winterschule in Otterbach. Diese durch Veredlungsauslese aus einer im Jahre 1911 in Otterbach versuchsweise gebauten Böhmerwaldgerste hervorgegangene Sorte, hat sich allen anderen Züchtungen von oberösterreichischer Herkunft überlegen gezeigt. Infolge ihrer hohen Erträge bei vorzüglicher Qualität des Kornes verbreitete sie sich in Oberösterreich sehr stark und hat sich auch im Konkurrenzkampfe den nach Oberösterreich eingeführten bayrischen Gerstensorten als überlegen erwiesen.

Bezugsquelle: Saatgutzüchtung des Landesgutes Otterbach bei Schärding.

3. In Tirol

a) Original Achentaler Gerste, vergleiche Abbildung 31 rechts. Züchtung des Pflanzenbau-Inspektors Ing. M a r c h a l aus der Landsorte des Achentales. Es ist dies eine Imperialgerste mit mittellangem, dichtem Ährenbau, großen, vollen Korn und kräftigen, lagerfesten Halm. Sie ist ziemlich frühreif und eignet sich selbst für hohe Lagen in den Alpen.

Bezugsquelle: Landesackerbauschule Rotholz bei Jenbach.

Landsorten

Als Landsorten genießen einen Ruf:

1. Die Eggerdingergerste in Oberösterreich (Schärdinger Bezirk).

2. Die Lungauer-Gerste (Tamsweg-Mauterndorf).

3. Die vierzeilige Tauerngerste, Gutmann'sche Alpenwirtschaft in Strechhof bei Rottenmann, Steiermark.

Wintergersten

a) Original Tschermaks zweizeilige Wintergerste. Diese Wintergerste bewährt sich in vielen Lagen sehr gut. Infolge ihrer etwas späteren Reifezeit, die fast mit jener des Roggens zusammenfällt, geht mancher betriebswirtschaftliche Vorteil des Wintergerstenbaues verloren. Von den Wintergersten ist sie jedoch die einzige, die als Braugerste verwendet werden kann.

Bezugsquelle: Deutsche Ackerbaugesellschaft in Probstdorf, Marchfeld.

b) Original Immendorfer Harriet-Wintergerste. Weiterzüchtung aus der Friedrichswerter sechszeiligen Wintergerste.

Bezugsquelle: Gutsverwaltung Immendorf, (Bezirk Oberhollabrunn).

II. Fremdländische Sorten

a) Sommergersten

Man kann im allgemeinen sagen, daß mit den fremdländischen Sorten bei uns keine dauernden Erfolge erzielt wurden und daß sich unsere heimischen Zuchtsorten weitaus besser bewähren. Von fremdländischen Sorten, deren Anbau schon nach kurzer Zeit aufgegeben wurde, möchten wir nur erwähnen: Chevallier-Gerste, Frankengerste, Ackermann's Danubia und Bavaria, Svalöf's Hannchengerste, Nolč Allerfrüheste, Goldthorpegerste, Svalöf's Svanhals- und Primusgerste.

b) Wintergersten

Friedrichswerther Wintergerste. Diese Sorte eignet sich für unsere Verhältnisse sehr gut; sie ist winterfest und ertragreich.

Kennzeichen der jungen Pflanze

Der Keimling des Gerstenkornes entwickelt fünf bis acht Keimwurzeln. Die junge Saat geht grünlich-gelb auf und das junge Pflänzchen ist leicht an den großen, den Stengel übergreifenden, sichelförmigen Blattöhrchen zu erkennen. Das Blatthäutchen fehlt (vgl. Abb. 1).

Ansprüche an Klima, Boden und Düngung

Die Gerste liebt ein mildes, nicht zu feuchtes Klima und während der Reife- und Erntezeit trockene Witterung. Die höchsten Erträge liefert sie auf sogenannten geborenen Rübenböden, das sind tiefgründige, milde, humose Lehmböden mit etwas Kalkgehalt. Sie gedeiht aber auch auf schwereren und leichteren Böden, jedoch sind ausgesprochen schwere und ausgesprochen leichte Böden für die Gerstenkultur ganz ungeeignet. Handelt es sich nicht um Braugerste, sondern um Futtergerste, so kann sie auch in feuchteren Lagen gebaut werden und hat auch für diesen Zweck in den Alpenländern eine größere Verbreitung gefunden. Von der Gesamt-Ackerfläche nimmt sie in Österreich etwa 7·5% ein, so daß sie von den vier Hauptgetreidearten hinsichtlich des Umfanges ihres Anbaues an letzter Stelle steht. Dennoch aber spielt der Gerstenbau, namentlich der Braugerstenbau, eine bedeutende Rolle und die österreichischen Gerstensorten haben wegen ihrer Feinheit und ausgezeichneten Qualität einen Ruf, der weit über die Grenzen des Staates hinausgeht.

Der Anbau soll so frühzeitig als möglich geschehen, weil die Ausnützung der Winterfeuchtigkeit für die Gerste besonders wichtig ist. Nimmt sie doch schon in den ersten vier Wochen 20% ihrer Trockensubstanz und 40 bis 60% aller mineralischen Nährstoffe auf. Aus diesem Grunde muß auch jede Ackerung im Frühjahre vermieden werden und es genügt meistens ein Abschleifen oder Abeggen der Felder vor dem Anbau. Sie verlangt unbedingt einen unkrautfreien, fein bearbeiteten Acker und gedeiht am besten nach Hackfrüchten, insbesonders nach Rübe und Kartoffel. Die besten Gersten und auch die höchsten Erträge werden in Zuckerrübenwirtschaften erzielt. Als Futtergerste kann sie auch nach Roggen oder Weizen gebaut werden.

In Gebirgslagen wird auf besseren Böden die Imperialgerste wegen ihrer größeren Lagerfestigkeit und auf weniger guten Böden die vierzeilige Sommergerste wegen ihrer geringen Ansprüche vorgezogen.

Die Düngung hängt wesentlich von der Vorfrucht und deren Düngung ab. Folgt die Gerste nach einer mit Stallmist gedüngten Hackfrucht, was bei Braugerstenkultur wohl meistens der Fall ist, so kann die Stickstoffdüngung ganz entfallen, weil durch übermäßige Stickstoffdüngung einerseits Lagerung erfolgt, andererseits der Proteingehalt der Körner erhöht wird. Namentlich in trockenen Jahren wirkt Stickstoffdüngung besonders erhöhend auf den Proteingehalt. Eine Düngung mit Superphosphat wird fast immer zweckmäßig sein. Die Höhe dieser Düngung hängt gleichfalls von der Düngung zur vorherigen Pflanze ab und wird nach gedüngten Hackfrüchten etwa $\frac{1}{2}$ so stark zu bemessen sein, als nach Pflanzen, die nicht in Stallmistdüngung gestanden sind. Von den künstlichen Stickstoffdüngemittel wird das schwefelsaure Ammoniak deshalb vorgezogen, weil es nicht so rasch von der Gerste aufgenommen werden kann und daher weniger leicht eiweißerhöhend auf die Körner wirkt. Übrigens können auch bei mäßiger Verwendung von Chilisalpeter, Kalk- und Leunasalpeter bedeutende Ertragssteigerungen erwirkt werden und zwar ohne Erhöhung des Eiweißgehaltes, wie dies eine große Zahl von Versuchen, ausgeführt vom Verein zur Förderung des Versuchswesens in Österreich, damals in Bezug auf Chilisalpeter dargetan haben. Unter den österreichischen Verhältnissen hat sich eine Düngung mit Kali in verhältnismäßig wenigen Fällen bewährt und in noch weniger von diesen Fällen war sie rentabel. Es hat sich ferner gezeigt, daß die Qualität der Gerste durch Kalidüngung nur dann verbessert wird, wenn gleichzeitig auch der Ertrag durch die Kalidüngung erhöht wird.

Die Saat

Nach der Aussaat, die mit der Drillsämaschine erfolgt, ist bei trockener Witterung unbedingt anzuwalzen. Jedoch soll die Wirkung der Walze, sobald die Gerste aufgegangen ist, durch leichtes Eggen wieder unschädlich gemacht werden. Zu dünne Saat ist bei der Gerste besonders verwerflich, denn es

ist im Interesse einer sehr gleichmäßigen Reife erwünscht, daß
sie sich nicht zu stark bestockt. Stark bestockte Pflanzen
treiben leicht Nachschößlinge, die dann ungleich reifen, womit
ein größerer Körnerausfall der ohnehin lockeren Gerstenähre
in Verbindung steht; auch ist der Wasserbedarf solcher Pflanzen ein erhöhter.

Handelt es sich um Braugerstenbau, so ist die Einsaat
von Klee in die Gerste absolut zu vermeiden, weil einerseits
durch die stickstoffsammelnde Tätigkeit des Klees leicht der
Proteingehalt der Körner erhöht werden kann und andererseits das Trocknen der Gerste bei der Reife bedeutend verzögert würde. Letzteres ist der Hauptnachteil, weil durch diese
Verzögerung die Qualität der Gerste bei eintretendem Regen
leicht Schaden leiden kann.

Die Ernte

Die rascheste Erntemethode ist die beste. Aus diesem
Grunde soll auch der Schnitt bei der Gerste nicht in der
Gelbreife, sondern in der Vollreife vorgenommen werden.
Dadurch wird erreicht, daß sie bei schönem Erntewetter sehr
bald nach dem Schnitt auch eingeführt werden kann und damit
die Gefahr des Beregnetwerdens geringer wird.

In den letzten 20 Jahren hat auch der Anbau der Wintergerste beträchtlich zugenommen. Sie eignet sich allerdings
mehr für milde Lagen und weist bei frühzeitigem Anbau,
wodurch sie sich entsprechend bestockt und kräftig in den
Winter kommt, auch eine entsprechende Winterfestigkeit auf.

Die Wintergerste kann mit Ausnahme der zweizeiligen
T s c h e r m a k's Wintergerste (s. bei Sorten) nur als Futtergerste verwendet werden. Betriebswirtschaftlich ist sie von
großer Bedeutung und sollte eine weitaus größere Verbreitung finden. Ihr Anbau hat womöglich noch Ende August
zu erfolgen, wobei für eine nicht zu feine Feldvorbereitung
zu sorgen ist.

Die Hauptvorteile des Wintergerstenbaues liegen in der
gleichmäßigeren Verteilung der Hand- und Gespannsarbeit, in
der frühzeitigen Bargeldeinnahme, weil die Wintergerste in
besseren Lagen schon um den 20. Juni herum gemäht werden
kann und erfahrungsgemäß allgemein vor der Ernte im
Wirtschaftsbetrieb die größte Geldknappheit herrscht. Aber
auch als äußerst frühzeitiges Mastfuttermittel für Schweine
zu einer Zeit, wo meistens die anderen Vorräte zu Ende

sind und ebenso die frühzeitige Gewinnung von Stroh sind häufig äußerst erwünscht. Dabei muß besonders hervorgehoben werden, daß die Wintergerste wesentlich höhere Erträge an Körner und an Stroh liefert, als die Sommergerste.

Endlich ist es in vielen Lagen infolge des Umstandes, daß die Wintergerste das Feld so frühzeitig räumt, noch sehr leicht möglich, mit Erfolg eine Stoppelfrucht, zum Beispiel Grünmais, Hirse, Buchweizen, Mohar etc. zu bauen. Als Vorfrucht kommen für Wintergerste vornehmlich Erbse, Mischling, Klee, Grünmais und Frühkartoffel in Betracht.

Die Gerste liefert im Mittel pro 1 ha 20 q Körner, doch steigt der Ertrag in sehr geeigneten Lagen nicht selten auf 30 q und selbst darüber. Das Verhältnis von Korn zu Stroh ist wie $1 : 1\frac{1}{2}$. Ist das Stroh gut eingebracht, so hat es von allen Halmfrüchten den meisten Futterwert. Das Hektolitergewicht der zweizeiligen Gerste beträgt durchschnittlich 65 kg, doch schwankt es von 58 bis 78 kg.

Eigenschaften, die an eine vorzügliche Braugerste gestellt werden müssen

Eigenschaften, die sich auf Grund von Untersuchungen ergeben

Die Beschaffenheit des Mehlkörpers. Schneidet man ein Gerstenkorn in der Mitte durch, so soll es eine vollständig mehlige Beschaffenheit aufweisen. Glasige Gersten weisen in der Regel auf mindere Qualität hin. Man unterscheidet diesbezüglich eine echte und eine falsche Glasigkeit.

Zur Feststellung der tatsächlichen Mehligkeit werden zweimal 100 Gerstenkörner mittels eines eigenen Schneideapparates, Farinatom genannt, durchschnitten und der Prozentsatz an mehligen und glasigen Körnern festgestellt.

Um nun die echte Glasigkeit feststellen zu können, werden ebenfalls zweimal 100 Gerstenkörner 24 Stunden lang im Wasser geweicht, hierauf getrocknet und abermals mittels des Farinatoms durchschnitten. Alle Körner, die falsche Glasigkeit hatten, sind nunmehr in mehlige verwandelt. Körner, die jetzt noch Glasigkeit aufweisen, besitzen echte Glasigkeit. Gerstenkörner mit falscher Glasigkeit sind den mehligen gleichzuhalten. Je geringer der Prozentsatz an echten glasigen Körnern, desto besser ist die Gerste.

Die Keimfähigkeit. Diese wird mittels Keimapparaten, wie es solche eine ganze Reihe gibt, zum Beispiel der Liebenberg'sche der Weinzierl'sche, der Keimapparat von Nobbe, Schönstein etc., festgestellt. Die einfachste Keimvorrichtung besteht aus einem mehrfach zusammengelegten, guten Löschpapier, welches öfters leicht befeuchtet wird. Ein mehrstündiges Vorquellen der Körner im Wasser ist vorteilhaft, um ein rasches und sicheres Resultat zu erzielen. Gute Braugerste soll eine Keimfähigkeit von 99% aufweisen. Für den Malzprozeß ist es aber auch wichtig, daß die Gerste eine große Keimungsenergie aufweist, das heißt, daß sie innerhalb kurzer Zeit keimt. Man bezeichnet diese Eigenschaft neuestens auch als Triebkraft. Von vorzüglicher Braugerste wird verlangt, daß sie in zwei Tagen 90 Keimlinge ausgebildet hat.

Größe, Gleichmäßigkeit des Kornes und Vollkörnigkeit. Je vollkörniger und gleichmäßiger die Gerste ist, desto regelmäßiger und gleichmäßiger verlauft der Malzprozeß. Der Prozentsatz an gleichmäßigen Körnern wird durch eigene Schlitzsiebe festgestellt. Zur genauen Bestimmung der Körnergleichmäßigkeit hat Prof. E. Freudl an der landwirtschaftlichen Hochschule in Tetschen-Liebwerd ein eigenes Meßgerät konstruiert.

Das Hektolitergewicht. Dieses schwankt zwischen 66 und 74 kg. Gerste unter 66 kg gilt als minder. Wenn auch das Hektolitergewicht in der neueren Zeit nicht besonders hoch gewertet wird, so läßt es doch immerhin einen gewissen Schluß auf die Güte der Ware zu.

Das absolute oder 1000-Korngewicht. Dieses ergibt die eigentliche Schwere des Kornes. Das 1000-Korngewicht wird rasch auf eigens konstruierten Zeigerwagen, zum Beispiel auf jener von Pammer und Freudl, festgestellt. Es schwankt im allgemeinen zwischen 34 und 48 g und ist selbstverständlich umso besser, je höher es ist. Besonders gute Ware vereinigt hohes Hektolitergewicht mit hohem absoluten Gewicht.

Der Wassergehalt. Der niedrige Wassergehalt der österreichischen Gerstensorten wird im Auslande besonders gerühmt. Er weist meistens nur 12 bis 13% auf. Der niedrige Wassergehalt bedingt längere Haltbarkeit der Gerste. Er hängt ursächlich zusammen mit der Frühreife der Gerste in unseren kontinentalen Lagen.

Der Proteingehalt. Er wird durch die Stickstoffanalyse festgestellt und soll bei vorzüglicher Braugerste zwischen 8 und höchstens 12% schwanken. Gersten, die 13 oder gar 14% aufweisen, gelten schon als minder. Durch hohen Proteingehalt wird der Malzprozeß erschwert und dem Biere ein unangenehmer Geschmack erteilt. Die Höhe des Proteingehaltes der Gerste hängt von der betreffenden Gegend, von der Düngung und auch von der Sorte ab. Wegen des geringen Proteingehaltes nehmen die österreichischen Sorten einen hervorragenden Rang ein.

Der Stärke- oder Extraktgehalt. Der Extrakt ist eigentlich der wichtigste Bestandteil zur Biererzeugung. Er soll 70 bis 80% betragen. Da die diesbezüglichen Untersuchungen umständlich sind, wird größtenteils aus der Höhe des Proteingehaltes ein Schluß auf die Höhe des Extraktes gezogen.

Eigenschaften, die man durch Beurteilung feststellen kann

Die Farbe. Die österreichischen Gersten zeichnen sich durch eine besonders hellgelbe Färbung aus. Ist die Gerste beregnet oder hat sie gelagert, so geht diese schöne Farbe verloren. Sie wird dunkelgelb, mitunter sogar bräunlich. Der Brauer zieht selbstverständlich die schöne, hellgelbe Farbe vor, weil sie auf gutes Erntewetter schließen läßt. Es ist aber nicht berechtigt, weniger schönfärbige Gerste ungünstig zu beurteilen, vorausgesetzt, daß die Keimfähigkeit eine normale ist.

Der Glanz. Schöner samtartiger Glanz ist ein Beweis dafür, daß die Gerste frisch, dünnspelzig, gut ausgereift und unter günstigen Witterungsverhältnissen geerntet wurde, ferner einen guten Mehlkörper besitzt. Ist sie jedoch glanzlos, so läßt sie sich schwer vermalzen und kann auch schon überjährig sein.

Der Geruch. Einwandfreie Gerste hat einen sehr angenehmen, sogenannten gesunden Geruch. Dumpfer Geruch ist für Braugerste schlecht und hat seine Ursachen entweder in schlechtem Erntewetter oder in unzweckmäßiger Aufbewahrung und Behandlung. Der Preis von dumpfer Gerste, wenn sie überhaupt von Brauereien angenommen wird, ist erheblich niederer. Am Felde ausgewachsene Gerste ist jedoch für Brauereizwecke gänzlich ungeeignet.

Der Spelzenanteil. Je feinschaliger, desto geringer ist der Spelzenanteil. Feine Querrunzeln an der Bauchseite und den Rückenspelzen des Gerstenkornes lassen einen sicheren Schluß auf geringen Spelzenanteil zu. (Feinspelzigkeit.) Er soll nur 8 bis 10% betragen.

Verunreinigungen und verletzte Körner. Verunreinigungen in der Gerste, das sind also Unkräuter, Bruchkörner etc. dürfen höchstens 0·5% betragen. Enthält sie einen größeren Prozentsatz von Verunreinigung, so wird hiedurch der Preis gedrückt, weil ein Nachputzen notwendig wird, was einerseits mit Auslagen verbunden ist und andererseits einen entsprechenden Abfall zur Folge hat.

Ganz besonders gefürchtet sind die Druschverletzungen der Gerste, namentlich, wenn sie im Entgranner so scharf entgrannt wurden, daß schon Teile von der Spitze der Gerste ab- oder angeschlagen sind. Es geschieht dies bei manchen Landwirten, um die Gerste vollkörniger erscheinen zu lassen. Für den Malzprozeß bilden jedoch derartige Verletzungen eine große Gefahr, weil solche Körner mangelhaft keimen und außerdem der Schimmelpilzbefall, der gleichzeitig der gefährlichste Feind auf der Malztenne ist, gefördert wird.

Zur Feststellung der Güte von Gersten auf Ausstellungen besteht ein eigenes Wiener Bonitierungssystem, das nachstehend folgt:

Das Wiener Bontierungssystem

Äußerlich

Farbe	Gleichmäßigkeit der Körner	Körnerform	Feinheit der Spelzen	Gesamteindruck	Punktzahl
—	—	—	besonders fein	—	6
—	—	—	sehr fein	—	5
—	vorzüglich	vorzüglich	fein	—	4
sehr gut	sehr gut	sehr gut	weniger fein	vorzüglich	3
gut	gut	gut	ziemlich rauh	sehr gut	2
mittelmäßig	mittelmäßig	mittelmäßig	rauh	gut	1
schlecht	schlecht	schlecht	dickschalig	schlecht	0

Auf Grund von Untersuchung

Hektoliter-Gewicht kg	1000-Körner-gewicht g	Aus-putz-menge %	Verun-reinigung %	Wirkliche Glasigkeit %	Eiweißgehalt %	Punkt-zahl
—	—	—	—	0 — 10	unter 10	6
—	—	—	—	10 — 20	10·0 — 10·4	5
—	—	0—1	0 — 0·2	20 — 30	10·5 — 10·9	4
über 70·6	über 38·5	1·1—2	0·3 — 0·5	30 — 40	11·0 — 11·4	3
67 — 70·0	36·5—38·4	2·1—3	0·6 — 1·0	40 — 50	11·5 — 11·9	2
66 — 66·9	35—36·4	3·1—4	1·1 — 1·5	50 — 60	12·0 — 12·9	1
unter 66·0	unter 35·0	4·1—5	über 1·5	—	13 u. darüber	0
—	—	—	—	—	14 ev. ausschl.	2

Ferner wurden für Geruch 2 Abzugspunkte, für Verletzung
1 bis 2 Abzugspunkte vorgesehen

Der Hafer (Avena sativa)

Die Heimat des Hafers ist Mittelasien und Osteuropa
und zwar stammt er von dem derzeit bei uns als Unkraut vorkommenden Wild-Hafer (*Avena fatua*) ab. In Österreich war
er bereits den Pfahlbauern Salzburgs bekannt.

Beim Kulturhafer unterscheidet man den Rispenhafer
(*Avena sativa*), den Fahnenhafer (*Avena orientalis*) und den
Nackthafer (*Avena nuda*), wovon bei uns hauptsächlich der
Rispenhafer und nur sehr vereinzelt der Fahnenhafer gebaut
wird.

Hafer-Typen

Nach der Form der Rispe unterscheiden wir hauptsächlich den Schlaffrispen-Hafer, den Weitrispen-Hafer und den
Steifrispen-Hafer.

Der Schlaffrispen-Hafer ist dadurch gekenn-
zeichnet, daß die ziemlich kurzen Rispenäste sowohl im grünen
Zustande, als auch bei der Reife schlaff herabhängen, das
Korn in der Qualität erstklassig, im Stroh nicht sehr hoch
und auch nicht dickhalmig ist, weshalb dieser Hafer wegen
Lagerungsgefahr nicht allzu dicht gebaut werden darf. Hieher
gehören die frühreifsten Sorten (s. Abb. 34).

Der Weitrispenhafer hat weite, horizontal aus-
legende Rispenäste, welche nach der Einkörnung ebenfalls

nach abwärts gezogen werden. Er unterscheidet sich vom Schlaffrispenhafer dadurch, daß er etwas kräftigeres und höheres Stroh besitzt. Die Kornqualität ist so ziemlich dieselbe wie beim Schlaffrispenhafer. Er ist ebenfalls frühreif (Abb. 35).

Beim S t e i f r i s p e n - H a f e r stehen die Rispenäste sowohl im grünen Zustande als auch zur Zeit der Reife steif nach aufwärts. Das Stroh ist grob, rohrähnlich, jedoch sehr

Abb. 34. Typus (Form) des
Schlaffrispenhafers

Abb. 35. Typus (Form) des Weitrispenhafers

hoch und ziemlich lagerwiderstandsfähig. Auch weist er häufig Dreikörnigkeit auf und die Körnerqualität läßt sehr viel zu wünschen übrig. Die meisten hieher gehörigen Sorten zeichnen sich durch spätes Schoßen und durch späte Reife aus. Der Steifrispenhafer bestockt sich auch fast durchwegs schwach und einhalmige Pflanzen, selbst bei größerem Standraum, sind keine Seltenheit. Durch die Spätreife leidet er ständig unter Fritfliegenbefall und Blasenfüße (Thrips) und außerdem stellt er größere Ansprüche an Wasser und an den Boden (s. Abb. 36).

Bei Hafer erfolgt die Befruchtung durch Selbstbestäubung; Fremdbestäubung kommt nur ausnahmweise vor.

Das Haferkorn

Die Schlaff- und Weitrispenhafer zeigen ein feinschaliges, bauchiges, oben sehr spitziges Korn. Die Spelzen dieses Kornes haben ein außerordentlich festes Gewebe und schließen die eigentliche Haferfrucht *(Karyopse)* vollständig ab. Wir bezeichnen eine solche Kornform als: Non plus ultra; im Handel geht solcher Hafer gewöhnlich unter dem Namen: ungarischer Hafer.

Das Korn des Steifrispenhafers hat ein grobes Aussehen und weist sogar hie und da noch eine Granne auf; es wird als Ligowokorn bezeichnet. Das Gewebe der Spelze ist ungemein locker, die Spelze selbst nicht spitz zulaufend, sondern abgestumpft, häufig auch aufgeschlissen. Durch diesen Umstand dringt auch bei Regen das Wasser leichter in die Haferspelzen ein, wodurch er einerseits am Felde schon schwer trocknet und andererseits am Schüttboden leichter dem Dumpfwerden ausgesetzt ist. Auch die Gefahr des Auswachsens am Felde wird hiedurch erhöht.

Abb. 36.* Typus (Form) des Steifrispenhafers)

Die Oberfläche des Non plus ultra-Kornes ist glatt, während die des Steifrispenhafers (Ligowo-Form genannt)

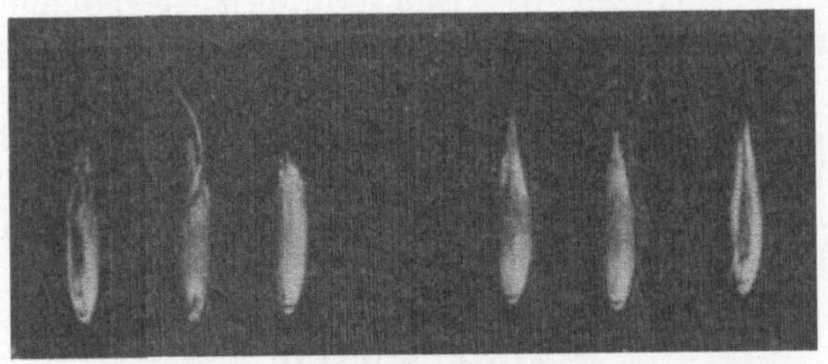

Abb. 37.* Kornformen des Hafers
Links: Ligowo   Rechts: Non plus ultra

rauh ist. Auf der glatten Fläche des ersteren findet das Regenwasser keinen Halt. Der Ligowo-Form-Hafer geht im Handel unter dem Namen: böhmischer Hafer. (Siehe Abb. 37.)

Nach eigenen Untersuchungen weist das Non plus ultra Korn des Waldvierteler Hafers einen Spelzenanteil von durchschnittlich 29%, das Korn des Steifrispenhafers 24% auf. Dieser hohe Spelzengehalt wird durch das wesentlich höhere Hektolitergewicht des Waldviertler Hafers mehr als aufgewogen. Es beträgt im Durchschnitt auf Grund vieler eigener Untersuchungen 54·6 kg, während jenes vom Steifrispenhafer 48·5 kg beträgt. Umgerechnet auf Karyopsen (ohne Spelzen) hat ein Hektoliter sodann vom Steifrispenhafer 36·86 kg, vom Waldviertler Hafer 38·77 kg. Im übrigen kommt dem Spelzenanteil im Hafer namentlich in neuerer und neuester Zeit wieder eine größere Bedeutung zu, weil die Spelzen an und für sich durch Bildung eines lockeren Nahrungsbreies und durch ihre Beschaffenheit verdauungsfördernd wirken. Auch ist neuestens in den Haferspelzen das als Reizstoff wirkende „Coniferin" ein Vanillinklykosid nachgewiesen worden, welches im Tierkörper zu Vanillin oxydiert wird.

Der etwas höhere Spelzengehalt des Waldviertler Hafers hängt mit seiner Frühreife zusammen, weil die Ausbildung der Spelzen jener der Fruchtbildung voraneilt.

Nach eigenen Untersuchungen kann der Ertrag des Hafers an Korn um zirka 10%, an Stroh um zirka 17% gesteigert werden, wenn zum Anbau nur Hauptkörner gelangen. Der prozentische Anteil an Haupt- und Nebenkörner beim Hafer ist ganz gleich, ob nun die Haferpflanzen von Haupt- oder Nebenkörnern herstammen. Indes liefern aber die Hauptkörner solche Pflanzen, deren Körner schwerer im absoluten Gewicht, höher im Hektolitergewicht und niedriger im Spelzengehalt sind. Pflanzen von Nebenkörnern neigen auch leicht zur Lagerung. Aus vorstehenden Gründen sollen zum Anbau nur Hauptkörner verwendet werden. Dies erreicht man leicht dadurch, daß man beim Maschinendrusch den Entgranner mitlaufen läßt, wodurch noch den Hauptkörnern anhaftende Nebenkörner getrennt werden. Der Trieur sortiert dann die Nebenkörner endgiltig aus.

Hafersorten

I. Inländische Züchtungen

1. Niederösterreich

a) Original P a m m e r - R a n n i n g e r s Edelhofer Hafer, eingetragen in das Zuchtbuch der Gesellschaft für Pflanzenzüchtung (Z) in Wien (vgl. Abb. 34 und 35). Züchtung von Hofrat G. P a m m e r und Direktor Ing. Rud. R a n n i nger aus der Landsorte des Waldviertler Hafers. Seit dem Jahre 1908 der Veredlungszüchtung durch Individualauslese mit Stammbaumnachweis zum Zwecke der Formentrennung unterworfen, zeichnet sich die Sorte durch einen Schlaff- bis Weitrispentypus, sparsame Wasserwirtschaft, verbunden mit Frühreife aus. Der Halm ist elastisch, verhältnismäßig fein, sehr lagerwiderstandsfähig und lang. Das Korn feinschalig mit hohem Hektolitergewicht (52 bis 55 kg). Die Sorte selbst ist sehr anspruchslos. Diese Eigenschaften verbunden mit sicheren und Höchsterträgen (im Jahre 1926 zum Beispiel 26 q pro 1 ha, macht sie zu einer der wertvollsten Sorten Österreichs.

Im Konkurrenzkampf mit fremdländischen Sorten hat sie in ihrem engeren Heimatsgebiet stets die Oberhand behalten und bildet nach wie vor im Hafer bauenden Waldviertel auf den flachgründigen Gneis- und Granitverwitterungsböden in einer Seehöhe von 600 bis 800 m die Grundlage der Produktion.

Dieser Hafer bewährt sich vorzüglich zum Samenwechsel für die Voralpenlagen Niederösterreichs und auch für die Alpenlagen Steiermarks und in gleicher Weise für die Hügellands- und fast ebenen zur Trockenheit neigenden Lagen Niederösterreichs. In den Alpen ist dieser Hafer auch als Schnellhafer bekannt.

Besonders wertvoll ist die Sorte auch wegen ihrer geringen Anfälligkeit für Pflanzenkrankheiten, namentlich Flugbrand, Rost und Schädigungen durch Fritfliegen. In allen Haferlagen mit kurzer Vegetationszeit ist sie die ertragsreichste und der Menge und Güte nach ertragfähigste Sorte.

Bezugsquelle: Saatgutzüchtung der niederösterreichischen landwirtschaftlichen Landes-Lehranstalt Edelhof, Post Zwettl.

b) Original Hirschbacher Waldviertler-Hafer, Züchtung von Hofrat G. Pammer aus der Landsorte des Waldviertler Hafers von 1908 bis 1926, von da an durch die Bundesanstalt für Pflanzenbau und Samenprüfung in Wien.

Auch dieser Hafer zeigt den gleichen Charakter wie der Edelhofer Hafer von gleichfalls hohem Anbauwert für das Waldviertel und den bei diesem geschilderten Samenwechsel.

Bezugsquelle: Wirtschaftsbesitzer Johann Schuh in Hirschbach bei Vitis an der Franz-Josefsbahn.

c) Original Buckliger Welt-Hafer. Diese im niederösterreichischen Wechselgebiet einheimische Landsorte wird seit sechs Jahren durch Hofrat P a m m e r der Veredlungsauslese unterzogen. Der feine, jedoch reichbehängte Schlaffrispentypus mit seinem edlen, feinschaligen Korn, dann der feine, elastische, lagerfeste Halm, zeichnet diese frühreife Sorte besonders aus. Infolge ihrer Anspruchslosigkeit ist sie für die Trockenlagen des Wechselgebietes eine der besten Sorten mit reichen Erträgen. Sie bildet die Grundlage der Produktion im Wechselgebiet (bucklige Welt) und eignet sich vorzüglich zum Samenwechsel in das Wienerbecken und konkurriert dort mit Erfolg gegen den sogenannten ungarischen Hafer.

Bezugsquelle: Dr. Hofenedersche Gutsverwaltung in Möltern am Wechsel.

d) Original Loosdorfer Zweikorn-Hafer, gezüchtet von Direktor S c h r e y v o g e l aus Duppauer Hafer. Er ist frühreif und hat feinschalige spitze Körner. Geeignet für leichtere Böden.

e) Original Loosdorfer Dreikorn-Hafer, eingetragen in das Zuchtbuch der Gesellschaft für Pflanzenzüchtung in Wien (vergl. Abb. 36). Dieser, dem Steifrispentypus angehörige Zuchthafer, stammt aus einem Steifrispenformenkreis, der bei der züchterischen Bearbeitung und Formentrennung der Edelhofer-Waldviertler-Landhafersorte vorgefunden und von Hofrat P a m m e r dem Zuchtleiter Direktor S c h r e y v o g e l in Loosdorf zur weiteren züchterischen Bearbeitung auf den dortigen schweren Bodenlagen übergeben wurde.

Auf diese Herkunft und die darauf zurückzuführenden Erbanlagen ist jedenfalls die Überlegenheit des Loosdorfer Dreikornhafers im Konkurrenzkampfe gegenüber den Ligowo-Streifrispenformen deutscher Herkünfte auf den dieser Form zusagenden schweren Böden zurückzuführen. Loosdorfer Dreikornhafer bestockt sich gut, bildet mittelstarke, elastische Halme und mäßig breite Blätter. Er fahnt verhältnismäßig früh und gibt ein stumpfes, feinschaliges Korn.

Bezugsquelle: Piattische Gutsverwaltung Loosdorf bei Mistelbach.

f) Z w e i n e u e H a f e r z ü c h t u n g e n von Professor T s c h e r m a k, und zwar:

1. Siegeshafer mal 60 Tage, und

2. Hafer von Lochow mal Goldregenhafer, kommen demnächst in den Handel.

Bezugsquelle: Gesellschaft für landw. Betriebe in Staatz.

2. Oberösterreich

a) Original Ritzelhofer Hafer, Züchtung von Hofrat G. Pammer, und zwar von 1908 bis 1920 und von da ab durch die Ackerbauschule Ritzelhof. Diese im Gebiete von Ritzelhof vorgefundene Landsorte des Hafers wurde auf Grund der in der überwiegenden Menge vorgefundenen Schlaffrispentype, nach diesem Typus der Veredlungsauslese unterworfen.

Der Ritzelhofer Hafer zeichnet sich durch ziemliche Frühreife, feines Stroh und Korn und Anspruchslosigkeit aus. Er bewährt sich vorzüglich in den meisten Lagen Oberösterreichs und zum Samenwechsel ins Ennstal.

Bezugsquelle: Saatgutzüchtung der oberösterr. Landes-Ackerbauschule in Ritzelhof.

b) Original Schlägler Hafer. Züchtung von Hofrat Pammer aus der Landsorte des oberen Mühlviertler Hafers.

Diese durch Individualauslese der Veredlungszüchtung unterworfene Sorte, zeigt einen etwas weitauslegenden Schlaffrispentypus und eine mit diesem Typus zusammenhängende Frühreife. Der Halm ist fein, elastisch und lagerwiderstandsfähig, das Korn feinspelzig mit hohem Hektolitergewicht. Diese Sorte hat wegen ihrer Anspruchslosigkeit allgemeine Verbreitung gefunden und eignet sich auch sehr gut zum Samenwechsel in die Voralpenlagen und Hügellandslagen Oberösterreichs sowie auch für die Alpenlagen.

Bezugsquelle: Saatgutzüchtung Stiftsökonomie Schlägl, Post Aigen, Oberösterreich.

c) Original Kaltenberger Hafer. Züchtung von Hofrat Pammer von 1904 bis 1918, von da ab Weiterzucht durch die Verwaltung des Landesgutes Kaltenberg. Er stammt von der Landsorte des Sandlhafers (Freistädter Hafer) ab und zeigt einen ähnlichen Charakter wie der Schlägler Hafer. Wie dieser hat er einen hohen Anbauwert, und zwar besonders für die unteren Mühlviertler Lagen und für den beim Schlägler Hafer geschilderten Samenwechsel.

Bezugsquelle: Saatgutzüchtung des Landesgutes Kaltenberg, Post Mönichdorf bei Perg.

d) Original Otterbacher Hafer. Züchtung von Hofrat Pammer, Weiterführung der Züchtung durch die landw. Winterschule in Otterbach-Scharding. Gezüchtet seit 1906 aus einem schwedischen Hafer. Er hat gut ausgebildete, starke

Rispen, ist ziemlich frühreif und gibt einen besonders hohen Strohertrag. Vorzüglich geeignet für die Niederungs- und Hügellandslagen Oberösterreichs.

Bezugsquelle: Saatgutzüchtung des Landesgutes Otterbach bei Schärding.

II. Fremdländische Sorten

a) Svalöfs Siegeshafer: Steifrispenhafer, macht größere Ansprüche an den Boden und benötigt genügend Niederschläge. Er wird von der Fritfliege und Thrips leicht befallen, das Korn ist stumpf, die Sorte etwas frühreifer als Ligowohafer.

b) Ligowohafer: ähnlich wie Svalöfs Siegeshafer, aber etwas spätreifer.

c) Kirsches Gelbhafer: ein frühreifer Steifrispenhafer, der sich auf gutem Boden bestens bewährt. Im n.-ö. Waldviertel blieb er im Konkurrenzkampf gegenüber dem Edelhofer Hafer jedoch zurück.

d) Fichtlgebirgs-Hafer: Dieser wurde wiederholt in Niederösterreich eingeführt, hat sich jedoch stets rasch abgebaut.

e) Duppauer Hafer: Er ist ähnlich dem Waldviertler Hafer, doch ist das Korn weniger prall, weshalb er dem Waldviertler Hafer in der Qualität nachsteht.

Kennzeichen der jungen Pflanze

Der Keimling entwickelt vier Keimwürzelchen. Die junge Pflanze ist grün bis gelb-grün, hat keine Blattöhrchen, dagegen ein stehkragenartiges Blatthäutchen.

Ansprüche an Klima, Boden und Düngung

Der Hafer liebt ein mehr mäßiges bis kühleres Klima. Im heißen Klima versagt er häufig ganz. Obwohl er auf allen Bodenarten gedeiht, sagen ihm dennoch mittelschwere bis leichtere Böden, namentlich sandiger Lehm und lehmiger Sand, am meisten zu. Er stellt von allen Getreidearten die größten Ansprüche an den Wasservorrat des Bodens und zwar benötigt er zu seiner normalen Entwicklung ungefähr dreimal so viel Wasser als Winterroggen. Aus diesem Grunde ist es auch ganz unzweckmäßig, im Hafer Klee einzubauen, weil dieser ebenfalls ein großes Wasserbedürfnis hat und dann zwei stark wasserbedürftige Pflanzen gewissermaßen in Konkurrenz stehen. Außerdem leidet der junge Klee dadurch, daß der Hafer gegenüber den anderen Getreidearten eine längere Vegetationszeit hat, wodurch er in seiner Entwicklung zurückbleibt und meistens im selben Jahre keinen Stoppelschnitt mehr zuläßt. Seine Hauptverbreitung hat er bei uns in Österreich in den niederschlagsreichen Wald- und Gebirgslagen, wo die leichteren Bodenarten vorwiegen, ferner auf den Hügellandslagen mit mittleren Böden und endlich auf Moorböden.

Von den Getreidearten hat er das bestausgebildetste Wurzelsystem und dieses zeigt eine besonders hohe Atmungsenergie. Die hiedurch ausgeschiedene Kohlensäure trägt wesentlich zur Bodenaufschließung bei.

Die noch oft bestehende Gepflogenheit, den Hafer als abtragende oder austragende Frucht zu bauen, sollte endlich in der landwirtschaftlichen Praxis verschwinden, denn diese Methode ist gänzlich unrationell. Der Zweck des Pflanzenbaues muß sein, möglichst sichere und hohe Erträge zu erzielen. Es ist aber kaum eine andere Pflanze für eine bessere Kultur und für bessere Düngung so dankbar, wie der Hafer. Als vorzügliche Vorfrüchte sind Kartoffel, Mais, Rübe und Klee zu nennen. Nach Klee spricht man häufig von Dreschhafer. Ferner kommen Neubrüche, Waldrodeland, trocken gelegte Teiche und bei entsprechender Düngung auch Wintergetreide in Frage. Zu beachten ist, daß Hafer mit sich selbst nicht sehr verträglich ist, daß er auch zu den Nematodenpflanzen zählt, weshalb man besonders in Zuckerrübenwirtschaften Vorsicht obwalten lassen muß. Die Nematode ruft genau so wie bei der Rübe „Rübenmüdigkeit", beim Hafer „Hafermüdigkeit" hervor. Hafer nach Hafer ist ganz verwerflich.

Von allen Getreidearten nützt der Hafer die Gründüngung am besten aus. Eine solche muß schon im Herbst (als Stoppel-Gründüngung) gegeben werden, wozu sich ein Gemenge von Peluschke, Erbse und Wicke sehr gut eignet. Diese tiefwurzelnden Pflanzen hinterlassen nach ihrer Zersetzung feine, tiefgehende Kanäle im Boden, denen im nächsten Frühjahr der Hafer folgt, wodurch er selbst Trockenperioden leichter überstehen kann.

Von künstlichen Düngemitteln kommt in erster Linie schwefelsaures Ammoniak und dann der billigere Kalkstickstoff und der bequem zu handhabende Kalksalpeter oder

Leunasalpeter in Betracht. Hafer gehört zu jenen Pflanzen, die den Ammoniakstickstoff besonders gut verwerten können. Der Proteingehalt der Körner wird hiedurch erhöht. Mit einer Chilisalpeterdüngung wird man besonders auf leichten Böden deshalb vorsichtig sein müssen, weil er einerseits bei Eintritt von Gewitterregen leicht ausgewaschen wird, andererseits aber auch Lagerung, Rostempfindlichkeit und Reifeverzögerung zur Folge hat. Kommt er nach einer Frucht zu stehen, die mit Stallmist gedüngt war, so kann eine Phosphorsäuredüngung entfallen; wenn nicht, so ist eine kleine Gabe von Thomasmehl oder Rhenaniaphosphat auf leichten Böden und von Superphosphat auf schweren Böden notwendig. Kalidüngung ist zu Hafer meistens unrentabel, ganz kaliarme Böden ausgenommen. Dagegen hat der Hafer ein ziemliches Kalkbedürfnis und es ist daher in kalkarmen Gegenden, zum Beispiel im n.-ö. Waldviertel, wenn auch nicht zu Hafer selbst, so doch zu einer der anderen Pflanzen in der Fruchtfolge, zum Beispiel zum Klee, Kalk zu geben.

Die Aussaat

Die Saat, die zweckmäßig mit der Drillsämaschine erfolgen soll, hat so frühzeitig als möglich zu geschehen, da Hafer ganz gut auch einige Grade unter Null ohne Schaden verträgt. Durch späten Anbau wird die Vegetationszeit verkürzt und der Ertrag geschmälert. Heißt es doch: „Maihafer — Spreuhafer".

Geschieht die Aussaat breitwürfig, also mit der Hand, so benötigt man unter mittleren Verhältnissen 180 kg und in ungünstigen Lagen, so besonders in den Gebirgslagen, selbst 200 kg und darüber pro 1 ha. Bei der Maschinsaat schwankt die Saatmenge zwischen 140 und 170 kg. Die Tiefe der Unterbringung ist für Hafer etwa 5 cm, die Drillweite 10 bis 15 cm. Normales Saatgut soll eine Reinheit von 98·5% und eine Keimfähigkeit von 96% aufweisen.

Herrscht zur Zeit des Anbaues große Trockenheit, so muß der Drillmaschine die Walze folgen, damit ein rasches und gleichmäßiges Aufgehen erzielt wird. Weniger günstig wirkt in unseren Gebieten ein Walzen des Hafers, wenn er schon handhoch geworden ist, weil Hafer ohnehin die Wurzeln ziemlich tief in den Boden schickt und durch die Walze nur unnötig Wasser an die Oberfläche befördert wird, das viel vorteilhafter im Boden bleiben sollte.

Die Pflege des Hafers beschränkt sich eigentlich nur auf die Bekämpfung der oft massenhaft auftretenden Unkräuter, vor allem des Hederichs und der Disteln (s. S. 68).

Ernte

Die Ernte erfolgt bei Hafer in der Gelbreife. Beim Handmähen ist bei kürzerem Hafer das Mähen auf Schwaden, bei langem Hafer aber auch das sogenannte Anhauen gebräuchlich. In den kleinen und mittleren Betrieben bleibt er meist auf Schwaden liegen, wird eventuell, wenn notwendig, einmal umgewendet, an schönen Tag zu Garben zusammengetragen, gebunden und sofort eingeführt. Diese Methode hat aber den Nachteil, daß bei eintretender schlechter Witterung leicht ein Auswachsen des Hafers möglich ist, beim wiederholten Wenden ein größerer Körnerverlust durch Ausfallen entsteht und endlich ist ein in Schwaden liegender Hafer auch stets viel mehr der Hagelgefahr ausgesetzt, weil gerade Hafergegenden auch größtenteils zu den Hagelgegenden zählen.

Viel sicherer ist daher das Aufstellen des Hafers in Hutmandeln oder auch in Puppen ohne Hut. In solchen Mandeln steht der Hafer ziemlich sicher, wird durch Wind verhältnismäßig rasch trocken und das Einfahren wird beschleunigt, da man in größeren Betrieben nicht gleichzeitig am Feld den Hafer von den Schwaden zusammentragen, binden, einführen und zu Hause abladen kann. Der den Getreidepuppen aufgesetzte Hut hat den Vorteil, daß er bei einem Hagelschlag die darunter stehenden Garben schützt, aber auch den Nachteil, daß bei durchgedrungenem starken Regen und darauffolgender Wärme leicht ein Auswachsen unter dem Hute erfolgt. Es ist deshalb unbedingt notwendig, nach Eintritt des letzteren Umstandes die Hüte von den Mandeln herabzunehmen, so daß der Wind die Garben rasch austrocknen kann.

Nach erfolgtem Drusche handelt es sich um die übliche Schüttbodenbehandlung und im Winter erfolgt dann die Vorbereitung für Saatgutzwecke. Hiezu haben sich eine Reihe von Reinigungsmaschinen bewährt. Zunächst wird er durch die Windfege gelassen, hernach kann die vollständige Reinigung mittels Trieur und Monitor erfolgen oder mittels der Kayserschen Getreidezentrifuge und ganz vorzüglich auch mit der Kribleur-Schwingsortiermaschine.

Das beste Saatgut liefern die spezifisch und absolut schwersten Körner. Der Ertrag des Hafers an Körnern schwankt im Mittel zwischen 15, 20 und 25 mq pro 1 ha, mit einem Verhältnis von Korn zu Stroh wie 1 : 1·5. Das Hektolitergewicht beträgt im Mittel etwa 50 kg. Die unterste Grenze kann mit 45 kg, die oberste mit etwa 60 kg angenommen werden. Das Haferstroh wird als Futterstroh in Form von Häcksel und zur Streckung von Heu und Klee verwendet.

Mengfrüchte (Halbfrüchte)

In einzelnen Gebieten Österreichs, hauptsächlich in Oberösterreich, ferner in kleinerem Umfange auch in Steiermark, Kärnten und Vorarlberg, werden Getreidearten im Gemenge, also als Meng- oder Halbfrüchte gebaut. Die Vorteile, welche solche Gemengsaaten bieten, liegen in erster Linie in der Sicherheit der Erträge und sind besonders dort am Platze, wo Extreme im Klima vorliegen, also Kälte und Hitze abwechseln, jedoch genügend Niederschläge vorhanden sind. Infolge des Umstandes, daß die Wurzeln von Pflanzen, die im Gemenge mit Pflanzen anderer Art stehen, gegenüber den Reinsaaten sich verfilzen und weniger tief, sondern mehr flach sich entwickeln, ist der Wasserbedarf der Mengfrüchte ein größerer. Pflanzenschädlinge können in Gemengsaaten niemals so verheerend auftreten als in Reinsaaten. Auch geben sie stets höhere Erträge, als wenn jede Getreideart für sich allein angebaut würde. Solche Gemenge von Getreidearten kommen überwiegend bei Weizen und Roggen vor, wobei der winterfestere Roggen den weniger wintersicheren Weizen schützt. Auch passen sich die Pflanzen in der Mengsaat in ihrer Reifezeit gegenseitig ziemlich an. Läßt eine Pflanze in ihrer Entwicklung mehr oder weniger aus, so entwickelt sich dafür die andere um so besser.

Ein anderes Gemenge ist Hafer mit Gerste, nur bedarf es dann eines sehr frühreifen Hafers und einer etwas spätreiferen Gerste, also eines Schlaffrispenhafers mit einer Imperialgerste. Gerste wird auch im Gemenge mit Sommerroggen gebaut. Endlich gelangt auch Spelz mit Roggen zum Anbau, was den Vorteil hat, daß mehr Stroh gewonnen wird und daß sich die Roggenkörner leicht durch Aussieben trennen lassen.

Der Nachteil der Gemengsaaten ist aber, daß sich die meisten Gemenge nicht voneinander trennen lassen und im Gemisch schwer verkäuflich sind. Sie werden daher am besten in der eigenen Wirtschaft verwertet.

Der Mais (Zea Mays)

Der Mais, auch türkischer Weizen oder Welschkorn genannt, stammt aus Amerika und zwar aus dem Hochland von Südmexiko. Den Weg zu uns nahm er über Spanien, Italien (16. Jahrhundert), Türkei und Ungarn. In Österreich beschränkt er sich auf das Burgenland, die Ebenen von Niederösterreich, auf das südliche Steiermark, den östlichen Teil von Kärnten und auf viele Lagen von Tirol. Er ist eine sogenannte einhäusige Pflanze, das heißt, es befinden sich auf ein und derselben Pflanze sowohl männliche, als auch weibliche Blüten, jedoch getrennt. Die weiblichen Blüten sitzen in den Blattachseln und bilden eine Unzahl Griffel, von denen ein Teil aus den grünen Maiskolben heraushängt. Die männlichen Blüten sind in Form einer Rispe an der Spitze der Maispflanze vorhanden.

Der Mais ist ein Fremdbefruchter und zwar erfolgt die Befruchtung durch den Wind. Die jungen, in Milchreife befindlichen Maiskolben, werden am Wiener Markte gern als Leckerbissen zum Braten oder Kochen gekauft und gut bezahlt.

Die reifen Maiskörner kommen bei uns zum größten Teile als Futtermittel, und zwar hauptsächlich als Schweine- und Geflügelmastfutter und als teilweises Ersatzfuttermittel für Hafer bei Pferdefütterung in Betracht. 1 kg Mais entspricht dem Nährwerte nach $1^1/_4$ bis $1^1/_3$ kg Hafer. Besonders hervorzuheben ist sein hoher Fettgehalt. In den südlichen Teilen der Republik wird er auch für Speisezwecke verwendet.

Die für uns in Frage kommenden Maissorten können wir in drei Hauptgruppen einteilen:

Der großkörnige Mais

Diese Maissorten sind bei uns wohl am weitesten verbreitet, zeichnen sich durch große, lange Kolben und durch große, runde Körner aus. Ihre Reife erfolgt spät und der Ertrag dieser Maissorten ist ein sehr hoher.

Hieher gehören nachstehende österreichische Landsorten.

1. In Niederösterreich

a) Der große weiße Kremser Rundmais. Sehr großkolbig, dick, mit großen, weißen, runden Körnern. Verbreitungsgebiet: Kremser Becken und die daran anschließenden Gebiete.

b) Der weiße und rote Marchfelder (siehe Abb. 38). Langkolbig, großkörnig, die weißgelbliche Sorte überwiegt weitaus, sehr ertragreich und selbst auf den ganz leichten Böden sehr gute Erträge liefernd. Verbreitungsgebiet: Marchfeld.

c) Der weiße Bockfließer Rundmais. Er ist sehr ähnlich dem weißen Kremser und ist im Gebiete von Bockfließ und Wolkersdorf sehr verbreitet.

d) Der gelbe Hainburger. Kolben mittelgroß mit ebensolchen Körnern. Verbreitungsgebiet: Hainburger Gebiet.

Abb. 38.* Weißer und roter Marchfelder Mais

e) Der gelbe Theresienfelder. Kolben mittelgroß mit ebensolchen Körnern, sehr anspruchslos, gibt selbst auf den steinigen, sehr trockenen Böden des Neunkirchner Steinfeldes noch befriedigende Erträge. Verbreitungsgebiet: Neunkirchner Steinfeld.

2. In Steiermark

a) Lichtroter Silberberger. Kolben lang, Körner mittelgroß und rund.

b) Gelber Silberberger. Langkolbig. Körner mehr flach. Verbreitungsgebiet: Im Gebiete von Silberberg.

c) Weißer, großkörniger Hartberger. Sehr langkolbig.

d) Weißgelber Hartberger. Kurzkolbig und großkörnig. Verbreitungsgebiet: im Gebiete von Hartberg in Weststeiermark.

e) Deutsch-Landsberger Mais. Kurzkolbig und großkörnig. Verbreitungsgebiet: Deutschlandsberg und Umgebung.

f) Weißer Gleinstettner. Kurzkolbig und großkörnig.

g) Gelber Straßer Landmais. Langkolbig, dicht, mittelgroße Körner.

3. In Tirol

a) Der 10-reihige weiße Tiroler Landmais. Kurzkolbig und großkörnig.

b) Der 10-reihige weiße Tiroler Landmais. Langkolbig, großkörnig, ist in Tirol sehr verbreitet.

c) Roter Tiroler Landmais. Langkolbig und großkörnig.

d) Zerrütteter, mittelspäter, weißer Tiroler Landmais. Kurzkolbig und sehr ertragreich.

e) Achtreihiger Tiroler weißer Landmais. Langkolbig, sehr spätreif und sehr verbreitet.

f) Zwölfreihiger, mittelspäter, weißer Tiroler Landmais. Kurzkolbig, sehr ertragreich.

g) Dunkelgelber Tiroler Landmais. Sehr frühreif.

In Kärnten wird nur der gelbe Landmais gebaut.

Der kleinkörnige Mais

Die Kolben dieses Maises sind ein halb bis ein drittel so groß als die des großkörnigen. Die Körner sind klein und sehr glasig. Er ist sehr frühreif, aber im Ertrage sehr gering. Er wird daher nur in südlicheren Gebieten gebaut.

Sorten:

In Steiermark

a) Kleinkörniger, gelber Grottenhofer, kurzkolbig.

b) Kleinkörniger, gelber Gersdorfer, langkolbig.

c) Kleinkörniger, gelber Silberberger, langkolbig und dicht.

d) Kleinkörniger, gelber Straßer, langkolbig.

Der Pferdezahnmais

Die Körner bei diesem zumeist großkörnigen Mais sind flach gedrückt und weisen an der oberen Seite ein der Marke auf den Pferdezähnen ähnliche eingedrückte Zeichnung auf. Der Pferdezahnmais kommt für unsere Gegenden hauptsächlich als Grünfutter in Betracht, und zwar deswegen, weil er außerordentlich lange Stengel bildet und Massenerträge an Futter liefert. Es wird hiezu der amerikanische, jugoslavische und rumänische Pferdezahnmais verwendet. Zur Körnergewinnung eignet er sich nicht, weil er in unseren klimatischen Verhältnissen in den seltensten Fällen zur Reife gelangt.

Sorten:

In Steiermark

a) Der weiße und gelbe Gersdorfer Pferdezahn.

b) Der weiße Silberberger Pferdezahn, langkolbig.

Ansprüche an Boden und Düngung

Der Mais gedeiht auf allen Böden; selbst auf sehr leichten Sandböden gibt er, die entsprechende Sorte vorausgesetzt, ganz vorzügliche Erträge. Aber auch auf den schweren Böden sind hohe Erträge zu erzielen. Trockenere Böden sagen ihm besser zu, wie er überhaupt mehr trockenes, warmes Klima liebt. Im allgemeinen reicht seine Verbreitung als Kolbenmais so weit als der Wein, als Futtermais geht er noch wesentlich über die Weingrenze hinaus.

Er ist eine mit sich selbst außerordentlich verträgliche Pflanze, hat er doch auch mit Ausnahme von dem nicht sehr gefährlichen Maisbrand und vom Maiszünsler unter gar keinen sonstigen Schädlingen zu leiden. Aus diesem Grunde kann auch Mais auf Mais folgen, obwohl er meistens nach Wintergetreide gebaut wird. Am besten gedeiht er in frischer Stallmistdüngung, die am zweckmäßigsten noch im Herbst gegeben wird. Gut bewährt sich auch eine Jauchedüngung im Frühjahre, wozu als Ergänzung eine Thomasmehldüngung oder Rhenaniaphosphat zu geben ist.

Infolge des späten Anbaues ist das Maisfeld häufig das einzige, welches im Frühjahr nahezu noch bis gegen Mitte Mai unbebaut ist, so daß auf dieses zweckmäßig die Jauche geführt werden kann. Von sonstigen künstlichen Düngemitteln wäre noch schwefelsaures Ammoniak zu empfehlen, weil der Mais zu den wenigen Kulturpflanzen gehört, die das Ammoniak direkt als Stickstoffnahrung aufnehmen können. Auf leichten Sandböden empfiehlt sich auch eine Düngung mit 40%igem Kalisalz, und zwar wird dieses Düngemittel auf solche Böden zwischen den Reihen des Maises gestreut, wenn er etwa 30 cm hoch geworden ist.

Die Bodenbearbeitung

Wie betont, ist es am besten, den Stallmist im Herbst unterzubringen, weil dann im Frühjahre jede Ackerung vermieden werden kann. Da jedoch das Maisfeld sehr spät im Frühjahr bestellt wird, daher früher leicht ergrünt und außerdem bei Jauchedüngung mit Wagen befahren wird, ist mitunter eine seichte Frühjahrsbearbeitung außer dem Eggen notwendig.

Zu dieser Bearbeitung ist der Extirpator vorzuziehen, welcher eine gute Lockerung des Bodens und eine vollständige Vernichtung des eventuell aufgetretenen Unkrautes zur Folge hat. Durch den Extirpator bleibt auch, im Gegensatz zum Pflug, die Winterfeuchtigkeit fast ganz erhalten. Nach dem Extirpator muß jedoch die Egge folgen, um ein gleichmäßig ebenes Feld zu erhalten.

Der Anbau des Maises und die verschiedenen Anbaumethoden

Schon nach der Maisernte wählt man eine entsprechende Anzahl der schönsten, größten und vollkommen besetzten Kolben aus, hängt diese separat an einen luftigen, vor Mäuse- und Vogelschäden geschützten Ort auf und rebelt diese Kolben erst kurze Zeit vor dem Anbau ab.

Infolge der sehr starken Frostempfindlichkeit des Maises wird dieser so angebaut, daß er nicht vor den sogenannten „Eismännern", das ist 12. bis 15. Mai, aus dem Boden erscheint.

Als Anbaumethoden sind verbreitet: Das Legen hinter dem Pfluge. Hiebei wird der Mais gewöhnlich in jede dritte und nur bei breiten Pflugfurchen und bei kleinkörnigem Mais in jede zweite Furche seitlich, in einer beiläufigen Tiefe von 5 bis 8 cm gelegt. Solcherart beträgt die Reihenweite im allgemeinen etwa 60 bis 70 cm und in der Reihe 35 bis 40 cm. Gleichzeitig werden 3 bis 5 Körner in diesen Abständen gelegt.

Diese Methode hat einen großen Nachteil, da der größte Teil der Winterfeuchtigkeit verloren geht. Ein derartiger Wasserverlust im Monat Mai kann aber für das günstige Gedeihen des Maises sehr gefährlich werden, namentlich deshalb, weil Maisgegenden ohnehin sehr häufig an Trockenperioden zu leiden haben.

Das Legen hinter dem Kartoffelfurchenzieher: Auch diese Methode wird häufig durchgeführt. Der Kartoffelfurchenzieher wird auf die entsprechende Entfernung von 60 bis 70 cm eingestellt und so Furchen über das Feld gezogen, die nur eine mäßige Tiefe aufweisen sollen. In diese werden, so wie bei der vorigen Methode, die Maiskörner gelegt, worauf mittelst Hauen die Furchen wieder zugezogen werden. Der Verlust an Winterfeuchtigkeit ist dabei wohl geringer als bei der Ackerung, jedoch immerhin noch ganz erheblich.

Die Drillsaat: Bei dieser Methode werden die Schare zunächst so eingestellt, daß ihre Entfernung entspricht. Meistens kommen bei den gewöhnlichen Säemaschinen hiebei drei Schare in Betracht, wobei die beiden äußeren so zu stellen sind, daß sie bis zum Rade die halbe Maisreihenentfernung darstellen.

Diese Saatmethode ist gut, namentlich auch deshalb, weil die Winterfeuchtigkeit dabei ganz erhalten bleibt. Jedoch ist der Saatgutverbrauch ein verhältnismäßig sehr großer und das spätere Verziehen der überschüßigen Pflanzen eine ziemliche Arbeit.

Die Dibbelsaat: Die Dibbelsaat besteht darin, daß bei der Sämaschine mittels eines Hebels die Samenzufuhr zum Boden zeitweilig so unterbrochen wird, daß in der oben angeführten Entfernung immer eine Anzahl Maiskörner in den Boden fallen. Die Methode wäre eigentlich die idealste, wenn die Dibbelmaschinen zuverlässig arbeiten würden. Derzeit ist dies jedoch noch keineswegs der Fall, weshalb man mit Fehlstellen zu rechnen hat, die nicht ersetzt werden können. Die Winterfeuchtigkeit würde dabei erhalten bleiben und auch die Saatgutersparnis wäre eine namhafte. Unsere landwirtschaftliche Maschinen-Industrie hätte auf diesem Gebiete noch ein großes Betätigungsfeld.

Das Legen nach dem Markör: Zu diesem Zweck wird das Maisfeld zunächst leicht gewalzt, um mit dem Markör gewissermaßen leicht sichtbare Linien ziehen zu können. Hiezu kann man entweder eigens konstruierte Marköre oder aber auch die gewöhnliche Sämaschine verwenden, nur muß man, wie überhaupt beim Maisbau, an die Saatschere zwei und auf schweren Böden auch drei Gewichte anhängen. Die Linien werden bei Verwendung der Sämaschine sehr gleichmäßig und bleiben selbst nach eingetretenem, länger andauernden starken Regenwetter immer noch sehr deutlich sichtbar.

Auf diesen Linien werden mit der gewöhnlichen Haue von einer Person Grübchen gemacht und von einer zweiten drei bis fünf Maiskörner hineingelegt. Mit der Erde, die sich aus dem nächstfolgenden Grübchen ergibt, wird der vorhergelegte Mais gleichzeitig zugedeckt. Nach eigener Erfahrung hat sich diese Methode sehr günstig bewährt, weil sie die Winterfeuchtigkeit erhält, an Saatgut äußerst sparsam ist, ferner vollständige Sicherheit gewährt und außerdem recht rasch von statten geht.

Um die durch das leichte Walzen hervorgerufene Kapillarität des Bodens ehestens wiederum zu zerstören, wird sofort nach dem Legen geeggt.

Die Kulturarbeiten

Zeigt sich nach dem Anbau bis vor dem Aufgehen der Pflanzen Krustenbildung, so ist diese aus bekannten Gründen ehestens zu brechen. (Siehe Kapitel: Pflege.) Sind die Maisreihen deutlich sichtbar, also im Durchschnitt handhoch geworden, so erfolgt mittelst des „Planetes jr. Pferdehacke“ oder mittelst der Plantage die erste Hacke zwischen den Reihen. Durch diese Hacke wird der Boden gelockert, eventuelle Krusten gebrochen, aufgetretenes Unkraut zerstört und die Bodentätigkeit begünstigt.

Ist der Mais etwa 25 bis 30 cm hoch geworden, (bei Drillsaat eventuell etwas früher) so erfolgt das Verziehen oder Vereinzelnen, das heißt, von den aufgegangenen Maispflanzen dürfen in der oben angeführten Entfernung zwei, höchstens drei stehen gelassen werden. Hiebei ist zu berücksichtigen, daß die schönsten und kräftigsten Pflanzen stehen bleiben, die schwächlichen aber seitlich horizontal herausgezogen werden. Ein senkrechtes Herausziehen könnte auch ein Mitreißen anderer Pflanzen oder mindestens ein Lockern derselben zur Folge haben, wodurch ein Verlust an Pflanzen eintreten würde.

Gleich nach dem Verziehen wird die zweite Hacke gegeben, die genau so wie die erste durchgeführt wird und auch denselben Zweck verfolgt; nur werden jetzt auch von Arbeitern mittels Hauen oder auch mittelst Rübenhacken die Zwischenräume in den Reihen behackt. Dies geschieht so, daß der Planet vorausfährt, während die Arbeiter nachgehen und die nichtbehackten Zwischenräume in den Reihen einfach seitlich durchziehen. Dabei ist die Tagesleistung eine ganz bedeutende.

Bevor die Rispe (bei Mais auch Fahne genannt) erscheint, ist es notwendig, den Mais gut zu behäufeln. Dies kann sowohl mit dem Häufelkörper des Planeten, als auch mit dem gewöhnlichen Kartoffelhäufelpflug geschehen und ist zweckmäßig nicht auf einmal, sondern auf zweimal hintereinander durchzuführen. Besonders ist dies dann vorteilhaft, wenn der Boden inzwischen wieder verkrustet oder sonst nicht genügend locker ist. Zum Mais soll nämlich nur lockere Erde gehäufelt werden und zwar so, daß die Stengel auch tatsächlich über dem ersten Stengelknoten mit Erde bedeckt sind. Dies ist jedoch meistens bei einmaligem Behäufeln nicht vollständig zu erreichen. Der Zweck des Behäufelns ist ein mehrfacher. Bleibt eine Maispflanze unbehäufelt, so bemerkt man sehr bald, daß sich aus dem ersten Stengelknoten oberhalb des Bodens etwa ¹/₂ bis 1 cm lange Luftwurzeln bilden und zwar um den Stengel herum. Werden diese nun mit Erde bedeckt, was beim Behäufeln geschehen soll, so wandeln sich die Luftwurzeln in Erdwurzeln um und tragen hiedurch einerseits zur höheren Standfestigkeit der Maispflanze gegen Wind bei, andererseits helfen sie auch die Pflanze zu ernähren und es wird hiedurch auch der Bereich der Nährstoffaufnahme für die Pflanze ein weitaus größerer. Mit dem Behäufeln sind die eigentlichen Kulturarbeiten abgeschlossen.

Da sich jedoch bei vielen Maispflanzen nach der Blüte Seitenschößlinge zeigen, die der Pflanze nur Nährstoffe wegnehmen ohne selbst einen Zweck zu haben, ist es vorteilhaft, die Maisreihen durchzugehen um diese Seitentriebe, die gesammelt als Grünfutter verwendet werden können, von der Pflanze wegzureißen. Diese Arbeit bezeichnet man als das „Geizen".

Sind später dann die Maiskolben in der Reife ziemlich weit vorgeschritten (mindestens in der Milchreife) und handelt es sich um Mais, der spät reift, wie dies bei unseren großkörnigen Sorten häufig der Fall ist, so kann man auch das sogenannte „Entfahnen" durchführen. Es geschieht dies in der Weise, daß die obersten noch grünen Maisstengel mit den noch grünen Blättern beiläufig spannhoch oberhalb des höchsten Kolbens abgeschnitten werden. Diese Maisstengel können gehäckselt vorzüglich als Futter Verwendung finden, ohne daß hiedurch die zur Reife gelangende Maispflanze irgendwie Schaden leidet. Im allgemeinen wird die Reife hiedurch etwas beschleunigt und die Erntearbeiten ganz wesentlich erleichtert, weil die ausgebrochenen Kolben ohne Hindernis auf Haufen geworfen oder auch gleich auf den Wagen geladen werden können.

Die Ernte

In kleineren und mittleren Betrieben werden die Kolben, vorausgesetzt, daß die ganze Pflanze dürr geworden ist, die Körner an den Kolben ihre natürliche Farbe haben und hart geworden sind, samt den Lieschblättern ausgebrochen und nach Hause geführt. Daselbst werden die Kolben meist abends bei lustiger Gesellschaft aufgearbeitet, das heißt, die Lieschen (Deckblätter) werden bis auf drei oder vier weggerissen, diese sodann zurückgebogen und gewöhnlich zu je zwei oder vier, manchesmal auch zu ein meterlangen Zöpfen zusammengebunden. So hängt man sie dann an luftigen Plätzen zum

Beispiel unter Einfahrten, auf zugigen Böden, unter Dachvorsprüngen entweder auf Holzstangen oder auf gespannten Drähten, oder auch auf eigenen Holzgestellen auf. Luftig, am besten jedoch zugig muß ein solcher Platz sein, weil der Mais sonst leicht schimmelt.

Beim Großbesitz werden die Lieschen am Felde vom Kolben sofort mittels eines eigenen Vorteiles abgetrennt, der Kolben ausgebrochen, worauf er in eigens gebaute Trockenhäuser, sogenannte „Tschardacken", zum Trocknen aufgeschüttet wird (s. Abb. 39).

Gewöhnlich wartet man mit dem Abrebeln des Maises bis gegen Weihnachten, weil sich sogenannter Neumais, wenn er nicht vollständig trocken ist, einerseits schwer in höheren Haufen aufbewahren läßt und andererseits auch nicht zum Schroten eignet, da er sich unter Umständen noch schmiert. Neumais darf nur seicht aufgeschüttet und muß öfters umgeschaufelt werden, da Mais sehr leicht schimmelt. Das Rebeln

Abb. 39. Maistrockenhaus der Gutspachtung Dr. Hofeneder in Obersiebenbrunn

selbst geschieht am vorteilhaftesten und raschesten mittels Maisrebelmaschinen. Eine gute Maisernte kann bis 50 mq Körner pro 1 ha liefern.

Nacharbeiten auf dem Felde

Nach der Ernte müssen die noch stehen gebliebenen Maisstengel oder Stengelreste mittels großer Messer oder Sicheln oder Hacken knapp am Boden abgehackt, auf Haufen geworfen und können entweder verbrannt, oder dem Komposte einverleibt werden. Als Einstreu sind sie zu hart, dagegen liefern die abgerissenen Deckblätter ein vorzügliches Einstreumittel, während die sich beim abrebeln ergebenden Kolbenspindeln am besten als Brennmaterial verwenden lassen.

Der Grünmais

Da der Mais, wie kaum eine andere Pflanze, große grüne Massenerträge liefert, wird er sehr gerne zu Grünfutterzwecken gebaut. In diesem Falle kann er auch noch viel nördlicher gebaut werden, als dies für die Körnergewinnung möglich ist. Auch ist es nach Grünmais in geeigneten Gegenden noch leicht möglich, Stoppelfrüchte zu bauen, zum Beispiel Hirse, Mischling, Buchweizen. Der Grünmais gedeiht ebenfalls am besten auf leichteren Böden nach frischer Stallmistdüngung. Der Anbau soll möglichst dicht geschehen und kann sowohl mit der Hand als auch mit der Maschine ausgeführt werden. Man benötigt hiezu pro 1 ha zirka 180 bis 250 kg. Je dichter er gebaut wird, desto dünnstengeliger und höher wird er. Dies kommt daher, daß er der in den unteren Teilen herrschenden Dunkelheit entwachsen will und dem Lichte zustrebt. Dadurch bildet er auch zarte, saftige Stengel, die wenig Rohfaser enthalten und vom Vieh gerne gefressen werden. Bei dünnem Stande verholzen die Stengel frühzeitig und werden dann vom Vieh verschmäht. Solcher Mais kann dann nur gehäckselt dem anderen Futter beigemischt oder eingesäuert werden. Der Anbau von Grünmais erfolgt vorteilhaft in der Weise, daß man nicht die ganze Fläche auf einmal gleichzeitig bebaut, sondern in mehreren Zeitabschnitten, damit man stets frischen, jüngeren Mais zur Verfügung hat. Das notwendige Futterquantum wird täglich geschnitten, weil auch lufttrockener Mais vom Vieh nicht gerne aufgenommen wird. Beim Erscheinen der Rispe soll die Fläche so ziemlich abgeerntet sein. Grünmais ist ein sehr beliebtes Milchfutter, nur muß gleichzeitig auch Klee mitverfüttert werden, weil Mais allein zu eiweisarm ist. In klimatisch günstigen Lagen kommt Grünmais auch als Stoppelfrucht in Betracht. Auch kann Grünmais selbst zweimal nacheinander in einem Jahre gebaut werden. Der Ertrag an grüner Masse beträgt im Durchschnitte zirka 500 q pro 1 ha.

Die Hirse (Panicum miliaceum)

Die Hirse stammt wahrscheinlich aus Ostindien. Ihr Anbau ist im ständigen Rückgang begriffen. In Österreich spielt sie eine sehr untergeordnete Rolle und wird nur in einigen Teilen des Marchfeldes sowie im Süden gebaut. Die Hirse dient hauptsächlich als Geflügelfutter und gibt entschält, den sogenannten Hirsebrei, der zur Fütterung von Kücken verwendet wird.

Die Hirse ist ein Fremdbefruchter.

Die bei uns gebaute Rispenhirse (Klumphirse) hat gelbe, rote oder graue Samen. Sie hat ein geringes Wasserbedürfnis und verträgt große Hitze und Trockenheit sehr gut. Da sie sehr stark frostempfindlich ist, kann ihr Anbau nicht vor Mitte Mai vorgenommen werden. Sie gedeiht am besten auf sandigen warmen Böden mit durchlässigem Untergrund. Infolge ihrer langsamen Jugendentwicklung leidet sie sehr stark durch Unkraut, weshalb sich gedüngte Hackfrüchte am besten als Vorfrüchte eignen. Sie gedeiht aber auch nach Wintergetreide gut, wenn das Feld unkrautfrei ist. Der Saatgutbedarf beträgt bei Drillsaat 20 bis 45 kg pro 1 ha. Sie soll seicht, etwa ein bis höchstens zwei Zentimeter tief untergebracht werden. Ist sie zirka 5 cm hoch geworden, so wird sie, wenn Gefahr von Verunkrautung oder Verkrustung besteht, übereggt. Gutes Saatgut soll eine Reinheit von 95% und eine Keimfähigkeit von mindestens 80% aufweisen. Da die Hirse bei der Ernte stark dem Körnerausfall ausgesetzt ist und auch sehr ungleich reift, wird sie geschnitten, sobald die Hälfte der Körner reif ist. Man drischt die Körner alsbald aus und läßt sie gut trocknen. Zu diesem Zwecke dürfen sie nur seicht aufgeschüttet und müssen oft umgeschaufelt werden. Der Körnerertrag kann pro 1 ha mit 12 bis 20 q angenommen werden. Das Stroh wird als Futterstroh verwendet. Das Hektolitergewicht ist im Mittel 70 kg. Etwas häufiger wird Hirse als Grünfutter noch nach Wintergerste, Winterroggen oder nach Grünmais gebaut.

Anhang zum speziellen Teil

Der Buchweizen oder das Heidekorn (Polygonum Fagopyrum)

Der Buchweizen gehört zu den Knöterichgewächsen (*Polygonaceen*) und stammt aus Zentralasien, der Mandschurei und dem südlichen Sibirien. In Österreich wird er im stärkerem Maße in Steiermark, Kärnten und Burgenland, weniger in Niederösterreich (Marchfeld) und Tirol und am wenigsten in Oberösterreich gebaut.

Die Pflanze bildet einen ½ m bis über 1 m hohen Stengel, der sich krautartig verzweigt und viele Blätter trägt. Die Blätter sind herzpfeilförmig, an der Oberfläche glatt und ganzrandig. Teils sind sie kurz, teils lang gestielt. Die Blüten

sind weiß, rosa, bisweilen auch rot und bilden eine einfache
Traube. Im Inneren der Blüten befinden sich sogenannte
Honigdrüsen. Die Früchte sind von einem fünfblätterigen Kelch
umschlossen und bilden ein dreikantiges nach oben zuge-
spitztes Nüßchen. Wegen der Ähnlichkeit seiner Samen mit
den Bucheckern erhielt er den Namen Buchweizen; oft wird
er auch Heidekorn (Heiden) genannt, weil er in den Heide-
gegenden Deutschlands häufig gebaut wird.

Man unterscheidet:

a) Den gemeinen Buchweizen (roter Stengel) mit seinen
beiden Spielarten: den gemeinen Buchweizen mit schwarz-
braunen Nüßchen und den schottischen Buchweizen mit silber-
grauen Nüßchen. Letzterer ist anspruchsvoller.

b) Den tartarischen oder sibirischen Buchweizen mit
grünem Stengel und geflügelten Nüßchen, der mehr Stengel
und Blätter liefert und daher hauptsächlich für Grünfutterbau
in Betracht kommt.

Der Buchweizen gedeiht besonders gut in wärmeren
Lagen auf Sand- und Moorböden, sowie auf Neuland; dagegen
sagen ihm bindige Böden nicht zu. Auch ist er gegen Böden-
säure nicht empfindlich. Wegen seiner großen Frostempfindlichkeit darf er nicht vor Mitte Mai angebaut werden.

Als Düngemittel kommt auf den leichten Böden Kali und
zur besseren Körnerausbildung wohl auch Phosphorsäure in
Betracht. Künstliche Düngung kann jedoch bei entsprechend
guter Düngung der Vorfrüchte auch unterbleiben. Wird er
als Hauptfrucht kultiviert, so kann er nach jeder Frucht
folgen, gedeiht jedoch am besten nach gedüngten Hackfrüchten.
Sehr häufig wird er aber zufolge seiner kurzen Vegetationsdauer als Stoppelfrucht nach Roggen oder Wintergerste gebaut. In diesem Falle soll jedoch der Anbau längstens in den
ersten Julitagen erfolgen, weil späterhin kein günstiges Ergeb-
nis mehr zu erwarten ist. Die Stoppeln werden gleich nach der
Ernte gestürzt, das Feld abgeeggt und hierauf sofort gesät.
Der Stoppelfruchtbau setzt einen nicht zu ausgenützten Boden,
ferner einen langandauernden, schönen, feuchten und warmen
Herbst voraus. Nach Stoppelbuchweizen ist die Nachfrucht
natürlich entsprechend zu düngen. War er als Hauptfrucht
gebaut, so folgt am besten Weizen; nach Stoppelbuchweizen
dagegen eine Sommerung.

Er wird in einer Reihenentfernung von zirka 20 bis 30 cm
gedrillt, wozu ein Saatquantum von zirka 65 bis 100 kg not-

wendig ist. Herrscht zu dieser Zeit sehr trockenes Wetter, so
muß nach dem Anbau unbedingt gewalzt werden. Schon fünf
bis acht Tage nach der Saat erscheinen die jungen Pflänzchen; sie wachsen in der ersten Zeit ungemein rasch und
unterdrücken daher meist auch auftretendes Unkraut. Drei
Wochen vom Tage des Aufgehens an gerechnet, beginnt er
bereits zu blühen und nach 60 Tagen Vegetationszeit ist er
als Grünfutter schnittreif. Setzt während der Blütezeit stark
windiges oder andauerndes Regenwetter ein, so erfolgt die
Befruchtung nur mangelhaft oder sie unterbleibt ganz, weshalb
die Fruchtbildung unsicher ist. Der Buchweizen ist nämlich
auf Fremdbefruchtung durch Insekten, namentlich durch
Bienen angewiesen. In manchen Gegenden, zum Beispiel im
Marchfelde, werden oft von anderen Gebieten zur Zeit der
Buchweizenblüte Bienenstöcke aufgestellt, wodurch die Befruchtung des Buchweizens begünstigt und der Körnerertrag
erhöht wird. Auch gibt Buchweizenweide einen vorzüglichen
Honig (Buchweizenhonig). Tritt keine Befruchtung ein, so
bildet der Buchweizen zwar die Samenschale aus, jedoch bleibt
das Nüßchen innen leer. Von tierischen und pflanzlichen
Schädlingen hat er wenig zu leiden. Da die Blütezeit lange
andauert, ist auch die Reife sehr ungleich, weshalb der
Schnitt dann beginnen muß, wenn der größte Teil der
Samen reif geworden ist, wenn also das Innere des
Kornes vollständig mehlig erscheint. (August bis September). Um Samenausfall zu vermeiden, ist es vorteilhaft, im
Tau zu mähen. Infolge der saftigen Stengel erfordert er ein
langes Nachreifen, was sowohl in Schwaden als auch in Stiegen
(Kapellen) geschieht. Damit die Körner im Stroh nicht
schimmeln, soll er frühzeitig vorgedroschen werden, worauf
man die Nachreife fortsetzt. Buchweizen kann nur in eigens
hiezu eingerichteten Mühlen gemahlen werden. Da das gewonnene Mehl weniger gut backfähig ist, wird es meist zur
Erzeugung des äußerst nahrhaften Heidensterzes (besonders
in Steiermark) verwendet, während die Kleie als Viehfutter
dient. Die Körner werden auch zur Geflügelmast und zur
Schweinefütterung benutzt. Die Verfütterung von grünem
Buchweizen an Schafe und Schweine und von Buchweizen-
stroh an Schafe muß mit einiger Vorsicht geschehen, da weiße
und weißgescheckte Tiere, wenn sie nach solcher Fütterung
der Sonne ausgesetzt sind, von der sogenannten Buchweizen-
krankheit befallen werden können. Sie äußert sich in An-

schwellen von Hals und Ohren und bei Schweinen auch in
Auftreten von roten Flecken. (Ähnlich dem Rotlauf.) Tritt
die Krankheit auf, so wird sie in der Regel durch Unter-
brechung der Buchweizenfütterung und Einstallen der Tiere
(vorübergehendes Dunkelhalten der Stallungen) rasch wieder
geheilt. Der Ertrag an Körnern schwankt von vollständigen
Mißernten bis etwa 20 q pro 1 ha mit einem Hektolitergewicht
von zirka 64 bis 70 kg. Das Stroh kann, wenn es gut eingebracht wird, verfüttert werden, eignet sich jedoch aus oben
angeführtem Grunde besser zur Einstreu.

Literaturverzeichnis

B i e d e n k o p.f H.: Lehrbuch des Ackerbaues. Berlin, P. Parey, 1922.

B l e i s c h C.: Die Gerste, mit besonderer Berücksichtigung ihrer Eignung als Brauware. Berlin, P. Parey, 1914.

B l o m e y e r A.: Die Kultur der landwirtschaftlichen Nutzpflanzen. Leipzig, Winter'sche Verlagsbuchhandlung, 1889.

B o r n e m a n n F.: Die wichtigsten landwirtschaftlichen Unkräuter. Berlin, P. Parey, 1923.

F r a n k A.: Kampfbuch gegen die Schädlinge unserer Feldfrüchte. Berlin, P. Parey, 1897.

F r u w i r t h K.: Handbuch der landwirtschaftlichen Pflanzenzüchtung. Berlin, P. Parey, 1914.

F r u w i r t h K.: Die Züchtung der landwirtschaftlichen Kulturpflanzen. Berlin, P. Parey, 1910.

F r u w i r t h K.: Die Pflanzenbaulehre. Berlin, P. Parey, 1908.

F r u w i r t h K.: Die Saatenanerkennung. Berlin, P. Parey 1918.

H a y e k, A. v.: Pflanzendecke Österreich-Ungarns. Wien, F. Deuticke, 1914.

J u b i l ä u m s n u m m e r der Deutschen landw. Presse, 1925.

K a s e r e r H.: Aus Vorträgen anläßlich von Kursen an der Hochschule für Bodenkultur in Wien.

K i s s l i n g L.: Kurze Einleitung in die Technik der Getreidezüchtung. Berlin, P. Parey, 1912.

K ö c k - F u l m e c k: Pflanzenschutz, I. Feldbau. Wien, E. Gerold's Sohn, 1922.

K ö r n i c k e und W e r n e r: Handbuch des Getreidebaues. Berlin, P. Parey, 1885.

L i e b e n b e r g, A. v.: Zur Naturgeschichte und Kultur ·der Braugerste. Wien, W. Frick, 1897.

L i n s b a u e r A.: Grundriß der Botanik. Leipzig und Berlin, Landw. Schulbuchhandlung K. Scholze, 1914.

N o w a c k i A.: Anleitung zum Getreidebau. Berlin, Thaerbibliothek, P. Parey, 1895.

N e u m a n n O.: Die Wintergerste, ihre Kultur und Verwendungsmöglichkeiten. Berlin P. Parey, 1921.

O p i t z: Neuzeitlicher Roggenbau. Berlin, P. Parey, 1925.

P r o s k o w e t z, E. v. und S c h i n d l e r F.: Welches Wertverhältnis besteht zwischen Landrassen und sogenannten Kulturrassen, Referat beim internationalen land- und forstw. Kongreß in Wien 1890. Wien, Verlag der k. k. Landwirtschaftsgesellschaft.

R o s s i A.: Oberösterreichische Getreidezüchtungen, Wegweiser für die Sortenwahl. Linz, Verlag des Landeskulturrates für Oberösterreich, 1925.

R ü m k e r K.: Tagesfragen aus dem modernen Ackerbau. a) Über Bedeutung und Methoden der Saatgutzüchtung. b) Der wirtschaftliche Mehrwert guter Kulturvarietäten. c) Ernte und Aufbewahrung. Berlin, P. Parey, 1908.
S c h i n d l e r F.: Handbuch des Getreidebaues. Berlin, P. Parey, 1923.
S c h i n d l e r F.: Welche Weizenvarietäten sollen wir kultivieren.
Wiener landw. Zeitung, 1886.
S c h n e i d e w i n d: Die Ernährung der landwirtschaftlichen Kulturpflanzen. Berlin, P. Parey, 1917.
T s c h e r m a k - S e y s e n e g g E.: Aus Vorträgen anläßlich verschiedener Kurse, insbesondere an der Hochschule für Bodenkultur in Wien.
V i e r h a p p e r F.: Pflanzendecke von Niederösterreich, Heimatkunde
von Niederösterreich. Wien, Haase, 1921.
W e i n z i e r l, Th. v.: Die qualitative Beschaffenheit der Getreidernte
in Niederösterreich. Publ. der Samenkontrollstation Nr. 35, 51
und 66. Verlag der k. k. Landwirtschaftsgesellschaft in Wien.
In Kommission Wien, W. Frick, 1887 bis 1889.
W e r n e c k H. L.: Der Pflanzenbau in Niederösterreich auf naturgesetzlicher Grundlage. Leipzig, Edda, Zürich-Wien, 1924.
W i n d h e u s e r K. und J e s s e n W.: Repetitorium der Agrikulturchemie. Stuttgart, E. Ulmer, 1926.

____

P a m m e r G.: Über Veredlungszüchtung mit einigen Landsorten des
Roggens in Niederösterreich. (Publ. der Samenkontrollstation,
Nr. 319, 1905.)
Organisation der Landgetreidezuchtaktion in Österreich.
(Nr. 450, 1913.)
Praktische Erfolge der Landgetreidezuchtaktion in Niederösterreich. (Nr. 451, 1914.)
Bedeutung und Durchführung der Saatenanerkennung. (Nr. 503.)
Sonstige einschlägige Veröffentlichungen. (Publ. Nr. 271, 272,
294, 355 und 402 der Samenkontrollstation.)
R a n n i n g e r R. und S c h ö p f l i n W.: Der Einfluß des Hauptund Nebenkornes bei Hafer auf Ertrag und Qualität des Ernteproduktes. Fortschritte der Landwirtschaft, 1927.

Der Wiederaufbau der Landwirtschaft Oesterreichs

Von Dr. Ing. **Hermann Kallbrunner**

156 Seiten. 1926. Preis 11.20 Schilling, 6.60 Reichsmark

Aus den Besprechungen:

Das Buch behandelt in sehr sorgfältiger Arbeit die Grundlagen unserer Landwirtschaft und ihre Entwicklungsmöglichkeiten sowie die Voraussetzungen hierzu. Was wir uns an statistischem Zahlenmaterial sonst mühsam aus den verschiedenen Statistiken heraussuchen müssen, ist hier mit großem Fleiße zusammengetragen und bildete die Unterlage für die Besprechung der Mittel und Wege, welche unserer Landwirtschaft zum Aufstiege verhelfen sollen. An die Schilderung der landwirtschaftlichen Verhältnisse im alten und neuen Österreich schließt sich ein Überblick über die Entwicklungsgeschichte der österreichischen Landwirtschaft von den Anfängen Österreichs bis in die jüngste Zeit der Kriegs- und Nachkriegswirtschaft. Eingehend werden sodann die verschiedenen Zweige der Bodennutzung und der Viehwirtschaft und deren Entwicklungsmöglichkeiten besprochen. Politische und wirtschaftliche Fragen, deren Zusammenhang mit der Aufstiegsmöglichkeit unserer Landwirtschaft beleuchtet wird, umrahmen den sachlichen Kern. So wurde hier ein Buch geschrieben, das über das Wesen der österreichischen Landwirtschaft eingehenden Aufschluß bietet und nicht nur für den Fachbeamten und Landwirtschaftslehrer wertvolle Anregungen und viel Wissenswertes enthält, sondern auch von jedem praktischen Landwirte mit großem Interesse gelesen werden wird. Ob seines gediegenen Inhaltes, der klaren Ausdrucksweise und seiner Vielseitigkeit ist diesem Buche nur ein großer Leserkreis zu wünschen.

(Der Landeskulturrat, Salzburg.)

. . . Der Verfasser ist bereits als genauer Kenner unserer Landwirtschaft bestens bekannt. Sein neues Buch zeigt eine geradezu meisterhafte Vereinigung von praktischer Detailkenntnis und theoretischem Weitblick. Es schildert nicht nur die natürlichen Voraussetzungen und Möglichkeiten unserer Agrarwirtschaft sowie ihre gegenwärtige Lage, sondern sucht auch stets die zweckmäßigsten Entwicklungslinien zu finden. Insgesamt enthält es also ein ausführliches realpolitisches Programm nebst eingehender Begründung. Jederman, der sich mit dem österreichischen Wirtschaftsproblem beschäftigt, wird das Studium dieser Schrift unentbehrlich sein . . .

(„Neues Wiener Tagblatt")

Bauernregeln und Lostage in kritischer Beleuchtung.

Von Dr. **Hermann Kaserer**, o. ö. Professor für Pflanzenbau an der Hochschule für Bodenkultur in Wien. (Sonderabdruck der „Fortschritte der Landwirtschaft", 1. Jahrgang 1926, Hefte 8, 9. 11, 13, 14, 18.) 36 Seiten. 1926.   1.80 Schilling, 1.10 Reichsmark

Verlag von Julius Springer in Berlin und Wien

Fortschritte der Landwirtschaft
Zeitschrift und Zentralblatt für die gesamte Landwirtschaft

Herausgegeben in ständiger Verbindung mit dem Reichsbund akademisch gebildeter Landwirte in Berlin und unter Mitwirkung der Landwirtschaftlichen Lehrkanzeln an der Hochschule für Bodenkultur in Wien, der Landwirtschaftlichen Versuchsanstalten Österreichs, des Agrikulturchemischen, des Botanischen, des Chemischen Institutes, der Süddeutschen Forschungsanstalt für Milchwirtschaft der Hochschule für Landwirtschaft und Brauerei und der Bayerischen Landesanstalt für landwirtschaftliches Maschinenwesen in Weihenstephan bei München, des Institutes für Acker- und Pflanzenbau an der Landesuniversität in Gießen, des Institutes für Tierzucht an der Albertusuniversität in Königsberg i. Pr., des Institutes für angewandte Botanik in Hamburg, des Institutes für Tierphysiologie der Landwirtschaftlichen Hochschule in Berlin sowie des Institutes für Acker- und Pflanzenbau an der Technichen Hochschule in München

Schriftleitung: Prof. Dr. **H. Kaserer**, Dr. Ing. **R. Miklauz**
und Dr. **J. Stockhausen**

Erscheint halbmonatlich im Umfang von mindestens 32 Seiten im Format 32 × 24
Preis: vierteljährlich 9.60 Schilling, 6.— Reichsmark, dazu Porto

Die „Fortschritte der Landwirtschaft" veröffentlichen Originalarbeiten namhafter Autoren und aus führenden Instituten Europas, wobei die Schriftleitung besonders jene Ergebnisse berücksichtigt, die für eine Auswertung in der Praxis von Bedeutung sind. Die Zeitschrift bemüht sich, durch eine rasche Vermittlung der Forschungsresultate an die Betriebsführung dem Fortschritt der Landwirtschaft zu dienen und Fragen von wirtschaftlicher Bedeutung einer wissenschaftlichen Klärung zuzuführen. Sie stützt sich dabei sowohl auf den gebildeten Landwirt wie auf die Lehr- und Forschungsstätten. Der Referatenteil ermöglicht jedem Leser eine ständige Übersicht über alle Fragen seines Arbeitsgebietes. Das Nachrichtenmaterial umfaßt 1400 Zeitschriften des In- und Auslandes.

Der Inhalt gliedert sich in folgende Rubriken:
Originalarbeiten. — Ergebnisse. — Aus den Grenzgebieten. — Aus der Praxis. — Kongresse, Tagungen, Veranstaltungen. — Patentberichte. — Industrieberichte. — Kleine Mitteilungen. — Referatenteil.

Übersicht über die Gliederung des Referatenteiles:
Landwirtschaft. — Garten-, Obst-, Gemüse- und Weinbau. — Forstwirtschaft und Jagd. — Landwirtschaftliche Nebengewerbe und verwandte Industrien. — Technik und Landwirtschaft. — Grenz- und Hilfswissenschaften.

Verlag von Julius Springer in Wien I

Oesterreichische Botanische Zeitschrift

Herausgegeben von

Professor Dr. **Richard Wettstein,** Wien

unter redaktioneller Mitarbeit von

Prof. Dr. **Erwin Janchen** und Prof. Dr. **Gustav Klein**
Wien   Wien

Die „Österreichische Botanische Zeitschrift" erscheint in einem Gesamtumfang von jährlich etwa 20 Bogen, in vier einzeln berechneten Heften. Bis Ende 1927 erschienen 76 Bände

---

Beiträge zur Gartenbaukunde. Herausgegeben von Dr. **Gustav Klein,** Professor am Pflanzenphysiologischen Institut der Universität Wien, und **Fritz Kratochwjle,** städtischer Amtsrat, Generalsekretär der Österreichischen Gartenbaugesellschaft, Wien. 151 Seiten mit 63 Textabbildungen. Erscheint Ende 1927.

Inhaltsverzeichnis:

Kratochwjle: 1827—1927. — Cammerloher: Eine seltene Palme, Lodoicea maldivica (Gmelin) Persoon. — Frimmel: Über das Verhältnis der gärtnerischen zur landwirtschaftlichen Pflanzenzüchtung. — Klein: Die Elektrizität im Dienste des Gartenbaues. — Köck: Der gärtnerische Pflanzenschutz in Österreich. — Kratochwjle: Entwicklung der städtischen Gartenanlagen von Wien. — Kronfeld: Wer vollendet Schönbrunn? Der französische Garten und die Absicht seiner Schöpfer. — Molisch: Zwergbäumchen. — Rottenberger: Die Schönbrunner Pflanzensammlungen. — Schneider: Wintergrüne Gärten in Mitteleuropa. — Tschermak: Über Blütenfüllung und ihre Vererbung. — Wettstein: Die Geschichte einer Gartenpflanze. — Zederbauer: Die parallelen Variationen der gärtnerischen Kulturpflanzen.

Methoden zur physiologischen Diagnostik der Kulturpflanzen dargestellt am Buchweizen. Von Dr. F. **Merkenschlager,** Privatdozent an der Universität Kiel. 79 Seiten. 1926. (Sonderabdruck aus „Fortschritte der Landwirtschaft". 1. Jahrgang, Heft 5—8, 11.)   3.— Schilling, 1.80 Reichsmark

---

Schlüssel zur mikroskopischen Bestimmung der Wiesengräser im blütenlosen Zustand. Für Kulturtechniker, Landwirte, Tierärzte und Studierende. Von Reg.-Rat Dr. **Hans Schindler,** Oberinspektor an der Bundesanstalt für Pflanzenbau und Samenprüfung in Wien. Mit Geleitwort von Professor Dr. Otto Porsch, Vorstand der Lehrkanzel für Botanik an der Hochschule für Bodenkultur in Wien. Mit 16 Abbildungen. 35 Seiten. 1925.   3.60 Schilling, 2.10 Reichsmark

Lehrbuch der allgemeinen Tierzucht

von

Dr. Leopold Adametz

o. ö. Professor, Vorstand der Lehrkanzel für Tierzucht an der Hochschule für Bodenkultur in Wien

457 Seiten. Mit 228 Abbildungen und 14 Tabellen im Text. 1926
45.90 Schilling, 27 Reichsmark; geb. 48.50 Schilling, 28.50 Reichsmark

Aus den Besprechungen:

. . . Die reiche theoretische Vielseitigkeit Adametz', gepaart mit vollkommenem Beherrschen des Stoffes und der Grenzgebiete sowie die dezennienlange praktisch-züchterische und Lehrtätigkeit bilden das Gerüst zu diesem Lehrbuche, welches nicht nur auf die ganze einschlägige Literatur Rücksicht nimmt, sondern auch reichlich aus eigener Quelle schöpft. Das Lehrbuch Adametz' kann hiermit wirklich als Originalwerk bezeichnet werden . . . Adametz ist es mit diesem Werke gelungen, ein vorzügliches Lehrbuch dem studierenden Landwirt noch in verarbeitungsfähigem Umfange zu geben, darüber hinaus hat es aber auch für den geschulten Praktiker und für alle jene, die sich mit Biologie befassen, großen Wert.

(„Wiener landwirtschaftliche Zeitung".)

Arbeiten der Lehrkanzel für Tierzucht an der Hochschule für Bodenkultur in Wien

Herausgegeben von

Hofrat Prof. Dr. L. Adametz

Dritter Band:
Mit 38 Abbildungen und 14 Tabellen. 211 Seiten. 1925
Preis: 21 Schilling, 12·35 Reichsmark

Inhaltsverzeichnis: **Kraniologische Untersuchungen des Wildrindes von Pamiatkowo. Ein Beitrag zur Frage nach der Abstammung europäischer Hausrinder.** Von Hofrat Dr. Leopold Adametz, o. ö. Professor an der Hochschule für Bodenkultur in Wien. — **Ueber den Schädelbau, die Herkunft und die vermutliche Abstammung des im südöstlichen Europa, verbreiteten Kalmückenrindes.** Von Hofrat Dr. Leopold Adametz o. ö. Professor an der Hochschule für Bodenkultur in Wien. — **Ueber Rasse und Herkunft der holländischen Rinder unter besonderer Berücksichtigung des rotbunten Maas-Rhein-Ijsselviehs.** Von Dr. Adolf Staffe, Privatdozent an der Hochschule für Bodenkultur in Wien. — **Untersuchungen über die Ursachen des Rückganges der Alpwirtschaft und der Verödung der Dauersiedlungen am Vorarlberger „Tannberg".** Von Dr. Hans Peter, Privatdozent an der Hochschule für Bodenkultur in Wien. — **Beitrag zur Abstammung des bosnischen Ponys.** Von Dozent Dr. Albert Ogrizek, Zagreb. — **Untersuchungen über die Abstammung und Rassezugehörigkeit der Pinzgauer Rinder.** Von Landestierzuchtinspektor Dr. Robert Scheuch, Klagenfurt. — **Zur Monographie der gemsfarbigen Pinzgauer Ziege.** Von Landesalpinspektor Dr. Erich Saffert, Salzburg.